新型职业农民培育工程通用教材

新编小龙虾健康养殖百问百答

◎ 袁庆云　杨　涛　高光明　主编

中国农业科学技术出版社

图书在版编目（CIP）数据

新编小龙虾健康养殖百问百答 / 袁庆云，杨涛，高光明主编．—北京：中国农业科学技术出版社，2017. 10

新型职业农民培育工程通用教材

ISBN 978-7-5116-3272-2

Ⅰ.①新… Ⅱ.①袁…②杨…③高… Ⅲ.①龙虾科-养殖管理-技术培训-教材 Ⅳ.①S966. 12

中国版本图书馆 CIP 数据核字（2017）第 235753 号

责任编辑　徐　毅
责任校对　马广洋

出 版 者　中国农业科学技术出版社
　　　　　北京市中关村南大街 12 号　邮编：100081
电　　话　(010)82106631(编辑室)　(010)82109702(发行部)
　　　　　(010)82109709(读者服务部)
传　　真　(010)82106631
网　　址　http://www.castp.cn
经 销 者　各地新华书店
印 刷 者　廊坊佰利得印刷有限公司
开　　本　850mm×1 168mm　1/32
印　　张　10. 5
字　　数　250 千字
版　　次　2017 年 10 月第 1 版　2018 年 8 月第 3 次印刷
定　　价　38. 00 元

《新编小龙虾健康养殖百问百答》

编 委 会

主　任　陈昌福

副主任　高光明　陆剑锋

主　编　袁庆云　杨　涛　高光明

副主编　陆剑锋　蒋火金　钱　敏
　　　　汪　政　熊　璐　程国庆
　　　　余亮彬　冯德品　胡德国
　　　　刘新民　徐友生　张保发
　　　　王英雄　伍　敏　赵　伟
　　　　李　健

编　者　马永荟　张治平　范红深
　　　　许洪善　王劲锋　占建明
　　　　刘永峰　汪先启　李春安
　　　　陈中建　朱文欢　马　钢
　　　　张文韬　王文彬　陈　瑞
　　　　李德平　孙长锋　马金刚

序

受本书主编高光明先生所托，作一代序，我欣然乐意：因为，一是本书的编写者是水产推广系统的一线专家，他们的心血之作来之不易，理当支持；二是本书信息量大、内容全面，既可作为新型职业农民培育工程的小龙虾课程的教材，也可作为从事小龙虾技术推广人员的参考书，理当推介；三是通过阅览全书和高工对编写过程的介绍，我愿意代表编写者作此代序，是为抛砖引玉。

“小龙虾”是克氏原螯虾（*Procambarus clarkii*）的俗称，习见于我国长江中下游流域各类水体中。因小龙虾肉味鲜美、营养丰富，属于高蛋白、低脂肪的健康水产品，深受国内、外广大消费者的喜爱；又因为小龙虾的加工食品历来深受欧美国家的消费者欢迎，故近 10 多年来，小龙虾已成为我国出口创汇的主要淡水水产品。正是因为小龙虾在国内、外广受青睐，拥有比较大的市场潜力，导致目前小龙虾在国内的身价越来越高，养殖效益也显示出比较好的势头，国内不少地区开始兴起了健康养殖小龙虾的热潮，业已形成了比较好的产业化规模效应。

小龙虾能在多种类型的水体中生活，适应多种养殖模式，尤其是对“水稻—小龙虾”“莲藕—小龙虾”“芡实—小龙虾”“菱—小龙虾”“鱼类—小龙虾”等生态种养或混养模式比较适应。开展小龙虾池塘或稻田的养殖，对我国农业产业结构调整和农民增收，是一条易于推广并获得良好效益的途径。小龙虾全身都是宝，许多加工产品不仅可供食用，而且还广泛地用于医药、环保、食品、保健、农业、饲料及科学研究等领域，具有广阔的产业化前景。

虽然小龙虾养殖业在我国不少地区发展速度很快，但是人工养殖小龙虾毕竟在我国还是属于逐渐成熟过程中的朝阳产业，广大的养殖业者对于小龙虾的生理、生态习性、养殖模式在不断实践学习中，但仍然难以真正做到采用适宜的养殖技术饲养小龙虾，如小龙虾一旦出现应激反应或暴发性疾病，就感到束手无策。为此，本书重点解答了小龙虾的生物学特性、人工繁殖、幼虾培育、成虾养殖、经济价值、养殖模式、病害防治、食品加工、综合利用以及江湖传言等问题。编者在总结多年的实践经验、科学试验、收集和阅读国内外学者发表的关于小龙虾养殖与疾病研究等资料的基础上，整理编辑成书，致力于反映当前国内外小龙虾养殖的最新成果。本书于2010年由陈昌福教授主编出版了第一版，随着小龙虾养殖规模、养殖技术的日益发展，结合国家新型职业农民培育工程对教材的需要，在原书内容上经过吐故纳新、重新编辑出版本书，如新编中删去了大水面小龙虾“三网”养殖内容，增加了稻田种养、小龙虾加工等章节的篇幅。本书集科学性、实用性、先进性和趣味性于一体，是一本农业大众科普读物。旨在帮助我国的小龙虾养殖者尽快了解和掌握小龙虾健康养殖的新技术，同时，对有志于小龙虾加工、开发利用小龙虾价值的相关人士、企业给予启示。

国家鱼类与渔药抽样检测项目岗位首席专家，华中农业大学教授陈昌福先生以及国家虾蟹产业技术体系加工岗位科学家，合肥工业大学教授，水产品加工所所长陆剑锋先生，于百忙之中对全书进行了修订、审核，黄冈市水产技术推广站高级工程师高光明对全书进行了统稿、定稿，同时，我们借此机会，郑重地向本书中引用到资料的原作者致以衷心感谢！

黄冈市水产局　李　玮

2017年10月

目　录

第一章　小龙虾概述

1. 什么是小龙虾?

“小龙虾”是我国部分地区的水产养殖业者和水产品消费者对克氏原螯虾（*Procambarus clarkii*）的俗称。在我国不同的地方还有一些不同的称呼，如小龙虾、淡水龙虾、龙虾、蝲蛄、螯虾、克氏螯虾等。小龙虾的英文名称为 red swamp crayfish 或 red swamp crawfish（红沼泽蝲蛄），因为其形态与海水龙虾相似，故在国际上也被称为淡水龙虾（freshwater lobster）和淡水螯虾（freshwater crayfish）（图 1-1）。

图 1-1　克氏原螯虾（俗称“小龙虾”）

2. 小龙虾在动物分类学上的地位如何?

小龙虾被欧洲人称为红色沼泽螯虾或红色沼泽蝲蛄（red swamp crayfish）。在动物分类学上小龙虾隶属于节肢动物门（Arthropoda）、甲壳纲（Crustacea）、软甲亚纲（Malacostraca）、十足目（Decapoda），多月尾亚目（Pleocyemata）、螯虾上（或总）科（Astacoidea）、螯虾科（Cambaridae），螯虾亚科（Cambarinae）、原螯虾属（*Procambarus*）、原螯虾亚属（*Scapulicambarus*）。

3. 小龙虾的渔业经济价值如何?

小龙虾是原螯虾属（*Procambarus*）中最具渔业经济价值的一种。

相比于其他虾类来说，小龙虾具有易养殖、投资少、见效快、效益高等特点。虽然近些年来，农业、养殖业的生产成本都有不同程度的上扬，但是人工养殖小龙虾仍是广大农民迅速致富的途径之一。

根据有人对湖北部分人工养殖小龙虾地区所做的调查数据，2005 年利用稻田养殖小龙虾每千克的成本为 1.6~2.0 元，池塘养殖小龙虾每千克的成本为 2.0~2.5 元；2007 年稻田养殖小龙虾每千克的成本上升为 2.5~4.0 元，池塘养殖小龙虾每千克的成本上升为 3.0~5.0 元。2005 年，在湖北省的小龙虾与中稻轮作的模式，6hm^2（90 亩）总支出为 31 100元，其中稻田租金 7 000元（8 个月），小龙虾苗种费 15 000元，粪肥费 2 000元，饲料费 2 000元，人工费 4 000元，其他费用 1 100元。收获小龙虾 16 000~20 000kg，总产值 12 万~14 万元，平均成本每千克

1.56~1.94 元，总利润为 8 万~10 万元。

2016 年，稻虾种养模式在湖北、湖南、江苏等省份，亩（1 亩≈667m^2。全书同）产值达到了 3 000~6 000元，利润为 2 000~4 500元。相对比安徽省地区采用稻虾连作种养模式较多，如全椒县赤镇龙虾经济专业合作社，一般每年的 8—9 月中稻收割前投放亲虾或 9—10 月中稻收割后投放幼虾，翌年的 4 月中旬至 6 月上旬收获成虾，5 月底至 6 月初整田、插秧，6—10 月以水稻生产为主，如此循环轮替的过程。稻虾连作种养模式的小龙虾亩产一般在 75~100kg，水稻维持在 500kg，亩利润 2 000元以上。统计数据表明（仅小龙虾），2014 年户均增收 10 万元；2015 年户均增收 11 万元；2016 年社员 420 人（户），户均增收 12 万元。

此外，小龙虾的工业价值也在不断被开发，有研究结果表明，从小龙虾的甲壳中提取的虾青素、虾红素、甲壳素、几丁质及其衍生物，被广泛地应用于食品、医药、饮料、农业和环保等方面。10 年前，由于小龙虾的整虾食用开发较缓慢，它的利用价值主要是体现在出口创汇上，尤其是虾仁部分，经冷冻或速冻后出口到日本、美国、欧洲等地区，深受国际市场欢迎。近年来，小龙虾的出口创汇产品越来越多元化，除冻煮带黄（或去黄）龙虾仁、冻煮龙虾尾肉之外，又开发了原味（或调味）整虾、辣粉虾等冷冻调理品。在美国，小龙虾的售价每千克可达 3.5~5.0 美元，每千克小龙虾尾肉售价可达 20.0 美元。

4. 有哪些淡水小龙虾最具有人工养殖前景？

由于淡水小龙虾肉味鲜美，市场价格比较高，已引起全世界水产养殖业者和消费者的关注，在不少国家和地区人工养殖和开发利用淡水小龙虾产品的发展速度很快。下面简要介绍的 10 种在世界范围内具有人工养殖前景的淡水小龙虾。

（1）克氏原螯虾（*Procambarus clarkii*）

这种小龙虾原产于美国南部和墨西哥北部，一年繁殖 1 次，属于秋、冬季繁殖类型。有记载的小龙虾的最大个体为全长 16. 0cm，重约 168. 0g，产于非洲的肯尼亚。小龙虾一般个体可长到 30. 0~60. 0g，可食比例为 20. 0%~30. 0%。小龙虾适应性强，对栖息地环境的要求不严格，适温范围为 0~36℃，最适温度范围为 18~32℃，对高温、低温、低氧及水体的富营养化具有比较强的适应性；掘洞能力和攀援能力较强，生长速度比较快，养殖 3 个月即可达到 30. 0g 左右，也是可以起捕上市的规格。目前，小龙虾是世界上分布最广、人工养殖最多的品种。

（2）塔斯马尼亚螯虾（*Astacopsis gouldi*）

塔斯马尼亚螯虾原产于澳大利亚，一年繁殖 1 次，属于秋、冬季繁殖类型。有记载的塔斯马尼亚螯虾的最大个体为全长达 46. 0cm，体重达 3. 6kg，塔斯马尼亚螯虾是迄今为止，世界上发现的个体最大的淡水螯虾（Forteath K.，1987）。塔斯马尼亚螯虾适应性比较强，适温范围为 0~37℃，最适温度范围为 17~31℃，对高温、低温、低氧及水体的富营养化具有比较强的适应性。尚未见有关于塔斯马尼亚螯虾人工养殖的记载。

（3）墨累河蟹虾（*Euastacus armatus*）

墨累河螯虾也称为棘螯虾，原产于澳大利亚墨累河地区，一年繁殖 1 次，属于冬、春季繁殖类型。墨累河螯虾是世界上个体第二大的淡水螯虾，最大个体全长 45. 0cm，体重约 3. 0kg，一般个体可长到 1. 0~2. 0kg。在天然栖息地，墨累河螯虾生长速度较慢，雌虾约需 9 年才能达到性成熟产卵。墨累河螯虾喜欢栖息在存在水生植物并且流动的河流中。适温范围 0~33℃，对生活水

体的水质和溶氧量具有比较高的要求，既不能耐受高温，也不能耐受低溶氧。在夏季高温时和冬季，该虾掘穴进入地下。该虾的腹部占整个身体的比例较低，因而可食比例较低，目前尚未见该虾可食比例的详细资料。该虾肉质、肉味上乘，在澳大利亚的市场售价不低。

（4）麦龙螯虾（*Cherax tenuimanus*）

麦龙螯虾原产于澳大利亚西南部，一年繁殖 1 次，属于春季繁殖类型。麦龙螯虾是世界上个体第三大的淡水螯虾，最大个体全长 38.5cm，重达 2.72kg，一般可长到 1.0kg 左右，可食比例为 65.0%~70.0%。麦龙螯虾也是世界上较为名贵的淡水螯虾之一，适温范围为 0~31℃，最适温度范围为 17~25℃。麦龙螯虾是一种非掘穴螯虾，对环境的适应性不如红螯螯虾强，既不能耐受高温，也不能耐受低氧环境，对水质的要求也比较高。在条件适宜的情况下，麦龙螯虾的生长速度比较快，养殖 1 年，个体可达到 60.0~180.0g。20 世纪 80 年代，麦龙螯虾曾是世界上最热门的淡水螯虾，欧洲、美洲、亚洲、非洲的一些国家都曾经引进试养。但是目前除澳大利亚有麦龙螯虾的人工养殖外，仅有非洲南部的津巴布韦和南非有少量人工养殖产量。

（5）雅比整虾（*Cherax destructor*）

雅比螯虾原产于澳大利亚中部，属于春季繁殖类型。一般个体可长到 60.0~250.0g，可食比例在 35.0%左右。雅比螯虾适应性强，对栖息地环境的要求不严格，适温范围为 0~37℃，最适温度范围为 20~32℃，对高温、低温、低氧及水体的富营养化都有较强的适应性，掘洞能力较强。养殖 1 年，该虾可达到 60.0g 左右的上市规格，是澳大利亚分布最广、人工养殖最多的淡水螯虾。

（6）红螯螯虾（*Cherax quadricarinatus*）

红螯螯虾又名“澳洲淡水龙虾”，原产于新几内亚、澳大利亚的北部和东北部，是一种热带虾类，一年可繁殖多次，属于春、夏季繁殖类型。红螯螯虾最大个体约600.0g，一般个体可长到60.0~350.0g，可食比例为60.0%~65.0%。红螯螯虾适应性较强，适温范围为5~37℃，最适温度范围为22~32℃，不耐低温。该虾掘洞能力较弱，为非掘穴种类；生长迅速，养殖1年，红螯螯虾个体可达到60.0~120.0g。现在红螯螯虾现已被美洲、欧洲、亚洲、非洲等地的许多国家和地区引进并开展人工养殖。

（7）宽大太平整虾（*Pacifastacus leniusculus*）

宽大太平螯虾原产于北美洲，偏向于冷水性淡水螯虾种类。一般个体可长到200.0g以上。宽大太平螯虾适温范围为0~31℃，最适温度范围为15~25℃，既不耐受高温，也不耐受低氧。但是抗病力相对比较强。宽大太平螯虾是非掘穴种类，掘洞能力较弱。在条件适宜的情况下，该虾生长速度较快，养殖1年可长到60.0g以上。该虾可食比例不高，一般不到45.0%。

（8）欧洲螯虾（*Astacus astacus*）

欧洲螯虾也称为贵族螯虾，原产于欧洲。100多年前，欧洲的大部分地区都有它的分布，由于受到螯虾丝囊霉（*Aphanomyces astaci*）的侵袭（称为螯虾瘟，crayfish plague）和过度捕捞的缘故，现在欧洲螯虾的分布区域已大为缩小，产量也大幅度下降，2003年整个欧洲出产的欧洲螯虾产量仅有1.0t。该虾喜栖息在河流的中下游，也喜栖息在水生植物丰富的湖泊中。一般个体能长到200.0g以上，既不能耐受高温，也不能耐搜低氧。在天然分布区，欧洲螯虾生长2年可长到9.0cm左右，在人工养殖

条件下生长速度稍快。雄性个体一年性成熟；雌性个体需 2 年，长到 9.0cm 以上才性成熟产卵。目前欧洲大多数国家仍然在人工养殖欧洲螯虾，但是产量不高，是淡水螯虾中市场销售价格最高的一种，2001—2003 年在国际市场上，欧洲螯虾的价格为每千克 17.87～35.70 美元。

（9）土耳其螯虾（*Astacus leptodactylus*）

土耳其螯虾又称为狭螯螯虾，原产于西亚和东欧一些国家，因其在土耳其分布和人工养殖较多，故又称其为土耳其螯虾。一般个体可长到 18.0cm，体重 200.0g 以上。适温范围为 0～35℃，最适温度范围为 17～28℃。土耳其螯虾掘洞能力较弱，喜栖息在湖泊和水体流动缓慢的河流里。现在，土耳其螯虾在土耳其、叙利亚、匈牙利、波兰、保加利亚、西班牙等国家仍然被大量地养殖。

（10）叉肢螯虾（*Orcenectes* spp.）

叉肢螯虾原产于北美洲，是淡水螯虾中的一个大家族，叉肢螯虾属的种类共有 89 个种和亚种，其中具有养殖价值有 5～6 种，属中小型个体，与小龙虾相似或略小于小龙虾。叉肢螯虾在生态习性上差异也较大：有适合加拿大和北欧等寒冷气候条件的，也有适合温带和亚热带气候条件的；有掘洞的，也有非掘穴而躲藏在石块下的。该虾可食比例略高于小龙虾，是很类似于小龙虾的一类淡水螯虾，目前在美国、加拿大和欧洲的部分国家，有比较广泛的人工养殖。

5. 小龙虾的营养价值怎样？

小龙虾属于高蛋白、低脂肪水产品，其风味鲜美，营养丰富。小龙虾蛋白质含量在淡水和海水鱼虾中相对较高，脂肪含量则相对较低。一般情况下，小龙虾可食比率为20%~30%，虾肉占体重的10%~20%（个别最低的仅占5%左右，而最高的也有占25%左右）。有研究认为，100g整肢小龙虾（即带壳全虾）中，含水分8.2%，蛋白质58.5%，脂肪6.0%，几丁质2.1%，灰分16.8%，矿物质6.6%；而100g纯虾肉中，含水分77%~80%，蛋白质16%~20%，脂肪0.10%~1.0%，灰分77%~80%。此外，占小龙虾体重5%左右的肝脏（俗称虾黄）味道异常鲜美，营养丰富，虾黄中含有丰富的不饱和脂肪酸、蛋白质、游离氨基酸和微量元素（尤其钙、磷、铁）等。

从氨基酸组成来看，小龙虾肉的氨基酸组成优于普通肉类，含有人体所必需的而体内又不能合成或合成量不足的8种必需氨基酸，不仅包括异亮氨酸、色氨酸、赖氨酸、苯丙氨酸、撷氨酸和苏氨酸，而且还含有脊椎动物体内含量很少的精氨酸。此外，龙虾还含有幼儿必需的组氨酸。此外，虾肉中含较多的原肌球蛋白和副肌球蛋白，食用虾肉具有补肾、壮阳、滋阴、健胃的功能，对提高运动耐力也有意义。

从脂肪酸组成来看，小龙虾肉的脂肪含量比畜禽肉类一般要低20%~30%，而且大多是不饱和脂肪酸，可以促使胆固醇酯化，防止胆固醇在体内蓄积，并具有预防冠心病、血管动脉粥样硬化等作用。

从维生素组成来看，小龙虾也是脂溶性维生素的重要来源之一，富含维生素A、维生素C、维生素D，并大大超过陆生动物的含量。

从微量元素组成来看，小龙虾肉含有人体所必需的矿物质成分，含量较多的有钙、钠、钾、磷，比较重要的还有铁、锌、硫、铜和硒等微量元素等，其中钙、磷、钠及铁的含量比一般畜禽肉高，也比对虾高。小龙虾甲壳比其他虾壳更红，可能是由于小龙虾比其他虾类含有更多的铁、钙、锰和胡萝卜素，钙和锰是与机体神经系统和肌肉的兴奋性有关的元素，血清钙量下降可使

神经和肌肉的兴奋性增高，锰对中枢神经有调节作用。因此，小龙虾属营养保健、食疗食补的佳品。

6. 小龙虾的市场前景怎样？

小龙虾历来受到欧美等国家的消费者青睐，市场需求特别旺盛，市场前景十分广阔。其中，冻煮小龙虾虾仁、整肢小龙虾等加工产品出口美国、瑞典、港澳等国家和地区，目前呈现出供不应求的态势。

小龙虾是一种世界性的食用虾类，在 18 世纪末就成为欧洲消费者的重要食品。200 多年来，小龙虾在欧美国家消费者的生活中占有越来越重要的地位，其经济价值及营养价值得到充分地认可，在有些国家甚至形成小龙虾文化。地处小龙虾产区的居民，从附近的小沟或沼泽地中捕获小龙虾供自家食用。随着欧美工业的发展，在许多人口密集区，很多饭店用小龙虾做菜，这使天然的小龙虾资源得到进一步开发，从单纯的鲜活小龙虾买卖发展为专门的小龙虾加工业，特别是 20 世纪 60 年代以来，小龙虾食品已普遍进入饭店、宾馆、超级市场和家庭餐桌。根据不同地区的消费习惯，已逐步形成小龙虾系列食品，目前主要有冻熟带黄小龙虾仁、冻煮水洗小龙虾仁、冻煮小龙虾尾、冻熟整肢小龙虾、冻虾黄等。由于工业污染等原因，有些国家小龙虾野生资源减少甚至灭绝，虽然养殖业逐步发展，但仍不能满足消费需要，需从国外进口，这使小龙虾的贸易日益得到发展。

我国小龙虾养殖起步于 20 世纪末期，大面积养殖主要是集中在江苏、湖北、安徽和浙江等省。我国的消费者也对小龙虾非常喜爱，在许多地方已经开发出了小龙虾的风味菜肴。麻辣风味的整肢虾风靡全国，湖北省有潜江五七油田的“油焖大虾”和宜城的“宜城大虾”2 个品牌，江苏省有“盱眙十三香龙虾”，安徽省有“麻辣大虾”等。麻辣风味虾是从市场上挑选小龙虾活虾，洗净、去肠后用各种调料蒸煮、油焖，是国内市场最受欢迎的水产食品之一。每年的4—8月是吃麻辣风味虾的旺季，武汉、合肥、南京、北京等城市均相继打造了小龙虾美食一条街，每天的上市量非常大。由于国内市场的形成，又正值水产品上市的淡季，购买者很多，其消费量占小龙虾年产量的50%左右。

此外，小龙虾的工业价值不断被深入开发，有研究结果表明，从小龙虾的甲壳中提取的虾青素、虾红素、甲壳素、几丁质及其衍生物，被广泛地应用于食品、医药、饮料、农业（包括渔业）和环保等方面。

7. 小龙虾的个体一般能有多大？

小龙虾常见个体全长为4.0~12.0cm，世界上采集到的最大个体全长为16.0cm，产于非洲的肯尼亚。湖北采集到的最大个体，雄性全长14.2cm，体重133.0g；雌性全长15.3cm，体重147.3g。东北螯虾的最大个体全长为10.7cm。世界上最大的淡水螯虾为澳大利亚的塔斯马尼亚螯虾，个体重达4.5kg；第二大的为澳大利亚的墨累河螯虾，体全长达45.0cm，个体重达3.0kg；第三大的淡水螯虾为麦龙螯虾，最大的个体全长达38.5cm，个体重达2.72kg。

8. 小龙虾的生长速度如何？

在适宜的温度和有充足饵料供应的条件下，小龙虾的苗种经2个多月的饲养，即可达到性成熟，并且达到商品虾的规格，雄虾生长速度快于雌虾。因此，商品雄虾的规格也较雌虾略大一些。

同许多甲壳类动物一样，小龙虾的生长也伴随着蜕壳。

小龙虾幼体阶段一般2~4天蜕壳1次，幼体经3次蜕壳后进入幼虾阶段。在幼虾阶段，每5~8天蜕壳1次，在成虾阶段，一般每8~15天蜕壳1次。小龙虾从幼体阶段到商品虾养成需要蜕壳11~12次壳，蜕壳是它生长发育、增重和繁殖的重要标志，每蜕1次壳，它的身体就长大1次，蜕壳一般在洞内或草丛中进行，每完成1个蜕壳过程，其身体柔软无力，这时是小龙虾最易受到攻击的时期，蜕壳后的新体壳于12~24小时后硬化。据观察，在长江流域，9月中旬脱离母体的幼虾平均全长约1.0cm，平均重0.04g，年底最大全长达7.4cm，重12.24g。在稻田或池塘中养殖到第二年的5月，平均全长达10.2cm，平均重达34.51g。经过1次蜕壳后最大体重增加量可达95%左右，一般经过11次蜕壳即可达到性成熟，性成熟个体还可以继续蜕壳生长。小龙虾的生长唯有蜕壳才能增重，否则，将可能成为“丁壳虾”。因此，适宜的温度、水质、充足饵料是促进小龙虾蜕壳的必需因子。

9. 小龙虾的外部形态有哪些特征?

小龙虾整个身体由头胸部和腹部共20节组成，除尾节无附肢外，共有附肢19对。体表具有坚硬的甲壳。该虾头部有5节，胸部有8节，头部和胸部愈合成一个整体，称为头胸部。头胸部呈圆筒形，前端有一额角，呈三角形。额角表面中部凹陷，两侧有隆脊，尖端呈锐刺状。胸甲中部有一弧形颈沟，两侧具粗糙颗粒。腹部共有7节，其后端有一扁平的尾节与第六腹节的附肢共同组成尾扇。胸足有5对，第一对呈螯状，粗大。第二、第三对呈钳状，后两对呈爪状。腹足有6对，雌性第一对腹足退化，雄性前两对腹足演变成钙质交接器。各对附肢具有各自的功能。小龙虾性成熟时，体呈暗红色或深红色；未成熟时，体呈淡褐色、黄褐色、红褐色等，有时还可见蓝色（图 1–2）。

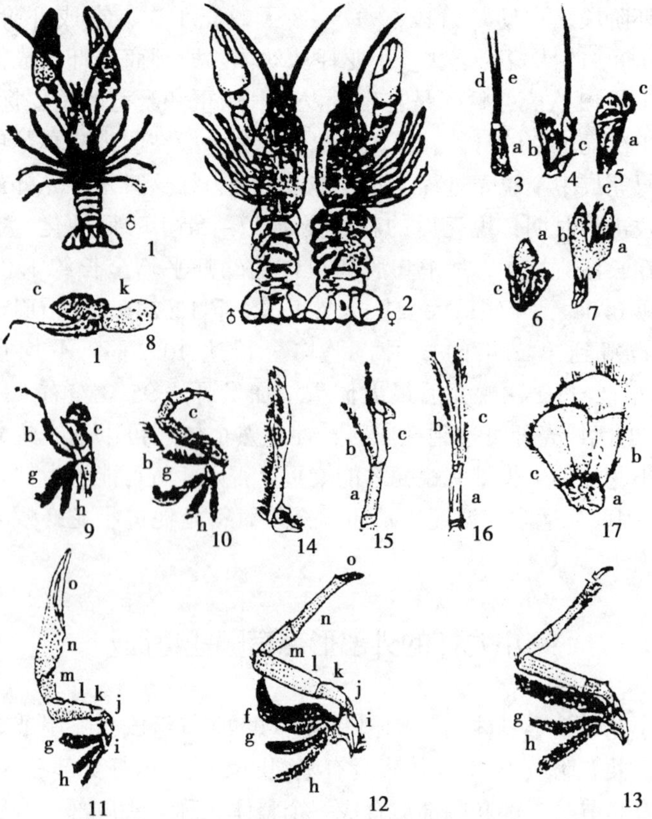

图 1–2　小龙虾的外形与附肢（仿朱永和等）

1. 背面观；2. 腹面观；3. 小触角；4. 大触角；5. 大颚；6. 第一小颚；7. 第二小颚；8. 第一颚足；9. 第二颚足；10. 第三颚足；11. 第一步足；12. 第二步足；13. 第四步足；14. 雄性第一附肢；15. 雄性第二附肢；16. 雄性第四附肢；17. 尾肢

a. 原肢节；b. 外肢节；c. 内肢节；d. 外触鞭；e. 内触鞭；f. 肢鳃；g. 足鳃；h. 关节鳃；i. 基节；j. 底节；k. 坐节；l. 长节；m. 腕节；n. 掌节；o. 指节

10. 小龙虾内部结构如何?

小龙虾属节肢动物门，体内无脊椎，整个体内分为消化系统、呼吸系统、循环系统、排泄系统、神经系统、生殖系统、肌肉运动系统、内分泌系统八大部分（图 1-3）。

（1）消化系统

小龙虾的消化系统包括口、食道、胃、肠、肝胰脏、直肠、肛门。口开于两大颚之间，后接食道。食道为一短管，后接胃。胃分为贲门胃和幽门胃，贲门胃的胃壁上有钙质齿组成的胃磨，幽门胃的内壁上有许多刚毛。胃囊内，胃外两侧各有一个白色或淡黄色、半圆形、纽扣状的钙质磨石，蜕壳前期和蜕壳期较大，蜕壳间期较小，起着钙质的调节作用。胃后是肠，肠的前段两侧各有一个黄色的、分支状的肝胰脏，肝胰脏有肝管与肠相通。肠的后段细长，位于腹部的背面，其末端为球形的直肠，通肛门，肛门开口于尾节的腹面。

（2）呼吸系统

小龙虾的呼吸系统共有鳃 17 对，在鳃腔内。其中，7 对鳃较粗大，与后两对颚足和五对胸足的基部相连，鳃为三棱形，每棱密布排列许多细小的鳃丝；其他 10 对鳃细小，薄片状，与鳃壁相连。小龙虾呼吸时，颚足激动水流进入鳃腔，水流经过鳃丝完成气体交换。

（3）循环系统

小龙虾的循环系统包括心脏、血液和血管，是一种开管式循环。心脏在头胸部背面的围心窦中，为半透明、多角形的肌肉

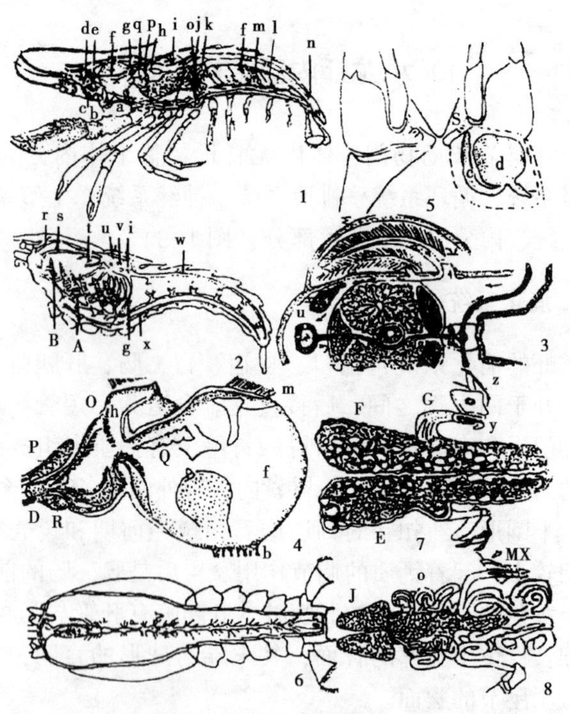

图 1-3　小龙虾的外形与附肢

1. 内部构造；2. 循环系统；3. 胸部横切；4. 胃；5. 排泄系统；6. 神经系统；7. 雌性生殖系统；8. 雄性生殖系统

a. 口；b. 食道；c. 膀胱；d. 绿腺；e. 咽神经节；f. 贲门胃；g. 围食道神经；h. 幽门胃；i. 心脏；j. 精巢；k. 肝脏；l. 后肠；m. 肌肉；n. 肛门；o. 输精管；p. 腹神经索；q. 食道下神经节；r. 眼动脉；s. 触角动脉；t. 肝动脉；u. 围心腔；v. 心孔；w. 腹上动脉；x. 腹下动脉；y. 胸动脉；z. 胸下动脉

A. 出鳃血管；B. 入鳃血管；C. 卵巢；D. 中肠；E. 卵巢左叶；F. 卵巢右叶；G. 输卵管；H. 背伸股肌；I. 胸壁；J. 鳃；K. 鳃腔；L. 腹缩肌；M. 鳃盖；N. 鳃心窦；O. 刚毛；P. 中肠盲肠；Q. 侧齿；R. 瓣膜；S. 排泄孔；T. 端囊；U. 脑神经节；V. 胸直动脉穿过的孔；W. 雌生殖孔；X. 第五步足；Y. 雄生殖孔；Z. 第三步足

囊，有 3 对心孔，心孔内有防止血液倒流的膜瓣。血管细小，透明。由心脏前行有动脉血管 5 条，由心脏后行有腹上动脉 1 条，由心脏下行有胸动脉 2 条。血液即为体液，是一种透明、非红色的液体。

（4）排泄系统

在头部大触角基部内部有一对绿色腺体，腺体后有一膀胱，由排泄管通向大触角基部，并开口于体外。

（5）神经系统

小龙虾的神经系统包括神经节、神经和神经索。神经节主要有脑神经节、食道下神经节等，神经则是连接神经节通向全身。现代研究证实，小龙虾的脑神经干及神经节能够分泌多种神经激素，这些神经激素调控小龙虾的生长、蜕皮及生殖生理过程。

（6）生殖系统

小龙虾雌、雄异体，其雄性生殖系统包括精巢 1 对，输精管 1 对及位于第五胸足基部的 1 对生殖突。其雌性生殖系统包括卵巢 1 对，输卵管 1 对，输卵管通向第三对胸足基部的生殖孔。雄性小龙虾的交接器（第一、第二对腹足）及雌性小龙虾的贮精囊虽不属于生殖系统，但是在小龙虾的生殖过程中起着非常重要的作用。

（7）肌肉运动系统

小龙虾的肌肉运动系统由肌肉和甲壳组成。甲壳又称为外骨骼，起支撑作用，在肌肉的牵动下起着运动的功能。

(8) 内分泌系统

早期的许多资料中没有提及到小龙虾有内分泌系统，实际上小龙虾是存在内分泌系统的，只不过它的许多内分泌腺往往与其他结构组合在一起，如上面提到的与脑神经节结合在一起的细胞，能合成和分泌神经激素；小龙虾的眼柄具有激素分泌细胞，能分泌多种调控小龙虾蜕皮和性腺发育的激素；小龙虾的大颚器，能合成一种保幼激素样（JHA）化学物质——甲基法尼酯(MF)，该物质调控小龙虾精卵细胞蛋白的合成和性腺的发育。

11. 小龙虾有哪些特殊的生活习性?

小龙虾栖息在湖泊、河流、水库、沼泽、池塘及沟渠中，有时也见于稻田。但是在食物较为丰富的静水沟渠、池塘和浅水草型湖泊中较多，栖息地多为土质，特别是腐殖质较多的泥质，有较多的水草、树根或石块等隐蔽物。栖息地水体水位较为稳定的，则该虾分布较多。

(1) 广栖性

小龙虾的生命力很强，在自然条件下，不论在江河、湖泊、水库、沟渠、塘堰、稻田、池塘等水源充足的环境中，还是在沼泽、湿地等少水的陆地，只要不受严重污染，小龙虾就能生存和繁衍，形成自己的种群。小龙虾对水环境要求不是特别严格，在pH值5.8~8.2的范围内，温度为0~37℃，溶氧量不低于1.5mg/L的水体中都能生存，在我国大部分地区都能自然越冬。最适宜小龙虾生长水体的位于pH值7.5~8.2，溶氧量为3mg/L，水温为20~30℃。

（2）穴居性

小龙虾喜欢打洞穴居，方向是笔直向下或稍倾斜。夏季洞穴深度一般为 30cm 左右，冬季达 80～100cm，小龙虾白天入洞潜伏或守在洞口，夜间出洞活动，春季喜欢活动在浅水中，夏季喜欢活动在较深一点的水域，秋季喜欢在有水的堤边、坡边、埂边和曾经有水、秋天干涸的湿润地带营造洞穴，冬季喜欢藏身于洞穴深处越冬。

小龙虾掘洞时间多在夜间，可持续掘洞 6.0～8.0 小时，成虾一夜挖掘深度可达 40.0cm，幼虾可达 25.0cm。成虾的洞穴深度大部分在 50.0～80.0cm，少部分可以达到 80.0～150.0cm；幼虾洞穴的深度在 10.0～25.0cm；体长 1.2cm 的稚虾已经具备掘洞的能力，洞穴深度在 10.0～20.0cm。洞穴分为简单洞穴和复杂洞穴两种：85.0%的洞穴是简单的，即只有一条隧道，位于水面上、下 10.0cm；15.0%较复杂，即有 2 条以上的隧道，位于水面以上 20.0cm 处。繁殖季节每个洞穴中一般有 1～2 只虾，但冬季也常发现一个洞中有 3～5 只虾。小龙虾在繁殖季节掘洞强度增大，在寒冷的冬季和初春，掘洞强度微弱。

（3）迁徙性

从生活习性来看，小龙虾是介于水栖动物和两栖动物之间的一种动物，它能适应恶劣的环境。它利用空气中氧气本领很高，离开水体之后只要保持湿润，它可以安然存活 2～3 天。当遇陡降暴雨天气时，小龙虾喜欢集群到流水处活动，并趁雨夜之机上岸寻找食物和转移到新的栖息地；当遇到水中溶氧降至 1.0mg/L 时，它也会离开水面爬上岸或侧卧在水面上进行特殊呼吸。

（4）药敏性

小龙虾对目前广泛使用的农药和渔药反应敏感，其耐药能力比鱼类要差得多，对有机磷农药，超过0.7g/m^{3}就会中毒，对于除虫菊酯类鱼药或农药，只要水体中有药物含量，就有可能导致中毒甚至死亡。对于漂白粉、生石灰等消毒药物，如果剂量偏大，也会产生中毒。而对植物酮和茶碱则不敏感，如鱼藤精、茶饼汁等。

（5）喜温性

小龙虾属变温动物，喜温暖、怕炎热、畏寒冷，适宜水温18~33℃，最适水温22~30℃，当水温上升到33℃以上时，小龙虾进入半摄食或打洞越夏状态，当水温下降到15℃以下时，小龙虾进入不摄食的打洞状态；当水温下降到12℃以下时，小龙虾进入不摄食的越冬状态。

（6）格斗性

小龙虾严重饥饿时，会以强凌弱，相互格斗，弱肉强食，但在食物比较充足时，能和睦相处。另外，如果放养密度过大、隐蔽物不足、雌雄比例失调、饵料营养不全时，也会出现相互撕咬残杀，最终以各自螯足有无决胜负。

（7）避光性

小龙虾喜温怕光，有明显的昼夜垂直移动现象，光线强烈时即沉入水体或躲藏到洞穴中，光线微弱或黑暗时开始活动，通常抱住水体中的水草或悬浮物将身体侧卧于水面。

（8）以动物性为主的杂食性

小龙虾食性广，动物类如水生浮动物、底栖动物、鱼、虾、动物内脏、蚕蛹、蚯蚓、蝇蛆等都是它喜爱的食物，也喜爱人工配合饲料。植物类如豆类、谷类、各种渣类、蔬菜类、各种水生植物、陆生草类都是它的食物。

12. 小龙虾掘洞能力如何?

小龙虾的洞穴位于池塘水面以上 20.0cm 左右，深度可以达 60.0cm，甚至达到 112.0m，洞穴内有少量积水，以保持湿度，洞口一般以泥帽封住，以减少水分散失（图 1-4）。由于小龙虾喜荫怕光，大多在光线微弱或黑暗时才爬出洞穴活动，即使出洞后也是常抱住水体中的水草或悬浮物，呈“睡觉”状。在光线比较强烈的地方小龙虾大多沉入水底或躲藏于洞穴中，呈现出明显的昼伏夜出的活动现象。

图 1-4　小龙虾正在掘洞的情景（仿 Dr. Huner J V）

小龙虾掘洞能力较强，在无石块、杂草及洞穴可供躲藏的水体，常在堤岸处掘穴。洞穴的深浅、走向与水体水位的波动、堤岸的土质以及小龙虾的生活周期有关。在水位升降幅度较大的水体和繁殖期，所掘洞穴较深；在水位稳定的水体和越冬期，所掘洞穴较浅；在生长期，小龙虾基本不掘洞。1.0~2.0cm 的个体即具有掘洞能力，3.0cm 的虾 24 小时即可掘洞 10.0~20.0cm。成虾的洞穴深度大部分在 50.0~80.0cm，少部分可以为 80.0~150.0cm；幼虾洞穴的深度在 10.0~25.0cm。实验观察表明，小龙虾能利用人工洞穴和水体内原有的洞穴及其他隐蔽物，其掘穴行为多出现在繁殖期。因而在养殖池中适当增放人工巢穴，并加以技术措施，能大大减轻小龙虾对池埂、堤岸的破坏性。

关于小龙虾的掘洞习性，争议颇多，有不少国家至今仍将它作为外来有害入侵生物加以限制，包括严禁活体进口等，国内也曾有学者为此呼吁禁止发展小龙虾养殖。

13. 小龙虾的食性如何?

小龙虾的食性很杂，植物性饵料和动物性饵料均可食用，各种鲜嫩的水草、水体中的底栖动物、软体动物、大型浮游动物、各种鱼虾的尸体及同类尸体都是小龙虾喜食的饲料，对人工投喂的各种植物、动物下脚料及人工配合饲料也喜食（图 1-5）。

在小龙虾的生长旺季，在池塘下风处浮游植物很多的水面，能观察到小龙虾将口器置于水平面处用两只大螯不停划动水流将水面藻类送入口中的现象，表明小龙虾甚至能够利用水中的藻类。小龙虾的食性在不同的发育阶段稍有差异。刚孵出的幼虾以其自身存留的卵黄为营养，之后不久便摄食轮虫等小型浮游动物，随着个体不断增大，摄食较大的浮游动物、底栖动物和植物碎屑。成虾兼食动植物饵料，主食植物碎屑、动物尸体，也摄食

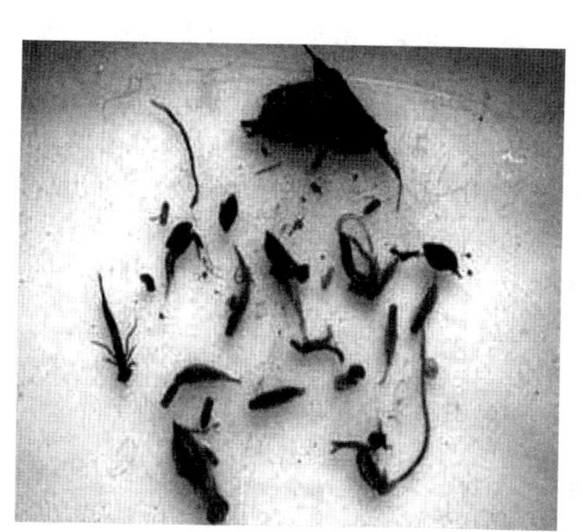

图 1-5　从自然环境中捕获克氏原螯虾的食性组成

水蚯蚓、摇蚊幼虫、小型甲壳类及一些水生昆虫。

小龙虾摄食方式是用螯足捕获大型食物，撕碎后再送给第二、第三步足抱食。小型食物则直接用第二、第三步足抱住啃食。龙虾猎取食物后，常常会迅速躲藏或用蚤足保护，以防其他虾类来抢食。

小龙虾的摄食能力很强，且具有贪食、争食的习性，饲料不足或群体过大时，会有相互残杀的现象，尤其会出现硬壳虾残杀并吞食软壳虾的现象。小龙虾摄食多在傍晚或黎明，尤以黄昏为多。在人工养殖条件下，经过一定的驯化，白天也会出来觅食。小龙虾耐饥饿能力很强，十几天不进食仍能正常生活。小龙虾摄食强度在适温范围内随水温的升高而增加。摄食的最适水温为25~30℃，水温低于8℃或超过35℃时，摄食明显减少，甚至不摄食。

在20~25℃条件下，小龙虾摄食的马来眼子菜每昼夜可达体重的3.2%，摄食竹叶菜可达2.6%，摄食水花生达1.1%，摄食豆饼达1.2%，摄食人工配合饲料达2.8%，摄食鱼肉达4.9%，而摄食丝蚯蚓高达14.8%，可见小龙虾是以动物性饲料为主的杂食性动物。天然水体中，其主要食物有高等水生植物、丝状藻类、植物种子、底栖动物、贝类、小鱼、沉水昆虫及有机碎屑。由于小龙虾游泳能力较差，在自然条件下对动物性饲料捕获的机会少，所以，在食物组成中植物性食物占98.0%以上（表1-1）。

表1-1　克氏原螯虾的食物组成

食物名称	体长4.00~7.00cm（n=51）		体长4.00~7.00cm以上（n=51）	
	出现率（%）	占食物团比重（%）	出现率（%）	占食物团比重（%）
菹草	52.2	34.4		27.0
金鱼藻	45.3	15.5		17.1
光叶眼子菜	27.0	8.4		9.4
马来眼子菜	19.6	13.7		16.5
植物碎片	30.4	20.3		23.2
丝状藻类	40.1	5.7		4.1
硅藻类	55.3	<1		<1
昆虫及其幼虫	30.1	<1		<1
鱼、蛙类	14.5	<1		<1

14. 小龙虾属于何种产卵类型?

关于小龙虾的产卵类型尚有争议，归纳起来有两种观点：一种观点认为小龙虾一年产卵3~4次；另一种观点认为一年产卵1次。多数人认为小龙虾的产卵类型属于一年产卵1次。但是群体交配产卵时间拉得很长，从4月下旬到8月底。群体交配产卵的高峰期在5—6月。

交配时，雄虾将精子排入雌虾的纳精囊内，并保存至雌虾产卵前。受精卵在雌虾腹部孵化为稚虾，孵化时间需40~70天，

适宜孵化水温为22～28℃。

雌虾抱卵期间，第一对步足常伸入卵板之间清除杂质和坏死卵，游泳足经常摆动以带动水流，使卵获得充足的氧气。稚虾孵出后，全部附于母体腹部游泳足上，在母体保护下完成幼体阶段的生长发育。从第一年初秋稚虾孵出后，幼体的生长、发育和越冬都是附生于母体腹部，到第二年春季才离开母体生活。

小龙虾抱卵量因亲虾个体大小而异，个体大的抱卵多，个体小的抱卵少，变幅在500～1 000粒（图1-6）。卵经过孵化后发育成稚虾，1尾亲虾最终"抱仔"100～300尾。

图1-6　正在抱卵的克氏原螯虾雌虾（仿 William B. Richardson）

有人发现，在洞中掏出的小龙虾均为雌雄配对，雌虾在内，性腺发育相当成熟，并在洞中发现抱卵虾及产出的虾苗。在水泥暂养池中只发现抱卵虾。但是未发现虾苗，且抱卵虾抱卵期很长，从9月初到11月底一直存在。据此认为：①雌虾在繁殖期间打洞后，雄虾再进入；②繁殖发生在洞内，洞内繁殖较早；③小龙虾在水泥池也能繁殖，只是繁殖期延迟，需要一个适应过程；④根据水泥池中少数抱卵虾抱的卵为未经受精的卵，可以推知小龙虾可以不经受精直接将卵排于体外；⑤种群内部调节，在密度很大时，种群产生调节（如生物体放出抑制其他个体性腺的物质，促使少部分个体不排卵受精。另一部分个体延迟排卵受精，这在高等动物中是存在的）。

15. 小龙虾生活史可以分为哪几个阶段？

小龙虾生活史分为溞状幼体、仔虾、幼虾、成虾或亲虾。

小龙虾孵化出膜后的溞状幼体，悬挂于母体腹部的附肢上，蜕壳变态后成为仔虾。仔虾在母虾的保护下生长，当仔虾长到1cm 时即成幼虾，离开母虾独立生活。独立生活的幼虾经多次蜕壳生长，达到性腺成熟即成为成虾或亲虾，雌、雄亲虾交配繁衍后代。

16. 作为人工养殖对象小龙虾有哪些优点？

将小龙虾作为人工养殖对象具有以下一些优点。

第一，小龙虾个体比较较大，雄性小龙虾体长可以达到15. 0cm 以上，体重 50. 0 ~ 70. 0g；雌性小龙虾体长可以达到10. 0cm 以上，体重 50. 0 g 左右。

第二，小龙虾出肉率比较高，占体重的 20. 0%左右，含蛋白质 16. 0%~20. 0%，干虾仁蛋白质含量高达 50. 0%以上，特别是占体重约 5. 0%的虾黄（肝脏），味道极为鲜美，营养丰富，含有大量不饱和脂肪酸、蛋白质、游离氨基酸和微量元素等，营养价值很高。小龙虾壳富含钙、磷和铁等重要营养元素，食用小龙虾后铁元素与人体内的血蛋白结合使人产生兴奋感，这也是人们特别喜食小龙虾的重要原因。虾壳还可加工成饲料添加剂，也可

加工甲壳素、几丁质和甲壳糖胺等工业重要原料，广泛应用于农业、食品、医药、烟草、造纸、印染和日化等领域。

第三，小龙虾生命力很强，对养殖水体的水质要求不高，适宜于湖泊、池塘、湿地、江河、水渠、水田和沼泽地养殖。小龙虾甚至可以在一些养殖鱼类不能存活的水体中生存，并能耐40℃以上的高温和－15℃以下的低温，在我国无论南方或北方，都能开展小龙虾的养殖和自然越冬。

第四，繁殖力比较强，雌虾每年4月中旬至7月下旬产卵。受精卵发育快，孵化率高，“抱仔”通常可达200尾左右。同时苗种易解决，可自繁、自育、自养，不需复杂的繁殖育苗设备。

第五，生长速度快，仔虾孵出后，在温度适宜（20~32℃）、饲料充足的条件下，经60~90天饲养，即可长成成虾；此外，抗病力比较强、暴发性疾病少，成活率比其他虾类高。

第六，耐运输，活虾离水后能存活5~7天，活虾外运成活率比其他虾类高。

第七，易饲养，销售俏。小龙虾价格合理，适合社会各阶层人士消费，冻龙虾、冻虾仁、冻虾黄、虾露和虾味素等系列产品都是出口的热销货。同时，国内有不少龙头企业，加工和出口需求量大，养殖产品销路好。

第八，小龙虾可生产软壳龙虾，失重率仅为0.08%，可以忽略不计。可食部分可提高到90%以上，且虾体非常干净、卫生、外观美丽，虾黄也可充分利用，商品性好。同时，采用科学方法暂养软壳虾，可保持1周内壳不硬化，软壳虾不死。

17. 我国人工养殖小龙虾的现状及发展前景如何？

我国人工养殖小龙虾起步较晚，但近10多年来小龙虾养殖业在江苏、安徽、湖北、江西等省迅速发展。据不完全统计20

世纪90年代以前，我国的小龙虾每年收获量只有几千吨；20世纪90年代初期，小龙虾年平均收获量为6 700.0t；至1995年，产量增加到6.55万t，1992—1995年，出口到美国的小龙虾量增长了8倍；自20世纪90年代中期开始，每年都有4.0万t左右的小龙虾产品出口至北美及欧洲的多个国家。1999年小龙虾产量接近10.0万t，其中，至少有7万t出口至美国；至2000年，我国小龙虾的产量猛增至15.0万t。现在，我国的小龙虾生产总量已经超越美国。我国最大的小龙虾产地是湖北省、安徽省、江苏省，1990年江苏省加工的冻螯虾仁销往国际市场，引起世界小龙虾进口国的关注。1989—1992年，江苏省年产量达1.0万t左右；1995年，全省产量在2.8万t左右，该年江苏省向美国、法国、瑞典、丹麦等国家出口冷冻熟小龙虾虾仁5 000多t。1999年，江苏省产量上升至6.0万t；2002年，产量又增加到7.0万t左右。湖北省1988年开始向瑞典出口小龙虾，近年来，人工养殖面积增加很快，主要是在池塘和湖泊中将小龙虾与鱼类混养和稻田养殖，平均产量达1 000.0~1 500.0kg/hm^2。此外，目前我国也已引进红螯螯虾、雅氏螯虾、麦龙螯虾等多种螯虾，并初步进行了小规模试验和养殖。

据农业部《2017中国小龙虾产业发展报告》显示，2016小龙虾全产业链从业者将近500万人。作为世界最大小龙虾产地，我国总产量为90万t左右，经济总产值逾1 466亿元。报告指出，我国小龙虾养殖面积和产量持续快速增长，2016年我国小龙虾总产量为89.91万t，成为世界最大的小龙虾生产国。小龙虾产业，湖北独领风骚。报告指出，小龙虾主要产于长江中下游地区，湖北、安徽、江苏、湖南、江西等5个主产省产量占全国总产量的95%左右。湖北省养殖规模最大，2016年养殖面积487万亩、产量48.9万t，占全国近60%。小龙虾电商经营模式不断创新。据不完全统计，2016年湖北省小龙虾网上销售额超过2

亿元，比第二名的江苏省多近亿元。种业是小龙虾产业发展的重要基础。湖北省研发了虾稻生态种养及繁育一体化技术，实现了在不减少成虾产量的同时，每亩提供 50~100kg 的大规格虾种，突破了小龙虾规模化苗种繁育，该技术在江苏、安徽、江西、湖南等小龙虾主产省区推广应用，有效解决了小龙虾规模化苗种供应问题。餐饮消费在提升小龙虾市场需求方面发挥了重要作用。据不完全统计，2016 年湖北省专营小龙虾餐馆数量超过 1.5 万家，小龙虾餐饮产值达 332.62 亿元，同比增加 30%以上。小龙虾副产品的生产加工取得显著进展，形成了甲壳素、壳聚糖、几丁聚糖胶囊等系列产品，产品出口日本、欧美等国家和地区。据不完全统计，仅湖北和江苏两省相关龙头企业，甲壳素及衍生产品的年产值已超过 25 亿元。

我国是一个淡水水域比较广阔的国家，拥有各类淡水水面 2 000万 hm^2。小龙虾在我国分布范围很广，而且具有适应环境能力较强的特点，能在湖泊、池塘、河沟、稻田等各种水体中生长，养殖技术比较简单、易于普及，还具有生长速度比较快的特点，这是我国发展小龙虾养殖业的基础。需要特别指出的是，内地各省湖泊较多，共有各类湖泊 770 万 hm^2，这些湖泊大多水位浅，水草多，鱼产量很低。小龙虾的食性很杂，饲料容易解决。根据对武汉地区小龙虾食性分析的结果，小龙虾的食物中植物性成分占 98%，其中，主要是高等水生植物及丝状藻类。小龙虾能直接将水草和外源有机碎屑转变成动物肉类，具有较高的能量转换率。如果能利用这些湖泊放养小龙虾，既有利于生态平衡，也能大幅度地提高渔业产量。

小龙虾味道鲜美，营养丰富，是我国重要出口创汇淡水水产品之一，不仅深受国内消费者的喜爱，成为我国城乡居民的家常菜肴，也深受国际市场欢迎。因此，小龙虾的市场产业化前景非常广阔。它不仅可以加工成虾仁、面包虾等产品应市或者出口，虾头、虾壳可还以被加工成甲壳素、壳聚糖及其衍生物，也可以被用以提取虾青素、虾蛋白。甲壳素具有多种理化及生物活性功能，被称为继蛋白质、脂肪、糖、维生素、矿物质后的第六大物质。虾青素也是一种具有多种生物活性的重要物质。发展小龙虾的养殖，无疑对小龙虾的产业化有着巨大的推动作用。除了“千湖之省”湖北和洪泽湖边的盱眙和泗洪，目前小龙虾产业的版图还有湖南岳阳沅江一带、江西九江及安徽等地。为了保证虾的品质和安全，养殖大户的塘口设置了增氧设备，种植专门虾食水草，投喂过程有整套严格标准，目的是把小龙虾打上产地标签。

虽然包括小龙虾在内的螯虾养殖规模急速膨胀，但品质控制方面尚需要继续努力做得更好。大规模养殖推广后，如果出现大面积病害突发性事件，影响将是毁灭性的。目前，小龙虾已到了“发展的关键时期，转型得好，产业规模就能由百亿走向千亿升级之路；转型不好，就可能会温吞不前”。全国各地正在积极谋划，例如，稻田养虾已经推广，同时为打造品牌、口碑，使用“产地可追溯系统”。有的产地希望通过“龙虾投放饵料的检测”保证绿色和有机，但小规模农户不愿加入这一费钱费事的阵营。虾塘旁边常常种植农作物，农药、化肥的使用很难管控，对龙虾品质构成致命影响。虽然“深加工”一直被经常提及，“虾壳素”生产企业也个个摩拳擦掌，但为了保护目前的生态环境，养虾的地方不能办化工厂已是共识。当下而言，工厂流水线真空包装、自营结合加盟店和连锁店，标准化作业，或是较好出路。深加工，多地在探讨，也才刚刚开始，将来动作肯定会越来越大。

18. 小龙虾在全世界的分布如何？

小龙虾原产于北美洲的一些地区。现广泛分布于世界上五大洲 30 多个国家和地区。非洲本来没有小龙虾等淡水螯虾的分布。

但是由于欧美市场对小龙虾产品需求量的不断上升，位于西非洲的肯尼亚在20世纪70年代从北美洲引进小龙虾试养，在20世纪80年代初就成为了欧洲小龙虾的主要供应国之一。

小龙虾在20世纪30年代从日本传入我国，最初在江苏的北部地区开始形成自然种群，随着自然种群的扩展和人工养殖活动逐步展开，现在已经广泛分布于我国的新疆维吾尔自治区、甘肃、宁夏回族自治区、内蒙古自治区、山西、陕西、河南、河北、天津、北京、辽宁、山东、江苏、上海、安徽、浙江、江西、湖南、湖北、重庆、四川、贵州、云南、广西壮族自治区、广东、福建及台湾等20多个省、自治区、直辖市，并且在上述大多数地区小龙虾已经形成了可供利用的天然种群。尤其是在长江中、下游地区，小龙虾的生物种群量较大，已经成为我国淡水龙虾的主产地区。

19. 国外对小龙虾的开发利用状况如何?

早在18世纪中叶，欧洲移民就开始在美国的路易斯安那州开发利用小龙虾的资源。在美国路易斯安那州，商业营销小龙虾开始于19世纪后期，不过当时主要还是依靠捕捞天然水域中的小龙虾。关于小龙虾的商贸活动记录最早是1880年，根据当时的记录可知，当年路易斯安那州捕获小龙虾数量的市值约为23 400英镑，合2 140美元。到1908年，根据美国又一份调查报告中记载，路易斯安那州的小龙虾产量市值为88 000英镑，合达3 600美元。但是在往后的数年里，由于经济出现大萧条，小龙虾的卖价跌落到每磅仅4美分，该产业的发展也受到了一定程度的制约。不过，在这段时期内，由于美国的交通运输和冷藏技术得到了发展，路易斯安那州的小龙虾市场从当地的自产自销转移到了具有更大规模的城镇市场，如将新鲜小龙虾销售到了巴顿鲁治和新奥尔良市。而且在此期间，采用钢丝网编织的小龙虾捕捉器的出现，使渔民掌握了一种更为有效的捕捉小龙虾的方法。

直到20世纪60年代以前，市场上销售的小龙虾几乎全部来自于天然捕捞。因为路易斯安那州有一些天然湿地的存在，野生小龙虾资源相对比较丰富，路易斯安那州每年从天然水域中出产的小龙虾产量达到数千吨，即使进入20世纪60年代以来，在小龙虾收获比较好的年份中，该州的小龙虾捕获量曾经达到3万t以上。最近，原来野生小龙虾的产地已捕不到大量的小龙虾，到2000年，路易斯安那州的小龙虾野生捕获量平均减少20%。野生小龙虾的资源容易受到各种环境因素，如水利管理、气候和栖息地的不定的变化的影响。在部分年份中，由于野生小龙虾种群数量下降，危及到了市场上小龙虾的稳定供应。因此，依靠捕捞野生小龙虾难以满足日益发展的市场需求，在这种情形下，发展小龙虾的人工养殖业是唯一可能满足市场需求的途径。

早在1950年，路易斯安那州府就为野生动物委员会和渔业委员会提供资金，开始对小型池塘中小龙虾生活史的研究。随后，该州的部分农民开始在收割后的稻田里灌水后，放养小龙虾开始试验“开放式”人工养殖供自家食用。这种所谓“开放式养殖”小龙虾的方法，后来还被推广应用到在森林和沼泽中实施。在1960—1970年，每年在6 000~7 000hm^2的养殖水面中产出大约1.2万t小龙虾；20世纪80年代初期美国的小龙虾养殖面积增长到2.2万hm^2，到1985—1986年生产年度美国小龙虾养殖面积达到了5万hm^2，小龙虾年产量达到2.7万t；1988年全国养殖面积已超过6.3万hm^2，至20世纪末一直稳定在此水平，每年平均产量高达4万~5万t。美国的小龙虾养殖业主要是在路易斯安那州（约占美国全国小龙虾产量的90%），目前加利福尼亚州、德克萨斯州、阿肯色州、密西西比州、阿拉巴马州和卡罗莱纳州等数州也开始小规模养殖。小龙虾是美国养殖的主要种

类，其次是白河原螯虾（*Procambarus acutus*），仅占产量的10%。这2种虾经常混养在一起，平均产量可达550～1 050kg/hm^2。其他养殖种类有太平螯虾属（*Pacifastacus*）和鲸螯虾属（*Orconectes*）的一些种类。近年来，美国从澳大利亚引进红螯螯虾（*Cherax quadricarinatus*），已建成月产25万尾红螯螯虾幼虾的孵化室，在加勒比地区养殖，年产为5 000～10 000t。

1964年，路易斯安那州立大学森林与野生动物保护学院的研究者们，开始研究小龙虾生物学特性和提高池塘养殖产量的方法。最初的研究专注于如何才能最好的管理小龙虾养殖池塘，以提供一个多产的栖息环境，包括投喂植物种类、投喂时间、排水时间、养殖密度、昆虫和野生鱼类等天敌的侵袭以及其他一些方面因素。由于小龙虾养殖业的逐渐发展，研究者们开始专注于解决更多的问题，比如改进捕捞工具，开发不用冷藏或冷冻的配合饲料，管理养殖小龙虾的水量和水质，研究小龙虾遗传育种的可能性，寻找小龙虾加工的新方法，开发以小龙虾肉为原料的新产品以及其他一些方面。

法国是各种螯虾的消费大国，有大量的消费者嗜好各种淡水和海水螯虾食品。该国早在1880年就开始创办小龙虾养殖场，但是至今小龙虾的人工养殖产量并不大，主要依靠进口和捕捞天然资源中的螯虾供应市场。

西班牙、葡萄牙两国的稻田中存在大量野生小龙虾资源，在20世纪70年代中期，开始人工养殖小龙虾，1982年产量曾经达到2 000t，1983年产量下降为700t，1984年以后至今每年的产量在3 000t以上。

肯尼亚20世纪70年代从欧洲引进小龙虾，仅5年时间内其螯虾数量飞速增长，现在肯尼亚每年向欧洲的一些国家出口小龙虾产品大约500t。

澳大利亚从1960年开始人工养殖和研究小龙虾的规模化养

殖技术，1988—1989 年螯虾养殖产量为 70t，到 1994—1995 年度产量增加到 2 000t。螯虾养殖业在近几年得到迅速发展，目前全国有 300 多个小龙虾养殖场，年产量约 5 000t。人工养殖的小龙虾种类有光壳虾属（*Cherax*）的红螯螯虾、麦龙螯虾（*Cherax tenuimanus*）和雅氏螯虾（*Cherax destructor*）。

前苏联早在 20 世纪初就开始了小龙虾的增养殖业，1900 年就曾经向一些湖泊中移植小龙虾 2.4 万尾。1930—1933 年每年向西北地区湖河中放养小龙虾 10 多万尾。1960 年试验成功工厂化培育螯虾苗种。增养殖种类主要是河虾属（*Astacus*）的贵族螯虾（*Astacus astacus*）和土耳其螯虾（*Astacus leptodactylus*）的一些种类。

20. 发展小龙虾人工养殖应该特别注意一些什么问题?

一是新引进种苗时，必须经过检疫，防止将传染性病原带入养殖区域。从国外引进新品种时，必须遵循我国相关的法律和法规进行申报，经过专家论证、国家行政主管部门审批后方可引进。

二是养殖场地的选择和生产布局的规划，要遵循小龙虾的生活习性进行。

三是要具备水产养殖管理与养殖技术的人才，做到科学养殖。

四是苗种、饲料、药物等的来源的准备与生产工具的配置。

五是商品虾的营销及国内外市场的开拓。

六是小龙虾病害防控问题。

21. 人工养殖的小龙虾会生病吗?

小龙虾虽然适应环境的能力比较强，特别适应粗放的养殖方

式，只要养殖业者采用饲养方式比较适宜，就可以在小龙虾养殖中获得良好的经济和环境效益的。但是如果看见小龙虾能在水质比较差的污水沟中活动，就误认为这种淡水螯虾对生存环境的要求很低、抗病能力很强，不会在人工养殖过程中发生什么疾病的话，就难以获得人工养殖小龙虾的成功。

2008 年 5 月中旬，湖北省汉川市、咸宁市等地养殖的小龙虾发生原因不明的暴发性疾病，并且导致大量死亡，随后在武汉市的汉南区、东西湖区也发现有此病发生。至 6 月中旬，武汉市江夏区，江陵、沙市、监利、洪湖、潜江、汉川、武穴、黄梅，沙洋、钟祥等地均有大面积发病。据了解，在江苏省和安徽省等省也发生类似疾病。这是全省范围乃至全国性的小淡水螯虾的暴发性疾病，由于对发病的原因不清楚，无法采取相应的对策，导致更为大量的、各种规格的小龙虾暴发性死亡，最终给小龙虾的广大养殖业者造成了巨大的经济损失。

其实，根据国外学者的研究结果，已经发现小龙虾体内可以携带多种病毒（美国的资料表明有 10 多种）、有致病能力的细菌（至少在 9 种以上）和寄生虫（至少有 10 种之多）。这些具有致病能力的致病生物在一定的条件下是可以引起疾病发生的，而在适合于小龙虾的养殖环境中，这些具有致病能力的致病性生物可能长期处于“潜伏状态”，并不引起疾病的发生与流行，但是这些在小龙虾体内“潜伏”着的致病生物，究竟在什么环境条件下具有致病性，在什么条件下不可能引起疾病的发生？包括我国大面积暴发疾病的致病生物（或者致病原因）究竟是什么，均还需要深入研究。

小龙虾与其他任何水产养殖对象一样，对养殖环境是有严格的要求的。在养殖过程中也与其他的水产养殖动物一样，也可能发生各种传染性和寄生性疾病，有部分疾病的危害还是极为严重的。因此，了解和掌握小龙虾的生理和生态特点，选择对小龙虾适宜的养殖方式，在养殖过程中积极地采取措施预防疾病的发生，是获得养殖小龙虾成功的基础。

22. 小龙虾是怎样进入我国的?

小龙虾原产于墨西哥北部和美国南部，20 世纪 30 年代由日本引入我国，现已成为我国淡水养殖的一个主要品种。小龙虾最早在江苏省的南京，安徽省的滁州、当涂一带生长繁殖。20 世纪 50 年代，在我国还不多见，到了 80 年代，我国水产专家开始关注小龙虾。与此同时，澳大利亚的红螯螯虾也开始被引进我国并做了一些基础性的研究。到目前，小龙虾已经由“外来户”变为“常住户口”，成为我国人工养殖主要的经济甲壳类水生动物之一，它的受欢迎程度和市场经济价值直逼我国特产的中华绒螯蟹（俗称“河蟹”）。我国的长江中下游地区气候宜人，水网密布，已经成为小龙虾的主要产区。现在，我国已经成为小龙虾的生产大国和“吃货”大国，也是世界上小龙虾水产品的出口大国。

23. 全世界淡水螯虾种类资源状况如何?

根据不完全的统计，全世界现已查明的淡水螯虾有 540 余种，分属于螯虾科（Astacidae）、蝲蛄科（Cambaridae）和南螯虾科（Parastacidae）。除非洲和南极洲外，其他各地区均有淡水螯虾的自然分布。淡水螯虾最多的地区是北美洲和大洋洲，北美洲的淡水螯虾占全世界淡水螯虾种类的 71%左右，有 350 多个种和亚种；大洋洲占 20%左右，约有 120 种；欧洲有 10 种；南美洲有 8 种；亚洲有 7 种。非洲与南极洲一样，原本没有淡水螯虾的分布，但是由于淡水螯虾产业的巨大经济效益，

非洲的一些国家于20世纪70年代初从北美洲引进了小龙虾、从澳洲引进了麦龙螯虾（*Cherax tenuimanus*）和红螯螯虾（*C. quadricarinatus*），开始了人工养殖淡水螯虾。因此，现在非洲的部分国家和地区也有了淡水螯虾的分布。

我国仅有属于蝲蛄科的2属4种淡水螯虾，其中，东北螯虾（*Cambaroides douricus*）、朝鲜螯虾（*C. similis*）和史氏螯虾（*C. schrenkii*）分布在我国的东北地区，小龙虾经日本传入我国的，现在已经在不少地区形成了可供利用的天然种群。我国的4种淡水螯虾均属于中、小型螯虾种类。

24. 小龙虾对赖以生存的环境条件有何要求?

小龙虾广泛分布于各类水体，尤以静水沟渠、浅水湖泊和池塘中较多，说明该虾对水体的富营养化及低氧有较强的适应性。一般水体溶氧保持在3mg/L以上，即可满足其生长所需。当水体溶氧不足时，该虾常攀援到水体表层呼吸或借助于水体中的杂草、树枝、石块等物，将身体偏转使一侧鳃腔处于水体表面呼吸，甚至爬上陆地借助空气中的氧气呼吸。在阴暗、潮湿的环境条件下，该虾离开水体能成活一周以上。

小龙虾对高水温或低水温都有较强的适应性，这与它的分布地域跨越热带、亚热带和温带是一致的。小龙虾对重金属、某些农药如敌百虫、菊酯类杀虫剂非常敏感，因此，养殖水体应符合国家颁布的渔业水质标准和无公害食品淡水水质标准。如用地下水养殖小龙虾，必须事前对地下水进行检测，以免重金属含量过高，影响小龙虾的生长发育。小龙虾的生长发育和繁殖，与周围环境关系极为密切，它既受周围环境的制约，同时，又影响周围的环境。具体环境要素分述如下。

（1）水温

小龙虾是广温性水生动物，对高温和低温都有较强的适应性。其水温适应范围为0～37℃，生长适宜水温为18～31℃，最适生长水温为22～30℃，受精卵孵化和幼体发育水温在24～28℃为好。当水温下降至10℃以下时，小龙虾即停止摄食，钻入洞穴中越冬。夏天水温超过35℃时，小龙虾摄食量下降，在天然环境中会钻入洞底低温处蛰伏。长时间高温会导致其死亡，故要采取遮阴降温措施。水温还会影响水体中其他动、植物的生长。

（2）溶氧

氧气是各种动物赖以生存的必要条件之一，水生生物的呼吸作用主要靠水中的溶解氧气。在养殖水体中，溶解氧的主要来源是水中浮游植物的光合作用，占90%左右。在虾池中保持一定的肥度，对提高水体中的溶氧有较大的作用。小龙虾头胸甲中的鳃很发达，只要保持湿润就可以进行呼吸，有很强的利用空气中氧气的能力，养殖水体中短时间缺氧，一般不会导致小龙虾的死亡。当遇到突发性缺氧时，小龙虾可以借助水生植物漂浮于水面呼吸；当缺氧时，它会侧卧于水面，或用步足撑起身体，使头胸甲全部露出水面，通过湿润的鳃做气体交换来度过困难时期，不至于因缺氧而造成死亡。因此，小龙虾的生存对水中含氧量的要求没有其他鱼类高，但生长要求却较高，水体溶氧要保持在3mg/L以上，才可以正常生长。

（3）有机物质

在养殖水体中，有机物质的作用也是不可忽视的。其主要来源有光合作用的产物，浮游植物的细胞外产物，水生动物的代谢产物，生物残骸和微生物。水中有机物的存在对小龙虾有积极作

用，因为它可作为小龙虾饵料生物。但数量过多时则会破坏水质，影响小龙虾的生长。适宜的有机物耗氧量是 20~40mg/L。如果超过 50mg/L，对小龙虾就有害无益了。此时，应更换新水，改善水质。

（4）有害物质控制

养殖水体中有毒物质的来源有两类：一类是由外界污染引起的；另一类是由水体内部物质循环失调生成并累积的毒物，如硫化氢和氨、亚硝酸盐等含氮物质。池塘中氮的主要来源是人工投喂的饲料。小龙虾摄食饲料消化后的排泄物，可作为氮肥促进浮游植物的生长，并由此带来水中溶氧的增加。适量的铵态氮是有益的营养盐类，但是过多则阻碍小龙虾的生命活动，它对小龙虾自身具有抑制生长的作用。特别是有机质大量存在，异养细菌分解产生的氨和亚硝化细菌作用产生的亚硝酸盐都有可能引起小龙虾的中毒。

池塘中氮的存在形式有：氮气（N_2）、游离氨（NH_3）、离子铵（NH_4^+）、亚硝酸盐（NO_2^-）、硝酸盐（NO_3^-）、有机氮，引起小龙虾中毒的含氮物质有两种形式：游离氨（NH_3）和亚硝酸盐（NO_2^-）。

游离氨来自小龙虾的排泄物和细菌的分解作用。水体中的游离氨和离子氨建立平衡关系（$NH_3+H^+ \rightarrow NH_4^+$），平衡状态取决于当时水体的温度、pH 值及无机盐含量。水中游离氨增加时，直接抑制鱼体新陈代谢所产生氨的排出，从而引起氨毒害。水体温度、pH 值升高时，具有毒性的游离氨含量增加，特别是晴天下午 pH 值因光合作用升高到 9.0 以上时，总氨氮含量达到 0.2~0.5mg/L 就可使小龙虾产生应激反应，达 1.0~1.5mg/L 就会致死。

水域中低浓度的亚硝酸盐就能使小龙虾中毒，亚硝酸盐能促使血液中的血红蛋白转化为高铁血红蛋白，高铁血红蛋白不能与氧结合，造成血液输送氧气能力的下降，即使含氧丰富的水体，小龙虾仍表现出缺氧的应激症状。处于应激状态的小龙虾，易交叉感染细菌性疾病，不久出现大批死亡。

硫化氢是水体中厌气分解的产物，对水生生物有强烈的毒性，危害甚大，有明显的刺激性臭味，一经发现养虾水体水质败坏，应立即换水以增加氧气，全池泼洒水质解毒保护剂以降解其毒性。

（5）土壤与底泥

用来建造虾池的土壤以壤土或黏土为好，不易渗水，可保水节能，还有利于小龙虾挖洞穴居，避免使用沙土。

小龙虾营底栖生活，淤泥过多或过少都会影响生长。淤泥过多，有机物大量耗氧，使底层水长时间缺氧，容易导致病害发生。淤泥过少，则起不到供肥、保肥、提供饵料和改善水质的作用。一般说来，保持池底淤泥厚度15~20cm，有利于小龙虾的健康生长。

25. 小龙虾可能损坏水利设施吗？

小龙虾掘洞能力较强，在无石块、杂草及洞穴可供躲藏的水体中，常在堤岸处掘穴。在水位升降幅度较大的水体和繁殖期，所掘洞穴较深；在水位稳定的水体和螯虾的越冬期，所掘洞穴较浅；在生长期，小龙虾基本不掘洞。小龙虾能利用人工洞穴和水体内原有的洞穴及其他隐蔽物作为其洞穴。小龙虾经过这么多年的种群扩散和推广养殖生产实践，并未出现人们曾经担忧的对堤坝、圩闸等水利工程设施的严重破坏。在洪涝发生季节，防洪大坝若存在一定量的小龙虾洞穴，则可能因此而产生管涌，乃至演变成为溃坝的可能，应当加以重视、严防。在养殖生产中，适当增放人工巢穴，并保持池水水位稳定，加上为小龙虾提供充足的饲料，可大大减轻该虾对池埂、堤岸等水利设施的破坏。

第二章　小龙虾养殖场建设

26. 亲虾培育池塘要具备哪些条件?

小龙虾亲虾培育池塘要建造在临近水源、水量充足、排灌方便、能够随时调节水质的地方。要求池塘周边的环境安静，避免影响亲虾的摄食等活动。

亲虾池的面积以400~1 200m^2、水深1~1.2m为宜。培育后备亲虾的池塘面积可以适当大一些，以3 500m^{2}左右的池塘即可。亲虾池的形状以东西长、南北宽的长方形为适宜。出水口要求低于池底平面，在位于出口处挖成深1.0m、面积5.0m^{2}左右的正方形集虾槽，便于捕虾。

在放养亲虾前，池塘换需要进行清整。清整池塘的内容包括排干池水，清除池底淤泥，曝晒池塘底部数天。然后，每亩面积可用50~75kg生石灰对水全池泼洒（包括池底、池壁）消毒，消毒时最好耙翻池底，以杀死隐藏在底泥中的有害生物。如带水消毒，水深在1.0m左右时，每亩池塘需要生石灰150~200kg。消毒清池后10天，即可注清水入池，按照每亩面积施入腐熟畜禽粪750kg，培肥水质，以待小龙虾亲虾运回放养。在放养前最好用少量小龙虾试水，待24小时后，如果小龙虾未出现死亡现象，方可放亲虾。

四周池埂用塑料薄膜或钙塑板搭建，以防亲虾攀附逃逸，池塘中移植占总水面的1/4~1/3的水葫芦、水浮莲、水花生、眼子

菜、轮叶黑藻、菹草等水草；水底最好有隐蔽性的洞穴，可放置扎好的草堆、树枝、竹筒、杨树根、棕榈皮等作为隐蔽物和亲虾休息的附着物。

27. 小龙虾虾苗培育池塘要具备哪些条件?

培育池的基本条件。可选择池塘、河沟、低洼田等作为小龙虾亲虾的培育池，每口面积以 1.5～2.0 亩为宜，要求能保持水深 1.2m 左右，池埂宽 1.5m 以上，池底平整，最好是硬质底，池埂坡度 1：3 以上，有充足良好的水源，建好注、排水口，进水口加栅栏和过滤网，防止敌害生物入池，同时防止青蛙入池产卵，避免蝌蚪残食虾苗。四周池埂用塑料薄膜或钙塑板搭建，以防亲虾攀附逃逸，池中移植占总水面的 1/4～1/3的水葫芦、水浮莲、水花生、眼子菜、轮叶黑藻、菹草等水草；水底最好有隐蔽性的洞穴，可放置扎好的草堆、树枝、竹筒、杨树根、棕榈皮等作为隐蔽物和虾苗蜕壳附着物。

28. 小龙虾成虾养殖的池塘需要哪些条件?

(1) 池塘基本条件

小龙虾成虾养殖池塘的面积一般为 0.6～1hm^2，水深 1.5～2m，甚至更深。中间设一条集虾槽，沟宽 1～1.5m、深 0.4m 左右，向出水口倾斜。池坡设 0.8～1m 宽的平台。

为了充分利用小龙虾饲养池的空间，在成虾池内可适当混养部分鱼种。为了解决鱼种的来源，需设有鱼种池，该鱼种池既是鱼苗培育池，又是夏花、春花鱼种培育池，面积以 0.5hm^2 为宜。

（2）水系配套

成虾池的水系有进水系统和排水系统，另配有进水闸、节制闸，形成完整的养小龙虾水系配套设施。

① 进水系统。包括进水总渠、干渠和支渠以及各通道上的节制闸，进入各小龙虾池的进水闸和防栏设施等。进水渠可用渠或管道。

② 排水系统。排水系统包括养小龙虾池的排水总渠、干渠、支渠以及排水口的控制闸等设施。

③ 附着物和隐蔽物。小龙虾养殖池必须要设置好附着物和隐蔽物等，特别是专养塘口和小龙虾放养比例大的塘口，更要重视。附着物和隐蔽物较好的主要是水花生、轮叶黑藻、苦草、伊乐藻等水草和树枝、竹枝、网片等，覆盖面占水面（或水体）1/2~3/5 为宜。

29. 如何选择小龙虾养殖场的场址?

（1）对水源的要求

江河、湖泊、沟渠、水田、湿地和水库、山泉之水等，都可以作为养殖小龙虾的水源。建池前，要掌握当地的水文、气象资料，旱季要求能储水备旱，雨季要能防洪抗涝。

（2）对水质的要求

水质好坏是养好小龙虾的关键。虽说小龙虾对水质要求不如有些养殖鱼类高，但是近几年来由于我国工农业生产的发展，江河、湖泊的水源受到不同程度的污染。为了生产无公害小龙虾，在选择场地建虾池时，水源水质要求清新、无污染，符合渔业水

质标准。

（3）对土质的要求

不同的土质直接影响到池塘的保水和保肥性能。因此，建小龙虾池对土质要有一定选择。沙土、粉土、砾质土等保水能力差，小龙虾池灌水后易渗漏，均不宜建池。壤土介于沙土、黏土之间，并含有一定的有机质，硬度适中，透水性弱，吸水性强，养分不流失，土内空气流通，有利于有机物分解。因此，壤土是建池最理想的土壤。黏土保水能力强，干时土质坚硬，吸水看起来呈糨糊状。干旱时堤埂易龟裂。冰冻时膨胀甚大，冰融后变松软。该种土壤也适合建养虾池。

建造小龙虾养殖池对土质的化学成分也有一定的要求。含铁量过多的土壤，因铁离子在水中形成胶体氢氧化铁或氧化铁赤褐色沉淀，附于小龙虾鳃丝上，对呼吸不利，特别对小龙虾卵孵化和幼体虾危害较大，所以，不宜建池。

（4）对地形的要求

小龙虾养殖场对地形没有特殊要求，一般对地形的选择是为了节省劳力和投资。因此，宜选择平地建池，使工程量最小，投资最省，灌排方便，有利于操作管理。

（5）对交通和通讯的要求

小龙虾养殖场应选择在交通便利、通讯方便的地方，以便于饲料与物资的运输、产品上市输出、对外联络、信息交流等，因此，也是建场不可缺少的条件之一。

30. 怎样进行小龙虾养殖塘口的开挖与建设?

(1) 管理室的建设

较大型小龙虾养殖场房屋建设尽可能安排在场部中心位置，并直通交通干道，有利于生产技术管理，对外联系和产品物资的运输。

(2) 池塘走向

尽量安排东西方向，以增加日照，有利于浮游生物生长，培肥水质，投饵摄食，减少风浪对池堤的冲刷破坏。

(3) 规格化池塘

规模化养殖的池塘要求规格化，同类池宽度基本一致。

(4) 进排水系统

尽量做到两排鱼池为一片，进、排水分开，进水渠、排水渠平行相间排列，预防病害相互传染。

31. 如何建一个规范化的小龙虾养殖场?

(1) 房屋建筑

房屋建筑要便于生产、管理、对外联络和日常生活等活动。同时，要适当留有扩建的余地。

① 场房和生活用房。尽可能安排在场部中心，便于交通和活动。

② 渔具仓库。通风向阳，远离饲料仓库、厨房、饲料房，以免鼠咬，造成损失。

③ 生产值班房。尽量分散到适当位置，以便照顾全场。

(2) 池塘与堤坝

小龙虾池和堤坝是养虾场的主要建筑，都要根据小龙虾的生活习性、生长要求和防涝要求设计。

① 养虾池塘。虾池尽量整洁、规格化，各类虾池的宽度要求一致。各类池塘的要求（按虾池的设计规格）除面积、水深不同外，都应是长方形，长宽比为 2∶1 或 3∶2 为宜。

② 堤坝。构成池塘的主要部分，有外围堤、交通堤、排水堤和横隔堤。因用途与土质不同，各种堤的地面宽度和坡度各不相同。除外围堤外，其他各堤的地面高程尽量保持一致，便于操作。如土地宽裕，要留出饲料地，池埂可加宽到 6~10m。堤坡是堤坝的垂直高度与水堤脚水平距离之比。

③ 外围堤。在易发洪水地区，外围堤不可缺少，以免遭洪水侵袭，从而保护全场安全。外围堤一般受外荡的风浪冲刷较严重，堤面宽度要求 3~3.5m，堤坡度为 1∶2，堤面高度不得低于历年的最高洪水水位。

④ 交通堤。是通行车辆的主要道路，即虾池间的主干道。大型养殖场的堤面宽度不少于 6m，坡度不低于 1∶2.5。

⑤ 排水堤。排水堤可以由两堤构成，也可以在同一条堤上开沟。如果池塘水可以自行排水，或与湖区、河道相通时可建两个堤，堤面宽约为 1m，坡度为 1∶1.5。如果每个池塘靠动力排水，则可在同一条堤上开排水沟，堤面宽为 4~4.5m，坡度为 1∶1.5。

⑥ 进水堤。建造进水沟的堤，堤面宽 3~4m，也有两堤构成，也有在同一堤上开进水沟。

⑦ 横隔堤。为虾池之间的堤，也是拉网操作的堤、堤面宽2.0~2.5m，堤坡1：(2~3)。在离池面0.6m处作一平台，宽1~1.2m。

(3) 进、排水系统的设计

① 进水系统。抽水泵房：水源水位低、水不能自流灌池的虾场，需要建立固定式抽水泵房。抽水机的功率每注入7hm^2水面需5~8kW，15hm^2为10~15kW。养殖场常用水泵有离心泵，混流泵和潜水泵等。过滤设备：水泵的吸水莲蓬周围应设孔径1~2cm的铁丝网，以过滤水草和杂物，但是无法过滤野杂鱼等有害生物进入虾池。因此，在不影响滤水的情况下，再设40~50目的筛网过滤小杂鱼苗。进水渠：为将水引入虾池的输水设备，包括管道和明沟两种结构。规模养殖场的管道一般采用钢筋水泥的涵道，地面较整洁，节约土地。但是水泥涵道清淤和修理不便，为检查养护方便，可用窨井相连接，不足处是建造费较大。明沟多数采用水泥护坡结构，断面成梯形，深50cm，底宽30~40cm，比降为0.5%。进水口及节制闸：进水口一般直径为10~15cm的陶瓷管，管口可高于池塘水面20~30cm，形成一定的落差，以防止小龙虾和鱼顶水逃逸。进水沟内设有水泥板做成的节制闸，控制鱼虾池的进水量。必要时还设有拦鱼窗，以防鱼虾串池。

② 排水系统。排水口：具有溢流排水能力的池塘都应设有排水口，排水口位于底的最低处，与排水沟相通。排水管为陶瓷管，管径为20cm左右。排水口用砖和水泥砂浆做成，口径为15cm左右。排水沟：沟宽为5~8cm，沟底低于池底，以利于自流排干池水。不能自流排干池水时，可采用动力抽排的办法，排水沟底可以高于池底。

（4）其他工具

小龙虾养殖场还需要准备船具、网具、粉碎机、投饵机等。

32. 小龙虾养殖场的水源标准如何？

小龙虾养殖用水一般用河水、湖水和地下水，水源要充足，水质要清新无污染，符合国家颁布的渔业用水或无公害食品淡水水质标准。如果直接从河流和湖泊取水，则要抽取河流和湖泊的中上层水，并在取水时用 20~40 目的密网过滤，防止昆虫、小鱼虾及卵等敌害生物进入池中。如采用地下水，则要考虑地下水的溶氧量、温度、硬度、酸碱度及重金属含量是否超标。解决溶氧和温度问题，可将地下水抽到一个大池中沉淀、曝气、调温，然后再加注到幼虾培育池中。如地下水硬度、酸碱度和重金属超标，则要对地下水进行水处理或不使用。需要特别注意的是，人们常常可以在污水沟里看见小龙虾的身影，但是千万不要因此就认为小龙虾对于栖息的水质没有要求，其实，小龙虾对于生存的水体质量要求也是比较高的。

33. 怎样建造小龙虾养殖池塘的防逃设施？

小龙虾具有攀爬逃跑的能力，在进行池塘养殖小龙虾时，防逃设施一定要健全。

（1）砖墙防逃

在池埂靠内侧砌一道砖墙，墙厚 11cm，高 20~30cm，墙基深 10cm 左右。墙内的水泥勾缝最好用水泥抹平，墙顶横入一块砖，向内延伸约 5cm 成倒挂。这种防逃方式坚固耐用，可用 10~

15年。

（2）塑料薄膜防逃

在池埂的内侧插上高30~40cm的竹片，竹片间隔40~50cm，竹片下部内侧贴上厚塑料薄膜，高20~30cm，再在薄膜内加插竹片，间隔同外竹片对应，并用绳夹牢固，同时，对夹牢固的塑料薄膜增加培土，一并打实以防小龙虾逃逸。这种防逃方式不耐用，一般只能用1年。

（3）玻璃钢防逃

玻璃钢大多数是指聚乙烯塑料板块，一般约1.0mm厚，用高度30~40cm的平板玻璃钢，插在池埂内侧的1/3处，深入土层15~20cm，内外两侧均用木桩加固，桩距70~80cm。这种防逃方式可用6~8年。

（4）石棉瓦块防逃

将高度1.2 m或1.8m石棉瓦块分割成2段或3段，插在池埂内侧1/3处，入土深10~15cm，注意瓦与瓦扣齿交垫，不见缝隙。瓦的内外均用木桩或竹桩固牢，桩距0.8~1.0m。这种防逃方式可用3~5年。

第三章　小龙虾的繁殖

34. 如何鉴别小龙虾的性别?

在自然条件下，小龙虾性成熟较早，在 25～30g 即可达到性成熟。小龙虾雌、雄异体，性成熟后的雌、雄虾在外形上都显示出以下性别特征，差异十分明显，一般是很容易鉴别的。

① 在达到性成熟的同龄小龙虾群体中，雄性个体大于雌性个体。

② 相比较而言，性成熟的雌性小龙虾腹部膨大，而雄性小龙虾腹部相对狭小。

③ 雄性小龙虾螯足膨大，腕节和掌节上的棘突长而明显，且螯足的前端外侧有一明亮的红色软疣。而雌性小龙虾螯足较小，大部分没有红色软疣，小部分有，但是面积小且颜色比较淡。

④ 雌性小龙虾的生殖孔开口于第 5 步足基部，可见明显的一对暗色圆孔，腹部侧甲延伸形成抱卵腔，用以附着受精卵。

⑤ 雄性小龙虾第 4 对步足内侧有一对交接器，输精管只有左侧一根，呈白色线状。

⑥ 雄性小龙虾第一、第二腹足演变成白色、钙质的管状交接器；雌性小龙虾第一腹足退化，第二腹足羽状。

⑦ 成熟的雄性小龙虾背上有倒刺，倒刺随季节而变化，春夏交配季节倒刺长出，而秋冬季节则消失。雌性小龙虾没有这种倒刺（图 3-1）。

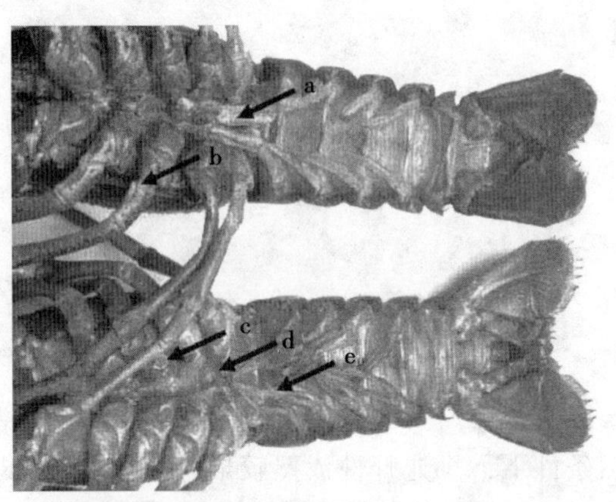

图 3-1　性成熟雌、雄性小龙虾腹面观
（上图为雄性，下图为雌性小龙虾）

a. 雄性小龙虾步足中间钙化的游泳器；b. 步足；c. 雌性小龙虾有输卵管的开口；d. 纳精孔；e. 雌性小龙虾步足中间钙化的游泳器

35. 小龙虾是如何交配与产卵的?

（1）交配

小龙虾交配习性比较特殊，雌、雄性小龙虾交配前皆不蜕壳。在准备交配时，雌、雄性小龙虾开始互相靠近，最后由雄性小龙虾追逐雌性虾，并将其掀翻后，雄性小龙虾用第二至第五对步足抱紧雌性小龙虾的头胸甲部，并用第一螯足夹紧雌性小龙虾的大螯，雌性小龙虾的第二至第五对步足伸向前方，亦被雄性小龙虾的大螯夹牢，然后雌、雄两虾相向侧卧，彼此的生殖孔紧贴，雄性小龙虾的头胸昂起，将交接器插入雌性小龙虾生殖孔内，用其齿状突起钩紧雌性小龙虾的生殖孔凹陷处，雌、雄两虾

的尾扇紧紧相交。当雌、雄两虾腹部紧贴时，雄性小龙虾将乳白色透明的精荚射出，附着在雌性小龙虾位于第四和第五步足之间的纳精器中，待产出的卵通过时受精。交配结束后，雄性小龙虾疲乏，远离雌性小龙虾休息，而雌性小龙虾则活跃自由，不时用步足抚摸其虾体各部。小龙虾交配时间长短不一，短的仅 5 分钟，长的在 1 小时以上；一般为 10~20 分钟。小龙虾产卵前的交配次数也不完全相同，有些小龙虾交配 1 次即可产卵，有的则需要交配 3~5 次后才产卵。交配间隔时间短者只有数小时，长者则达 10 多天。

（2）产卵

小龙虾的产卵季节为每年的春季和秋季，产卵行为均在洞穴中进行，产卵时虾体弯曲，游泳足伸向前方，不停地扇动，以接住产出的卵粒，附着在游泳足的刚毛上，卵子随虾体的伸曲逐渐产出。产卵结束后尾扇弯曲至腹下，并展开游泳足包住它，以防卵粒散失。整个产卵过程为 10~30 分钟。小龙虾的卵为圆球形，晶莹光亮，不是直接粘在游泳足上，而是通过一个柄（或暂称为卵柄）与游泳足相连。刚产出的卵呈橘红色，直径为 1.5~2.5mm，随着胚胎发育的进展，受精卵逐渐呈棕褐色，未受精的卵逐渐变为混浊白色，并且脱离小龙虾体而死亡。小龙虾每次产卵 200~700 粒，也曾经发现最多抱有 1 000粒卵以上的抱卵小龙虾亲虾。卵粒多少与小龙虾亲虾个体大小及性腺发育有关。

36. 小龙虾的受精卵是如何孵化的?

小龙虾的胚胎发育时间较长，在水温 18~20℃时，需 25~30 天，如果水温过低，孵化期最长可达 2 个月。小龙虾亲虾在抱卵过程中要将自己隐藏起来，尾扇弯于腹下保护卵粒。到遇到惊吓时，尾扇紧抱腹部迅速爬跑，偶尔亦作短暂弹跳。在整个孵化过程中，小龙虾亲虾的游泳足会不停地摆动，以形成水流，保证受精卵孵化对溶氧的需求，同时，小龙虾亲虾还会利用第二、第三步足及时剔除未受精的卵及已经发生了病变、坏死的受精卵，以保证正常受精卵孵化的顺利进行。刚孵出的仔虾的形态即与成虾相似，但是体色较淡，呈淡黄绿色，尾扇并没有打开，经过 3 次蜕壳方将尾扇打开。小龙虾亲虾有护幼习性，仔虾在脱膜以后不

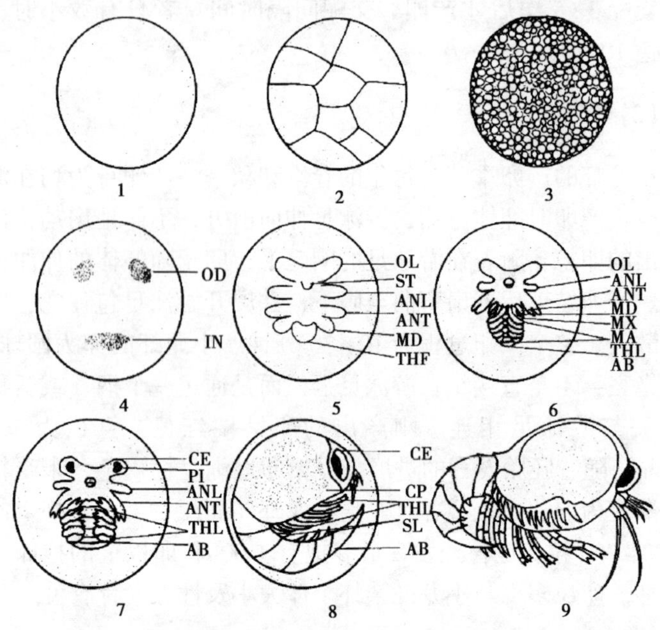

图 3-2　克氏原螯虾的胚胎发育（仿慕峰等，2007）

1. 受精卵；2. 卵裂期；3. 囊胚期；4. 原肠期；5. 前无节幼体期；6. 后无节幼体期；7. 复眼色素期；8. 预备孵化期；9. 初孵幼体

AB：腹部；ANT：大触角；ANL：小触角；CE：复眼；CP：头胸甲；IN：内陷区；MD：大颚；MA：颚足；MX：小颚；OD：视叶原基；

OL：视叶；PI：复眼色素；ST：口道；胸腹突；THL：步足；SL：游泳足

会立即离开母体，仍然附着在母体的游泳足上，直到仔虾完全能独立生活才离开母体。刚离开母体的仔虾一般不会远离母体，在母体的周围活动，一旦受到惊吓，就会立即重新附集到母体的游泳足上，以躲避其危险。仔虾在母体周围会生活相当一段时间，才逐步离开母体营独立生活。正是由于雌性小龙虾虾有抱卵、护幼的习性，对仔虾保护得较好，所以，一般受精卵的孵化率都在90%以上，而且仔虾也有比较强的生活能力，故成活率也比较高（图 3-2）。

37. 繁殖小龙虾要做哪些准备工作？

（1）亲虾池的条件

用于繁殖虾苗的性成熟成年小龙虾称亲虾，其培育池也简称亲虾池。亲虾池应设在临近水源、水量充足、排灌方便、能够随时调节水质的地方。要求周边的环境比较安静，以免影响亲虾摄食。亲虾池的面积以 400～1 200m^2、水深 1～1.2m 为宜。后备亲虾的培育池面积增大到 3 500m^2 左右。亲虾池的形状无严格要求，但是以长方形，东西长、南北宽为宜。出水口要求低于池底平面，位于出口处挖成深 1.0m、面积 5.0m^2 左右的正方形集虾槽，便于捕虾。

（2）亲虾池的清整

如果在 10 月底之前培育亲虾，则需要对亲虾培育池进行清理，排干池水，清除池底淤泥，暴晒数天。然后，每亩面积可用 50～75kg 生石灰对水全池泼洒（包括池底、池壁），最好耙翻池底，以杀死池底的有害生物。如带水清池，水深在 1.0m 左右时，每亩水池用生石灰 150～200kg。清池后 10 天，即可注清水入池，以待小龙虾亲虾运回放养。在放养前最好用少量小龙虾试水，待24小时后，如果小龙虾未出现死亡现象，即可放亲虾。

（3）亲虾的选留

小龙虾性成熟一般需要9~12个月，雌、雄小龙虾在外形上特征明显，容易鉴别。达到性成熟的龙虾，雄性个体明显大于雌性，螯足粗大，螯足两端外侧有一明亮的红色软疣；生殖孔开口在第五步足基部。雌虾大多数没有红色软疣，即使有颜色，也偏淡；生殖孔开口在第三对步足基部；腹部膨大。

选留小龙虾亲虾的工作一般在前一年9—10月或当年3—4月进行。选择10月龄以上、体重30~50g、体形标准、体质健壮、附肢齐全、无病无伤和生命力强的个体，雌、雄比例一般为（3~4）：1。如雄性小龙虾条件较好时，可将投放比例定为（5~6）：1；较差时则定为（2~3）：1。

（4）亲虾的投放

放养小龙虾亲虾前，对池塘要进行常规消毒，然后每亩面积施入800kg发酵腐烂后的秸秆或野草。在池内设置瓦片、杨树根须和竹筒，作为亲虾栖息、蜕壳和隐蔽场所。小龙虾亲虾投放量为每亩面积约100kg。

（5）亲虾的培育

亲虾放养后要加强培育管理，3月水温达10℃以上就要开始投喂饲料，最好是以螺、蚌肉，畜禽屠宰下脚料等动物性饲料为主，搭配鲜嫩的水草和菜叶等。日投喂量：3月的日投喂量为亲虾总体重的2%~3%，4月、10月为4%~5%，5—9月为6%~8%。

（6）亲虾的繁殖

进入 4—5 月，当水温达到 20℃以上时，小龙虾的亲虾就开始交配、产卵，一直要持续到 8 月左右。仔虾离开母体后就能主动摄食，开始独立生活。当发现繁殖池中有大量小龙虾的仔虾出现时，就应及时采苗并进入小龙虾虾苗种培育阶段。必须要注意的是，在水温低（10℃以下）的环境中，小龙虾亲虾从交配、受精产卵至受精卵孵化出苗，需 3～4 个月之久，在此期间，受精卵就容易感染水霉病，当水体中溶氧量不足时，还易造成受精卵的窒息死亡。

38. 小龙虾亲虾如何选留与配组?

（1）选留亲虾的时间

选择小龙虾亲虾的时间，一般在繁殖前一年的 8—10 月或者繁殖当年的 3—4 月。亲虾的来源主要是养殖小龙虾的池塘或天然水域。小龙虾亲虾离水的时间应尽可能短，一般要求离水时间不要超过 2 小时，在室内或潮湿的环境，离水时间可适当长一些。

（2）雌、雄性比例

雌、雄性比例应根据繁殖方法的不同而有一定的差异。如果是采用人工繁殖的方式，雌、雄性比例以 2∶1 为宜；半人工繁殖方式，则以 5∶2 或 3∶1 为好；如果采用的是在自然水域中以自然增殖的方式进行繁殖，雌、雄性比例通常为 3∶1。

（3）选择标准

① 雌、雄性亲虾性比要适当，要达到繁殖要求的性配比。

② 小龙虾亲虾个体要大，达性成熟的小龙虾亲虾要求比一般生长阶段的个体大，雌、雄性亲虾个体重都要求在30~40g以上。

③ 小龙虾亲虾颜色要求暗红或黑红色、有光泽，体表光滑而且没有纤毛虫等附着物。那些颜色呈青色的小龙虾，看起来个体很大，但是它们还属于壮年虾，一般还可蜕壳1~2次后才能达到性成熟阶段，这种虾的商品价值很高，宜作为商品虾出售，而不宜作为繁殖用的亲虾。

④ 要求小龙虾亲虾附肢齐全。缺少附肢的亲虾不宜选择，尤其是螯足残缺的亲虾，要坚决摒弃；还要求亲虾身体健康无病，体格健壮，活动能力强，反应灵敏，当人用手抓它时，它会竖起身子，舞动双螯保护自己，取一只放在地上，会迅速爬走。

⑤ 对亲虾的规格选择值得探讨，同是水产品，应有可比性，按照其他品种的养殖经验，亲虾个体越大，繁殖能力越强，繁殖出的小虾的质量也会越好。很多人选择大个体的虾作亲虾，但有专家在生产中发现，实际结果刚好相反。

经过专家的详细分析，认为主要的原因在于小龙虾的寿命非常短，我们看见的大个体的小龙虾往往已经接近生命的尽头，投放后不久就会死亡，不仅不能繁殖，反而造成亲虾数量的减少；建议亲虾选用规格为30~40尾/kg的成虾，且要求附肢齐全，颜色呈红色或褐色。

对于外购的亲虾，必须摸清来源、原生存环境、捕捞方法、离水时间等；运输方法要得当，在运输过程中注意不要挤压，并一直保持潮湿，避免阳光直射，尽量缩短运输时间，一般不要超过4小时，最好是就近选购，到达塘边后，先洒水，后连同包装一起浸入池中1~2分钟取出静放1~2分钟，反复2~3次后，让亲虾充分吸水，排出鳃中的空气，然后将亲虾放入繁育池中。放养时多点放养，不可集中一点放养。亲虾的放养量控制在每亩100kg左右，雌、雄性亲虾配比以1.5∶1为宜。

39. 运输小龙虾亲虾应该注意什么?

(1) 注意挑选健壮的亲虾

在运输小龙虾亲虾之前，从渔船上或养殖场开始就要对运输用的活虾进行小心处理，也就是说，要从虾笼上小心地取下所捕到的小龙虾，把体弱、受伤的与体壮的、未受伤的分开，然后把体壮的、未受伤的小龙虾，放入有新鲜的流动水的容器或暂养池中。如果是远距离购买并运输，最好在清水中暂养 24 小时，再次选出体壮的小龙虾。

(2) 注意保持一定的湿度和温度

在运输小龙虾时，环境湿度的控制很重要，相对湿度为 70%~95%，可以防止小龙虾脱水，降低运输中的死亡率。运输时可以使用水花生或浸湿软的麻袋、毛巾装在容器内，连续运输时间最好不要超过 4 小时。

(3) 选择适宜的运输容器

存放小龙虾的容器必须绝热、不漏水、轻便、易于搬运、且能经受住一定的压力。目前使用比较多的是泡沫箱，每个箱内装亲虾 15kg 左右，在里面装上 2kg 的冰块，再用封口胶将箱口密封即可进行长途运输；还有一种更简便的运输方法就是用塑料框、蒲包、网袋、木桶等装运。在容器内衬以用水浸泡过的蒲包，再把小龙虾放入蒲包内，蒲包扎紧，以减少亲虾体力的消耗，运输途中防止风吹，曝晒和雨淋。

（4）注意试水以后再放养亲虾

从外地购进的亲虾，因离水时间较长，放养前应将亲虾在池水内浸泡 1 分钟，提起搁置 2~3 分钟，再浸泡 1 分钟，再搁置 2~3 分钟。如此反复 2~3 次，让亲虾体表和鳃腔吸足水分后再让亲虾自行爬出容器游入池中，以提高成活率。

40. 如何培育小龙虾亲虾?

（1）亲虾培育池的准备

可选择池塘、河沟、低洼田等作为小龙虾亲虾的培育池，每口面积以 1 000~1 200m^2 为宜，要求能保持水深 1. 2m 左右，池埂宽 1. 5m 以上，池底平整，最好是硬质底，池埂坡度 1：3 以上，有充足良好的水源，建好注、排水口，进水口加栅栏和过滤网，防止敌害生物入池，应特别注意防止青蛙入池产卵，因为蝌蚪会残食虾苗。池埂四周用塑料薄膜或钙塑板搭建，以防亲虾攀附逃逸，池塘中可移植占总水面的 1/4~1/3 的水葫芦、水浮莲、水花生、眼子菜、轮叶黑藻、菹草等水草；水底最好有设置一些隐蔽性的洞穴，可放置扎好的草堆、树枝、竹筒、杨树根、棕榈皮等作为隐蔽物和虾苗蜕壳附着物。

（2）小龙虾亲虾的放养

一般在每年 8 月至 9 月底进行，此时，小龙虾还未进入洞穴容易捕捞放养，选择体质健壮、肉质肥满结实、规格一致的亲虾和抱卵亲虾放养，放养前 1 周，每亩面积用 75kg 生石灰干塘消毒，消毒后经过滤（防止野杂鱼入池）向池塘中注入新水，保持池塘水深约 1. 0m，按照每亩面积施入腐熟畜禽粪 750kg，培肥

水质。如果是直接让亲虾在水体中抱卵孵化并继续培育幼虾，然后直接养成大虾的话，每亩面积内可以投放亲虾25kg，雌、雄亲虾比例为（2~3）：1，放养前用5%食盐水浸浴5分钟，以杀灭亲虾上的病原体。如果是进行大批量培育苗种，则可在每亩面积内放养亲虾100kg，雌、雄亲虾比例为2：1。10月上旬开始降低水位，露出堤埂和高坡，确保堤埂和高坡离水面约30cm，池塘水深也要保持在60~70cm，让小龙虾亲虾掘穴繁殖。待小龙虾的洞穴基本上掘好后，再将水位提升至1.0m左右。

（3）培育管理

为了保证幼虾在蜕皮时不受惊扰，也为了防止软壳虾被侵犯，在全人工繁殖期间，最好在亲虾培育池塘内不要放养其他鱼类；亲虾的投喂管理比较简单，可投喂切碎的螺蚌肉、小鱼、小虾、畜禽屠宰下脚料、新鲜水草、豆饼、麦麸或配合饲料等。由于亲虾的摄食量是比较难以控制的，因此，日投喂量主要是随着水温而有一定的变化，每天早、晚各投喂1次，以傍晚为主，具体的投喂量可采取试差法来确定，即第二天看前一天投喂的饵料是否有剩余，如果有残饵存在就要少投，如果没有残饵就要适当多投，捕捞作业后要少投。亲虾池塘中水质管理非常重要：一是提供新鲜的水源；二是提供外源性微生物和矿物质；三是每半个月换新水1次，每次换水1/4；每月用生石灰15g/m^{2}对水泼洒1次，以保持良好水质，以促进亲虾的性腺发育。

41. 小龙虾亲虾在越冬期间应该注意什么？

（1）亲虾越冬池的选择

因为在池塘封冰以后，各种池塘水体中的气体状况是不相同的。一般而言，凡是池水较深和淤泥、有机物少的水体，其气体状况均比较好，小龙虾亲虾的越冬效果也就好一些；与此相反，池水较浅且淤泥和有机物较多的水体，气体状况也可能比较差，小龙虾亲虾的越冬效果相对要差些。

越冬池塘的底质对水体中化学成分也会有一定影响，特别是对于封冰后的池塘，底质对水质的影响就会更大，主要是体现在对水中气体状况和 pH 值等 2 个方面的影响。底质有机物分解时会消耗池水中的氧气，并放出二氧化碳，同时，也可能会产生硫化氢，使水中气体组成发生改变，促使 pH 值降低。淤积程度越大的池塘水体，二氧化碳集积就越多。pH 值下降较快的池塘水体，小龙虾在越冬期的危险性越大。因此，亲虾在越冬期间，最好选择未被淤化的池塘，避风向阳，池底不渗漏，能保持水深在 2. 0m 以上，同时，要有良好的水源条件。

（2）小龙虾亲虾放养要注意的事项

① 放养的时间。小龙虾进入越冬池的时间，一般以水温 10℃左右为宜。最好不要低于 8℃。在华北地区，放养时间多在 10 月底至 11 月初，东北地区应该早于华北。在华北或东北地区，还可以将小龙下亲虾在温棚中越冬。小龙虾亲虾在转池操作时要细心，尽量不使亲虾体表受伤，或损断附肢，以免影响其越冬期间的成活率。

② 放养密度。在有水源补充的越冬池，每立方米水体中可放养小龙虾亲虾 0. 5～0. 6kg。如果是交换新水比较困难的池塘，放养量通常需要减半（根据具体情况，酌情掌握放养密度）。

（3）小龙虾亲虾越冬期间的主要管理

① 及时增氧。冬季越冬池浮游植物的数量通常要比夏秋季少得多，但也有少数池塘浮游植物数量相当大。据分析，这类池

塘水体中常见的浮游植物有绿藻、金藻、硅藻和隐藻等。除隐藻外，其他藻类在冰层水下通过光合作用产生氧气的能力都是比较强的。这些浮游植物的光合作用强度与冰的透明度有密切关系，冰的透明度越大，其产氧量就越高。所以，在越冬期间，雪后消除冰层上的厚积雪，对增加池水的透光性，提高水体溶氧量，是非常必要的。为了防止冰冻覆盖水面后缺氧，应该每隔几天加少量新水。如没有加注新水条件的越冬池，当水面结冰后，要通过打冰眼的方法补充氧气。冰眼应打在水较深的地方，在 1 000m^2 左右的水面要打 1 个宽 1.5m、长 3.0m 的冰眼，最好要顺着风向排列、借助风力作用加快空气中的氧气向水中溶解的速度。为了避免池水热量散发，冰眼不宜打得过大、过多，冰眼的大小、个数适当即可。除通过冰眼增氧外，还可通过冰眼对冰下氧气状况进行探视。如果发现有大量水溞游向冰眼附近，说明该水体可能缺氧；如果发现有水生昆虫和小杂鱼游向冰眼附近，说明该水体的溶氧量已低到不能维持小龙虾虾呼吸所需要的程度了，应该立即采取增氧措施。

② 适时投喂。当小龙虾亲虾进入越冬池以后，要根据水温高低进行投饲，适当增加饵料中的含脂肪、蛋白质高的动物性饲料。遵循喂好、喂饱的原则，要坚持喂到亲虾停食为止（水温在 10℃以下）。开春初期，水温回升到 10℃左右时，要适当投喂煮熟的麦粒、玉米或甘薯等，也可在饵料中稍加一点动物性饲料。

③ 池水管理。亲虾越冬池水深要保持在 1.5m 左右，因为亲虾在较深的水体里才不会冻伤、冻死。平时要坚持经常检查越冬池有无渗漏现象，水位下降要及时补加新水，以保持稳定的水位。不能让池塘较长时间处于干枯状态，否则，亲虾会躲藏在洞穴或水草根泥土里，常因无水往往导致虾体失水缺氧，或影响池泥保温性能，使亲虾出现冻伤或冻死现象。另外，还要确定专人管理，坚持常巡塘。有条件的地方，可把个体大小不同、体质强

弱不同的亲虾分池越冬管理。

42. 怎样进行小龙虾的工厂化育苗?

建设小型水泥池进行工厂化繁殖小龙虾苗种，采用流水或充气相结合定期换水的方法，为虾苗生长发育提供良好的环境，因而可以进行高密度育苗，可根据养殖生产所需苗种，定时提供充足的虾苗，对小龙虾的养殖也是很有利的。

(1) 育苗设施的准备

工厂化育苗设施主要包括孵化池、育苗池、供水系统、供气系统及应急供电设备等。有条件的育苗厂也可建设亲虾暂养池及交配产卵池等。繁殖池、育苗池的每口面积一般为12~20m^2，池水深1.0m左右，建有进、排水系统及供气设施，进、排水管道以塑料制品为好。繁殖池及育苗池的建设规模，应根据本单位生产规模及周边地区虾苗市场需求量而定。

(2) 抱卵亲虾的放养及幼体孵化

工厂化育苗的亲虾可以是从池塘、湖泊或水库中采捕的抱卵亲虾，也可以选用在秋季收集的亲虾经土池强化培育后自然交配产卵的抱卵亲虾。选择抱卵亲虾，以受精卵颜色基本一致为宜，也可以根据亲虾孕育卵块的颜色将其放养在不同的繁育池中，以便其分批孵化，保证所孵出的幼体发育基本同步，从而确保出池虾苗的规格基本一致（图3-3至图3-7）。

可直接把抱卵亲虾放入孵化池中，也可放入孵化池里的网箱中，网箱的网目大小应能让虾苗直接进入孵化池中。放养量为每平方米100尾左右。抱卵虾孵出溞状幼体，溞体幼体吊挂于亲虾的腹部附肢上，蜕壳后成工期幼体，幼体全长在1.0cm以内时，

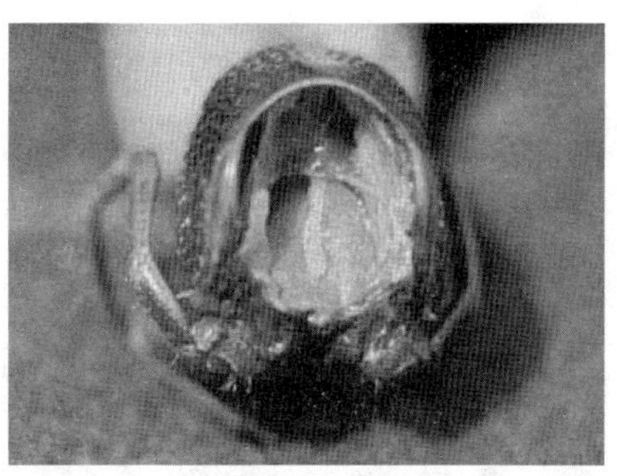

图 3-3　小龙虾雌虾孕育的苍白色卵块

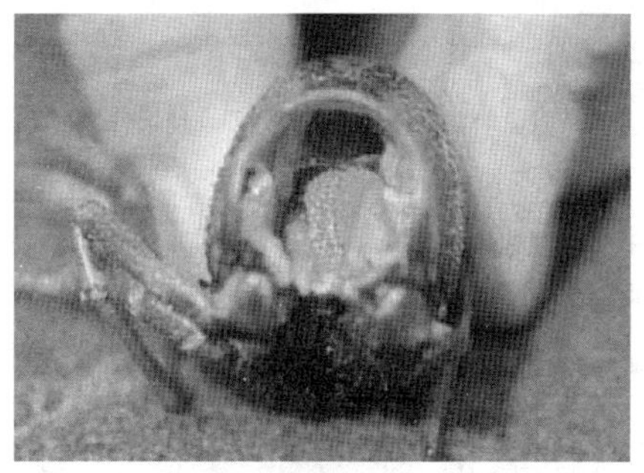

图 3-4　小龙虾雌虾孕育的橙色卵块

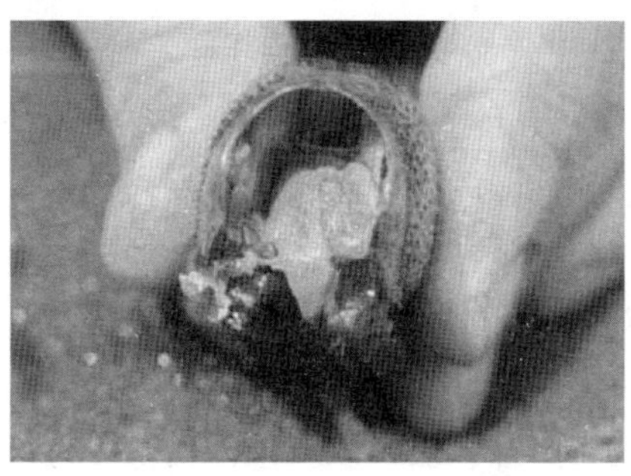

图 3-5　小龙虾雌虾孕育的黄色卵块

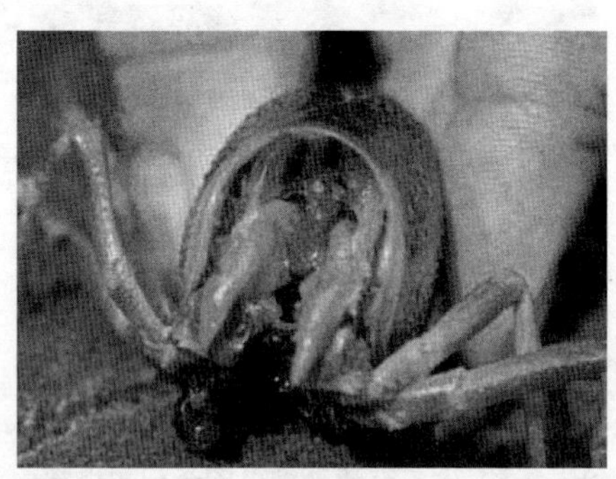

图 3-6　小龙虾雌虾孕育的棕色（茶色）卵块

图 3-7　小龙虾雌虾孕育的深棕色（豆沙色）卵块

通常由亲虾保护 1 周。因此，1 周后要及时捕出产后的亲虾，幼虾分散于池的底层，营底栖生活，进行虾苗培育。也可让抱卵亲虾在繁殖池中集中孵化，然后将幼体用网捕捞分散到育苗池中进行培育，每立方米水体布苗 2.0 万~3.0 万尾。

收集幼虾时，可用灯光、流水诱捕或排水网箱收集。在收集移苗过程中，动作要轻、快，以防幼体受伤影响发育及成活率。

（3）虾苗的培育

孵化后的幼虾很快就可以开始进食，此时即可投喂饵料。饵料主要为天然浮游动物和人工饲料。天然浮游动物主要为轮虫、小型枝角类及桡足类的无节幼体，投喂可分上、下午各1次；人工饲料主要为蚌肉浆及颗粒饲料等，每天投喂2~4次，投喂量应根据幼虾活动、摄食及发育情况等来确定。在亲虾护幼期间要适当投喂成虾料，要多换水，保持良好的水环境。整个苗种繁育过程要求24小时连续充气增氧。在育苗过程中要经常观察，定期检测水质情况并做好生产记录，便于总结经验教训。

（4）苗种的起捕与分养

幼虾离开母体后，在水温20~25℃的水中，经10天以上培育，幼虾长到2cm以上时即可起捕，再进行幼虾培育或直接进行成虾养殖。

43. 怎样在土池中繁育小龙虾？

在土池中繁育小龙虾苗种，成本低，可操作性强，是目前解决小龙虾苗种来源的最经济也是最佳途径。土池繁育小龙虾苗种的主要工作内容就是加强管理。根据小龙虾个体繁殖量比较少，群体繁殖力很强、整个群体分秋季和春季繁殖的特点，对苗种繁育期间的管理主要包括如下的内容。

在秋季和春季，当水温达到18℃以上，小龙虾的亲虾就会陆续出洞，出洞的雌性小龙虾大部分是抱仔虾，也有早期抱卵、孵化后的仔虾相继离开母体独立生活，也有部分仔虾只是在母体的周围活动，一旦受到惊吓就会吸附到母体上，此时所有的仔虾活动能力均比较弱，如果不能及时得到充足、适口、营养丰富的饵料，就会影响到仔虾的蜕壳，甚至可能会因营养不足而导致大批仔虾的死亡。因此，此时的管理工作就显得尤为重要。

当发现亲虾出洞后（洞口有新鲜泥土表示亲虾开始出洞），必须适当补充一些新鲜池水或更换一部分池水，加水量或换水量控制在10cm左右，有条件的最好保持有微流水，确保水体中的溶氧量能保证仔虾正常生长的需要。同时，为了保证仔虾离开母体后能及时得到充足、适口、营养丰富的天然饵料，必须适当进行追肥，每亩面积追施腐熟有机肥100kg左右，采用全池泼洒的方法，目的在于培养出营养丰富的浮游生物等天然饵料，供仔虾摄食。由于仔虾陆续离开母体营独立生活，数量越来越多，天然饵料无论从数量上还是从营养方面都远远不能满足其生长的需要。为了保证大批量仔虾生长对营养的需要，此时，必须投入营养价值较高的动物性人工饲料，如鱼糜，将鱼打成鱼糜或鱼浆，沿池四周进行泼洒投喂。每日投喂2次，上午1次，投喂量占日投喂总量的40%左右，傍晚1次，投喂量占日投喂总量的60%左右。日投喂量按每万尾虾苗100g鱼计算。此时，亲虾仍在池中，为了防止争食，在投喂鱼糜前必须先投喂一定量的亲虾饲料，可以是颗粒饲料、麸皮、麦子、玉米、切碎的鱼块或屠宰场下脚料等。日投喂量可以控制在占亲虾总体重的3%~4%，让亲虾先行吃饱，以减缓亲虾与仔虾争食的程度。

在加强水质管理、培养天然饵料、投喂人工饲料的同时，为了防止小龙虾亲虾与仔虾争夺饲料、地盘以及亲虾吞食仔虾现象发生，为仔虾生长营造一个良好的生存环境，必须把雄亲虾、没有抱仔的雌亲虾及早期离开母体而已长成规格较大的幼虾分出来。具体操作方法是采取定置地笼捕捞，选择网眼相对较大但又不会卡住幼虾的地笼对亲虾进行捕捞。捕捞出的亲虾中若有抱卵或抱仔的，应立即放入原池中进行继续饲养，其他的亲虾和已经长成的小龙虾可以直接上市，也可以放入暂养池中进行强化培

育，让其恢复后作为亲虾再次使用或上市（对于小龙虾亲虾，目前最多是使用 2 年，一般不提倡使用 3 年），捕捞出的大规格虾苗可以直接投放入成虾池中进行养成，也可以出售，不宜放回原池。在捕捞亲虾及大规格虾苗的过程中，收起地笼后一定要先行剔出抱仔虾和抱卵亲虾，千万不可使其受伤，然后再处理其他的虾。若感到池塘中仔虾的密度过大，可以适当加入一定量的密眼地笼，捕出池塘中部分仔虾，放入另外的池塘中单独进行培育或者出售（图 3-8）。

图 3-8　按照小龙虾的规格进行筛选

处于稚虾期的小龙虾蜕壳频率是很高的，为了避免小龙虾在脱壳时受到伤害，提高苗种的成活率，必须向苗种池中投入一定量的已经消过毒的人工隐蔽物。

第四章　小龙虾的苗种培育

44. 怎样在小龙虾成虾池中繁育苗种?

（1）池塘准备

在投放亲虾前，应对池塘进行清洁和整修，清除多余的淤泥，修建防逃设施，清除池埂四周的杂草，这样有利于亲虾的掘穴、交配、产卵。池塘要进行必要的清野、消毒，杀灭敌害生物及病原体，进水时要对水进行彻底过滤，防止敌害生物及竞争生物进入，进水后要种植或移植水生植物、浮水植物、沉水植物、挺水植物，水生植物总面积要占全池面积的2/3左右。同时，还要在池塘底部增设一定量的人工隐蔽物。初次进水，深度要稍高一些，保持在1.0m以上。适当施放部分基肥，一般每亩面积施放腐熟有机肥200kg左右。

（2）小龙虾亲虾投放

亲虾的投放要在晴天的早上进行，避免阳光直射，要注意分散、多点投放，不可集中于一点放养。投放外购的亲虾之前，必须让运输回来的亲虾充分汲水后方可投放，每亩面积的池塘中投放亲虾量控制在30kg以下，雌、雄性亲虾比为（1.5~2.0）：1，也可以直接投放抱卵亲虾，每亩面积的池塘中投放量控制在20kg左右，适当搭配5%的雄亲虾，防止抱卵虾经过搬动后受精卵脱

落，放养雄亲虾可以再次交配、产卵。也有在前一年养殖的基础上，有意识地留下部分成年虾不起捕，作为亲虾在池中饲养后繁育苗种，关键是需要对留在池塘中的小龙虾的数量要估算准确。通常情况下，规格为25～30尾/kg的1只亲虾可产受精卵150～300粒，在土池中的孵化率一般为40%～60%。因此，1只小龙虾亲虾能产稚虾60～100尾，如果计划养殖产量200～300kg/亩，则小龙虾苗种的放养量应该控制在1.5万～2.0万尾/亩的数量内。在推算留塘亲虾时可以采用以下公式计算：

每亩面积的池塘中放养亲虾量＝20 000×2/60×25＝26.67（kg）

（3）日常管理

投放小龙虾亲虾后，必须加强投喂动物性饲料，以保证亲虾繁殖过程中对营养的需求。经过7～10天精心培育，亲虾会逐步掘穴交配产卵。一旦大部分亲虾进洞后，可逐步排出部分池水，将池塘的水深控制在60cm左右。在加强投喂饲料的同时，要经常检查亲虾的抱卵情况，以便做到心中有数。要注意适时追肥培育水质，使早期繁殖后离开母体的稚仔能及时得到充分适口、营养丰富的天然饵料。一旦发现亲虾大量抱卵或有一定量的仔虾时，要及时捕出雄亲虾及产过苗的雌亲虾，尽量减少亲虾的存塘量，为抱卵亲虾受精卵的孵化及离开母体的稚虾生长，提供一个良好的生活环境。

进入11月后，气温逐步降低，大量的亲虾及大规格的幼虾已陆续进洞，有的洞口甚至已经用泥土封死（整个越冬期间是不打开的），此时，应逐步加深池水，直到加至比洞口稍低的部位，力保洞中有一定的水位或相对较潮湿（图4-1）。

冬季气温高时，仍有部分小龙虾出洞，在洞口附近活动，可适当投喂一定量的饲料供其食用，日投喂量可视摄食情况、天气

图 4-1　亲虾池水水位的控制

状况、气温的高低灵活掌握，并及时加以调整。通常在天气晴好、气温高时的下午投喂，投喂地点选在四周（中间土堆的四周）洞穴较多的地方。

冬季水生植物已基本枯萎死亡，为了让离开母体又不能掘穴的仔虾有隐蔽场所，能安全越冬，有必要在池塘四周水边铺设一定量的植物秸秆，如稻草、麦秆、芦荟、香蒲等，向池中投放一定量的茶树枝、意杨（或梧桐）叶、柳树根、棕榈皮等稚、仔虾喜欢隐蔽的人工材料。隐蔽物的投放量根据虾苗量而定，隐蔽物所占的面积一般不超过池塘总面积的 1/2为宜。

春季当水温回升到 10℃以上并保持相对稳定时，就会有小龙虾离开洞穴出来活动。此时，越冬后的幼虾也已开始摄食，为了保证小龙虾能安全快速生长，必须提供足够的营养。经过一个漫长的越冬期，无论是抱仔亲虾，还是离开母体的仔虾及幼虾，体质均十分虚弱，必须摄取大量的食物来恢复体质。在这段时间小龙虾摄食相对较为旺盛，尤其对动物性饲料的需求量较大，投喂时必须增加动物性饲料（如鱼糜、螺、蚬、蚌肉、屠宰场下脚料等）投喂比例。为了保持营养均衡，植物性饲料（如豆浆、

麸皮、小麦、玉米、菜饼等）也是必不可少的。喂养同时，要考虑到小龙虾个体大小规格不同的虾仍处于一个池子，为了防止争食，必须先投喂颗大虾料，让大虾先行吃饱，然后再投喂仔虾料及幼虾料。

开春后的另一项重要工作是经常检查仔虾离开母体的情况，一旦发现有部分仔虾离开母体，必须做好产后亲虾的捕捞工作。在捕捞亲虾的同时，根据捕获的雌亲虾数量，测算出存塘仔虾的数量，通常每只雌亲虾按产仔虾 200～250 尾测算。若在捕亲虾时发现仔虾及幼虾数量为多（超过计划放养量），则可在捕亲虾的同时，捕出多余的仔虾和幼虾，进行单独培育或出售，既可以创造一定的收入，又可以减轻存塘的压力，不至于影响整体稚、仔虾及幼虾的生长，更不至于影响对成虾的饲养和管理。

45. 为什么要在小龙虾繁育土池底部铺设隐蔽物?

小龙虾稚虾的蜕壳频率很高，蜕壳时为了避免受到伤害，一般先选择一个隐蔽的地方让其静卧蜕壳，而此时仔虾的密度很大，水温又低，水草及其他一些水生植物刚发芽，未到生长旺盛期，提供给仔虾蜕壳隐蔽的地方相对较少，为了仔虾能顺利蜕壳，不受到同类的伤害，提高苗种的成活率，有必要向苗种池中投入一定量的已经消过毒的人工隐蔽物。人工隐蔽物的品种有毛竹筒、深色 PVC 管、易拉罐、瓦片、石棉瓦、柳树根、棕榈树皮、茶树枝和面积相对较大的枯树叶（如意杨叶、梧桐叶等），最价廉物美、最易获得、效果也比较好的人工隐蔽物是柳树根、棕榈树皮、茶树枝、意杨叶、梧桐叶等。在池底铺设一定量的植物秸秆、稻草，也能起到较好的效果。铺设好人工隐蔽物后，还要密切注意池塘水质的变化，一旦发现水质变坏（尤其是铺设植物秸秆的池塘，水质是可能变化很快的），必须及时进行换水，始终保持一个良好的池塘水质环境。

46. 小龙虾虾苗的培育有哪些技术要点?

(1) 小龙虾育苗池的选择

幼虾培育可直接利用抱卵虾池，也可以另外选择池塘进行。育苗池塘条件的好坏直接关系到收获幼虾的多少。小龙虾育苗池的选择主要包括水源、面积和水深等方面的考察。

① 水源。新建小龙虾育苗池的位置应选在水源充足、水质清净无毒、排灌水方便的地方。育苗池的进水系统和排水系统应严格分开，以便管理和防治疾病。

② 面积。育苗池最好是东西长、南北宽的长方形池塘，背风向阳，每口池塘的面积一般控制在300~1 200m^2 为宜，以利于日常管理。如果池塘面积过大，不利于投饲，直接影响虾苗摄食的均匀性，同时，遇有较大风浪冲击，就可能造成虾苗损伤；而如果池塘面积太小，池水的理化因子就更容易受到外界条件的影响，导致池塘水质变化快、易死水，不容易控制。

③ 水深。育苗池水的深度应随着虾苗的生长速度逐渐由浅变深，最后稳定在0.8~1.0m 即可。对不能控制水深的池子，在放养虾苗的初期，先要加以改造，如果池水太深，水温变低，水质不易培肥；相反，如果池水太浅，水质和水温将要受到影响，同时，不能随着虾体的增大而扩大虾苗的活动空间，极不利于虾苗的生长发育。因此，要对不利虾苗生长的池子加以修整，以提高利用率。

④ 其他。苗池坡比为 1：2，并建好防逃设施。注排水要方便，进水用筛绢网过滤。如采用水泥池，面积为20~40m^2，水深0.6~0.8m。

（2）小龙虾育苗池清整和消毒

育苗池是虾苗的生活场所，环境条件的好坏与虾苗的成活和生长均有关系。因此，改善育苗池的环境条件是提高虾苗成活率的一个特别重要的环节。消毒清整虾池是改善池子环境条件的重要措施之一。

① 常规清整。入冬，待小龙虾出池后，排干池水，曝晒数天，再挖去池底沉积的淤泥，然后排出池底的余水。清出的淤泥，经过1~2天风吹日晒后，挖出可作农家肥施用。如池塘中淤泥较少，只要在冬天排干水后，曝晒数天即可灌水养虾了。

② 育苗池塘的药物消毒。采用药物对育苗池进行消毒，目的是为了杀灭池中的病原体和敌害生物，育苗池每年至少要用药物消毒1次。因为虾池经过一年养殖后，有部分饲料残渣沉积池底，日久会在池底堆积大量的腐殖质，给水中的各种有害寄生虫、病原菌提供了一个适宜的生活环境，使它们大量繁殖，对虾苗生长不利，所以，要用药物彻底消毒。

采用药物清池的时间，最好选在放养虾苗前10~15天进行。如清池时间过早，在放养虾苗之前，往往会重新出现一些病原体和有害生物；如清池时间过晚，药物毒性没有完全消失，放入虾苗往往会出现中毒现象。

药物清池要选择在晴天进行，因为阴雨天消毒，药物可能不会充分发挥应有的作用。消毒药物最好选用生石灰，其主要成分是氧化钙，氧化钙遇水后变为氢氧化钙。氢氧化钙是一种非常强的碱性物质，能使池水的pH值急剧上升至10~12，可杀死池中的野杂鱼、黄鳝、寄生虫和病原菌等。用生石灰清池，还具有改良底质和水质的作用。

在清池时，池中需留4~5cm积水，以便洒入的石灰浆能均匀地分布于全池。一般每亩面积用生石灰70~80kg。施用时，先将生石灰放入木桶加水溶化成石灰乳剂，趁热泼洒全池。第二天用带木条的耙子将池泥和石灰乳剂搅和一遍，以充分发挥生石灰清池消毒的作用。清池后，隔 2~3 天即可注入新水，施入适量基肥，再隔 7~10 天，待药物毒性消失后放养虾苗。

(3) 育苗池的施肥培水

为了使虾苗入池后能及时摄取适口的天然生物饵料，可在池底先施入有机肥。将发酵后的有机肥如沼肥加少许清水全池泼洒，每亩面积施用 1 000~1 500kg，促使水体小生物滋生，为虾苗提供天然生物饵料。要注意，有机肥不宜过多，也不宜迟施，以免投放虾苗后肥料陆续发酵而影响水质。投放有机肥后 15~20 天，再放养虾苗，这时池水基本稳定，天然饵料生物生长量也相对适中。

(4) 小龙虾虾苗的放养

放养虾苗前，要进行常规消毒（新建水泥池要先去碱再消毒），再施沼肥或腐熟的粪肥 500kg/亩。土池内应栽种水草，水草面积占总面积的 1/2；水泥池应投入水草，并设置网片、竹筒等，以增加稚虾栖息、蜕壳和隐蔽的场所。虾苗培育池中可以培养一些稚虾喜食的饵料一轮虫和枝角类、桡足类浮游生物。

每亩面积的池塘内可投放规格为 0. 8cm 的稚虾 10 万~15 万尾，投放时应避免阳光直晒，在晴天早晨和阴雨天进行放苗。

(5) 育苗池塘的饲养管理

稚虾放养后，应适时向培育池内追施肥料，培肥水质，为稚虾提供充足的生物饵料。同时，还要及时投喂适口饲料。放养后第一周泼洒豆浆，每天 3~4 次，1 周后改喂以动物性饲料为主，辅以植物性饲料，早、晚各投喂 1 次。根据天气、水质和虾的摄

食情况灵活掌握投喂量，一般为虾体重的10%~15%。

在稚虾培育过程中，每隔7~10天换水1次，每次换水1/3，并定期泼洒石灰水，增加钙质，改善水质。稚虾经1个月的强化培育，可达到3cm左右的幼虾，即可捕捞进行成虾养殖。

47. 放养小龙虾幼虾时要注意什么?

按放养方式，投放小龙虾苗种可以分为两种：一种是直接在秋季投放亲虾；另一种是在春夏季节投放苗种。由于养殖方式不同，苗种放养的方法、规格、数量也各不相同。针对不同的养殖方式，苗种放养时所采取的措施也有很大的差别。亲虾个体较大，适应能力强，在运输和放养过程中相对容易操作；而幼虾苗个体小，体质较弱，在装运、放养、培育等过程中，操作必须谨慎、细心、轻慢，这样才能提高运输成活率、放养成活率及培育成活率。

不同条件的虾苗培育池，虾苗放养的密度不同。有增氧条件的水泥池，每平方米可放养刚离开母体的稚虾500~800尾；采用微流水培育的水泥池，可放养刚离开母体的稚虾800~1 000尾。稚虾放养时，要注意同池中放养的小龙虾规格保持一致，体质健壮、无病无伤。放养时间要选择在晴天早晨或傍晚。如果是室内水泥池，则没有早晚要求，什么时候放养都可以；要带水操作，投放时动作要轻快，要避免使稚虾受伤。同时，要注意运输稚虾水体的水温要和培育池里的水温一致，如不一致，则要调温。调温的方法是将稚虾运输袋去掉外包装，单袋浸泡在水泥培育池内10~30分钟，待水温一致后再开袋放虾。

48. 培育小龙虾仔虾时怎样投喂饲料?

仔虾的活动能力相对较弱，但可以利用水体中的轮虫、枝角类、桡足类等浮游动物及底栖软体动物作为生物饵料；由于仔虾培育采取的是肥水下池，水体中浮游动物的数量较多，所以，初期人工饲料可以相对少喂；随着仔虾逐渐长大，要及时增加人工饲料的投喂量。前期，可以泼洒豆浆和鱼肉糜，每亩日投喂2.0kg左右干黄豆浸泡后磨成的浆，分2次全池泼洒，上午投喂总量的30%，傍晚投喂总量的70%；另外，加投鱼糜500g左右，用水搅匀成浆沿池边泼洒，日投2次，同样，上午投喂总量的30%，傍晚投喂总量的70%。1周后，可直接投喂绞碎的螺、蚬、蚌肉、鱼肉、动物的内脏、蚯蚓等，适当搭配投喂一些粉碎后的植物性饲料，如小麦、玉米、豆饼等，动、植物性饲料之比为4∶1，同时，加入一定量经粉碎成糊状的嫩的植物茎叶进行投喂。每日投喂饵料必须实行定质、定量、定时，使仔虾能吃饱吃好，各放养点要适当多投喂些。

49. 小龙虾幼虾培育中要注意做好哪些管理工作?

(1) 前期的准备工作

① 调水。要求池水清新，无任何污染，含氧量保持在5mg/L以上，pH值7.0~9.0，最佳pH值7.5~8.5，水体透明度35cm左右。在进水口设置20~40目的筛网过滤进水，以防止昆虫、小鱼虾等敌害生物随进水时入池中。

② 移植水草。池塘四周设置水花生带，带宽50~80cm，也可用菹草、金鱼藻、轮叶黑藻、马来眼子菜等。特别是对于池内

保持定量的水葫芦和浮萍极为有利。水草移植面积占虾苗培育池总面积的1/3左右。池中还可设置一些水平垂直网片，以增加幼虾栖息、蜕壳和隐蔽的场所。

③ 施肥培水。每亩面积施腐熟的人畜粪肥或草肥400~500kg，培育幼虾喜食的天然生物饵料，如轮虫、枝角类、桡足类等浮游生物。

（2）日常管理的内容

① 注水与换水。培育过程中，要保持水质清新，溶氧充足，虾苗下塘后每周加注新水1次，每次15cm，保持池水“肥、活、嫩、爽”，溶氧量5mg/L。

② 调节池塘水体的pH值。每半个月左右泼洒生石灰水1次，每次生石灰用量为10~15g/m^3，进行池水水质调节和增加池水中离子钙的含量，提供幼虾在蜕壳生长时所需的钙质。

③ 日常检查。巡塘值班，早晚巡视，观察幼虾摄食、活动、蜕壳、水质变化等情况，发现异常及时采取措施。防逃防鼠，下雨加水时严防幼虾顶水逃逸。在池周设置防鼠网、灭鼠器械，以防止老鼠捕食幼虾。

坚持每日多次巡池观察，检查仔虾的脱壳、生长、摄食、活动状况，及时调整日投饲量，清除残饵。随着气温的升高，水草会生长得越来越茂盛，要及时向幼虾池中移植或投入必要的水生植物，既可以为幼虾提供隐蔽的场所，有利于蜕壳，防止相互残杀，又可以提供一些嫩芽供幼虾食用，以提高幼体的抵抗力。

50. 影响苗种成活率的因素和提高苗种成活率的措施有哪些?

小龙虾苗种的成活率与其下塘时的规格、操作技术和运输方式有密切关系。如体长1.5~2.0cm的虾苗，如采取氧气袋运输，则成活率很高，可以达到90%以上。如采取干法运输，则死亡率很高，可以达到80%；体长3~5cm的虾苗，只能采取干法运输，但如果捕捞操作不当、虾苗装的太多、运输时间过长、水体温差过大等都会引起虾苗大量死亡。具体提高苗种成活率的措施如下。

（1）改善捕捞操作方法

人工繁育的虾苗，在捕捞时要用质地柔软的网具从高处往低处慢慢拖曳，如果是采取放水纳苗的方法，则要在接苗处设置网箱且控制水的流速，如果采取地笼捕捞，则要每1~2小时就要把虾苗倒出来，以防密度过大，造成窒息死亡。

（2）选择恰当的容器和适当的运输方式

个体为1.5~2.0cm的虾苗，尽量采取氧气袋运输，3.0~5.0cm的虾苗则采用干法运输。运输时可用泡沫箱或塑料筐装运，但要尽量少装；运输时间要尽量短，一般不能超过2小时。

（3）虾苗投放操作技术要规范

在投放虾苗时，要将容器浸入投放池水中再提起，再放入，反复2~3次，以调节温差。投放时，要分散投放在水体有草的地方。

第五章　小龙虾成虾养殖

51. 如何选择与改造小龙虾成虾养殖池?

有些养殖业者错误地认为，小龙虾适应性强，在污水沟里也能生存，什么地方均进行养殖。其实不然，小龙虾在恶劣的环境中虽能生存，但是基本不会蜕壳生长（或生长极为缓慢），而且由于疾病等原因导致小龙虾的存活时间也不会很长，成活率极低，甚至不会或很少交配繁殖。因此，选择一个良好的地方建造养殖场，对小龙虾养殖是否成功、是否可以产生效益、产生多大的效益具有较大的影响。

小龙虾养殖池塘选址时，应该根据其生物学特性来科学地选择。养殖池塘应选择在水源充足、引水方便、水质优良、土质为黏土、交通便利、电力有保障的地方建造。千万不可在沙土质或土质松软的地方建造养殖场养殖小龙虾。众所周知，小龙虾有掘穴穴居的习性（每年两次穴居），在沙土质或土质松软的地方，洞穴极易坍塌，一旦洞穴坍塌，它会及时进行修补，反复坍塌反复修补，个体消耗过大，极大地影响了生长、交配、产卵、孵化、繁殖，也直接影响到越冬成活。因此，在选址时一定要对土质进行必要的测试。

小龙虾饲养池塘的大小、形状要求相对不太严格，可因地制宜，但是就养殖效果而言，以面积相对较大者为好。要保证池塘不渗漏水，池埂宽度在 1.5m 以上，进排水系统完善，池底淤泥不宜过深，否则养出的成品虾腹部底板会发黑，影影响小龙虾的销售及经济价值。小龙虾饲养池的内部结构要求相对较为严格。根据小龙虾营底栖生活的习性、避暑与越冬的要求、地盘性强的特点，要求池中水底的平面面积相对较大。第一，池埂要有一定的坡度，要求坡比相对大些。第二，要有浅水区、深水区。深水区的水位可在 1.5m 以上，浅水区面积要占到 2/3 左右，最好有一定数量的土堆，以利于增加水底平面的面积，也可为小龙虾尽可能多地提供一些掘穴的地盘，也可搭建栖息平台、开挖沟渠。小龙虾为底栖爬行动物，营底栖生活，且地盘性很强，决定其产量的不是池塘水体的容积，而是池塘的水平面积和池底面曲折率，对相同面积的池塘而言，水底曲折率越大，水平面积会越大，产量也会越高，因此，有必要搭建一定面积的平台。平台可有 1~2 层，这样就增加了池底的水平面积。为了能顺利进行捕捞以及满足小龙虾避暑的需要，必须开挖一定的沟渠，开沟渠所取之土正好就地人工堆成土堆，既可以减轻劳动强度及成本的投入，又可为小龙虾提供更多的穴居地盘。第三，为了保证小龙虾的品质和提高其商品价值，底泥不应该过深（主要是改造鱼池），淤泥控制在 10cm 以内，必须清除多余的淤泥，鱼池内最好有自然生长植物，如芦苇，菖蒲、野慈姑、野茭白等。

52. 养殖小龙虾成虾要做哪些准备工作?

(1) 小龙虾饲养池的清整与消毒

饲养小龙虾的池塘的清整主要是指清除过多的淤泥、堵塞漏洞。消毒则是在小龙虾的亲虾或虾苗放养前 10 天左右进行药物清塘。清塘消毒的目的是为彻底清除敌害生物（如鲶、泥鳅、乌鳢）及与小龙虾争食的鱼类（如鲤、鲫、野杂鱼等），杀灭敌害

生物及有害病原体。

（2）修建防逃设施

小龙虾不像河蟹有季节性洄游习性，但是也有较强的逆水性，在养殖虾塘进水和下大雨的天气极易逃逸。因此，在养殖池塘要加设防逃设施。防逃设施材料可因地制宜，可以是石棉瓦、水泥瓦、塑料板、加塑料布的聚乙烯网片等，只要达到取材方便、牢固、防逃效果好就行。为了防止野杂鱼类及其卵进入虾池与虾争食争氧气，同时，为防止小龙虾逆水逃逸，在进出水口要用孔径 0.25mm（60 目）的网布做成长袖状过滤网进行过滤。在进出水口外还要长期设置地笼或其他捕虾工具，检查是否有虾逃逸。

（3）水生植物种植与移植

① 种植水草等植物的必要性。小龙虾属甲壳类动物，生长是通过多次蜕壳来完成的，刚蜕壳的虾十分脆弱，极易受到攻击，一旦受到攻击就会死亡。因此，在蜕壳时必须先选定一个安全的隐蔽场所，为了给小龙虾提供更多隐蔽、栖息的理想场所。在养殖水体中种植一定比例的水草，对养殖具有十分重要的作用，可通过水草的生长繁殖来控制和改善养殖水体的生态环境。小龙虾是杂食性动物，可摄食水草中的眼子菜、轮叶黑藻、金鱼藻、凤眼莲、水浮莲、芦荟芽等，种植水生植物，可提供更多的饲料来源，促进小龙虾的生长。水生植物还具有净化水质的功能，可为小龙虾生长营造一个良好的环境条件。因此，渔民有“要想养好虾，先要种好草”的谚语。在养虾塘种草，一是可以改善养殖环境，有效防止病害发生；二是可以极大地提高养殖小龙虾的品质。

② 种草的基本要求。养虾池中的水草分布要均匀，种类要

搭配，挺水性、沉水性及漂浮性水生植物要合理栽植，保持相应的比例，以适应小龙虾生长栖息的要求。

（4）移植螺蛳

螺蛳的繁殖力很强，刚出生的小螺蛳外壳很脆，营养丰富，极易被小龙虾摄食，有利于提高小龙虾的成活率及生长速度；螺蛳对水质有极强的净化作用，放养螺蛳可以对水质进行调节，为小龙虾的生长提供一个良好的水质环境。通常，每亩水面放养活螺蛳20~30kg，让其自然生长、繁育。

（5）注水施基肥

小龙虾虾苗放养前5~7天，要保持池塘水深50cm，水源水要求水质清新，溶氧含量高（5 mg/L以上），pH值7.0~8.0，无污染，尤其不能含有溴氰菊酯类物质（如敌杀死等）。小龙虾对溴氰菊酯类物质特别敏感，极低的浓度都会使其彻底死亡。进水前，要认真仔细检查过滤设施是否牢固、有无破损。进水后，为了使虾苗一入池便可摄食到适口的优质天然饵料，提高虾苗的成活率，有必要施放一定量的基肥，培养天然饵料生物。有机肥的用量为每亩水面150~300kg，可全池泼洒，亦可堆放在池四周浅水边，以培育虾苗喜食的轮虫、枝角类、桡足类等浮游动物。有机肥在施放前要经过发酵，其方法是：在有机肥中加入10%的生石灰、5%的磷肥，经充分搅拌后堆集，用土或塑料薄膜覆盖，经1周左右即可施用。

53. 小龙虾成虾养殖池清塘消毒有哪些方法?

根据选择的消毒剂不同，清塘消毒的主要方法有如下几种。

（1）生石灰清塘

生石灰因来源广泛、价格比较便宜、使用方法简单，用量一般按10cm水深，每亩水面用生石灰50~75kg。生石灰需要现用现溶化，溶化后趁热全池泼洒。用生石灰清塘的好处是既能提高水体的pH值，又能增加水体的钙元素含量，有利于小龙虾生长蜕皮。用生石灰清塘，一般7~10天后药效就基本消失（放养小龙虾前最好用少量小龙虾试水），此时，即可放养小龙虾苗种。

（2）巴豆清塘

巴豆是大戟科植物巴豆的果实，能杀死池中的野杂鱼，用量一般按水深10cm，每亩水面泼洒5.0~7.5kg。具体用法是先将巴豆磨碎成糊状，盛进小口陶罐中，按照每5.0~7.5kg巴豆加白酒100.0mL或食盐0.75kg，密封3~4天，使用时用水将处理后的巴豆稀释，连渣带汁全池泼洒。此法对成虾养殖比较有利，但是使用不太方便，而且消毒效果不如采用生石灰好，同时，也必须防止误入人口引起中毒。一般在清塘后10~15天，池水回升到1.0m时，即可放养小龙虾苗种。

（3）漂白粉、漂白精、二氧化氯清塘

这2种药物遇水分解释放出次氯酸、初生态氧，具有强烈的杀菌和杀灭敌害生物的作用。两种药物的清塘用药量分别为：漂白粉（30%含量）20mg/L、漂白精10mg/L、二氧化氯（8%含量）2mg/L。使用时用水稀释后立即全池泼洒。泼洒药物时，应从上风向下风泼洒，以防药物伤及眼和皮肤。药效残留期为5~7天，毒性小时后即可放养小龙虾苗种。

（4）茶粕清塘

茶粕是油茶子榨油后的饼粕，含有一种溶血性物质——皂角甙，对鱼类有杀灭作用，但是对小龙虾等甲壳类动物毒性很小。用法是先将茶粕敲碎，用水浸泡，在水温25℃时浸泡24小时，使用时加水稀释后全池泼洒。用量为每亩水面每米水深用35~45kg。清塘7~10天后，即可放养小龙虾苗种。

除以上4种方法外，现在一些渔药生产厂家也生产一些高效清塘药物。也就是说，清塘方法很多，但养殖单位及个人在选择清塘药物时要慎重，要选用安全有效的清塘方法。

54. 在小龙虾成虾养殖池栽培水草有哪几种方法?

水草的栽培方法有多种，应根据水草的种类采取适宜的方法。

（1）栽插法

这种方法一般在小龙虾虾苗放养之前进行。首先，浅灌池水，将轮叶黑藻、伊乐藻等带茎水草切成小段，每段长度为15~20cm；然后，像插秧一样均匀地插入池底。如果池底淤泥较多，可直接栽插。若池底坚硬，可事先疏松底泥后再栽插。

（2）抛入法

菱、睡莲等浮叶植物，可用软泥包紧后直接抛入池塘中，使其根茎能生长在底泥中，叶能漂浮水面。每年的3月前后，可在渠底或水沟中挖出苦草的球茎带泥抛入池塘底部，让其生长，供小龙虾食用。

（3）移栽法

茭白、慈姑等挺水植物应连根移栽。移栽时，应去掉伤叶及纤细劣质的秧苗。移栽位置可在池边的浅滩处，要求秧苗根部入水在 10~20cm，数量不能过多，每亩水面保持 30~50 株即可，否则，会大量占用水体，反而可能造成不良影响。

（4）培养法

对于水葫芦、浮萍等浮叶植物，可根据需要随时捞取，也可在池中用竹竿、草绳等隔一角落进行培养。只要水中保持一定的肥度，均可生长良好。若水中肥度不大，可用少量化肥化水泼洒，促进其生长发育。水花生因生命力较强，应少量移栽，以补充其他水草的不足。

（5）播种法

近年来，最为常用的水草是苦草。苦草的种植采用播种法，对有少量淤泥的池塘最为适合。播种时，水位控制在 15cm，先将苦草籽用水浸泡 1 天，再将泡软的果实揉碎，把果实里细小的种子搓出来，然后加入约 10 倍于种子量的细沙壤土，与种子拌匀后播种；播种时要将种子均匀撒开。播种量按每公顷水面 1kg（干重）计。播种后要加强管理，提高苦草的成活率，使之尽快形成优势种群。

55. 小龙虾池塘养殖有哪些主要模式？

小龙虾池塘养殖的模式有池塘单养和池塘混养或套养两类。根据国内外人工养殖小龙虾的实践经验，建议采取池塘混养或套养小龙虾为宜。如果是单养，最好是采用秋季放养的模式，次之是采用春季放养或夏季放养模式。

（1）秋季养殖模式

以放养当年培育的大规格虾苗或虾种为主，放养时间为8月上旬至9月中旬。虾苗规格1.2cm左右，每亩放养3万尾左右；虾种规格3cm左右，每亩水面放养1.5万尾。第二年4月即可陆续起捕上市，商品虾的体重可达25~30g/尾。

（2）夏季养殖模式

以放养当年孵化的第一批稚虾为主，放养时间在6月中旬，稚虾规格为0.8~1cm。每亩水面放养2万尾，要投足饲料，当年7月下旬至8月上旬即可上市，商品虾的体重可达20g/尾。

（3）春季养殖模式

以放养当年不符合上市规格虾为主，每年4月左右开始放养。放养规格为每千克100~200尾，每亩水面放养1万尾。经过快速养殖，到5月中下旬即可起捕上市，商品虾的体重可达30g/尾。

56. 小龙虾苗种放养时应该注意什么？

（1）优质苗种的要求

优质小龙虾苗种的要求是体表光洁亮丽、肢体完整健全、无伤无病、体质健壮、生命力强；还要求苗种的规格比较整齐，稚虾规格在1.0cm以上，仔虾规格在3.0cm左右，同一池塘放养的苗种规格要尽量一致，一次放足；还需要注意的是经人工繁殖、培育而成的小龙虾苗种在放养前不需要在驯养，而从野外捕

获的所谓野生小龙虾苗种，最好要经过一段时间驯养后再放养，以免相互争斗残杀。

（2）放养时间

待池塘经过消毒 7~10 天，药性消失、水质正常后方可放养小龙虾苗种。具体的放养时间应根据不同的养殖模式而有一定的区别。

（3）放养密度

小龙虾放养苗种的具体密度取决于池塘的环境条件、饲料来源、苗种来源和规格、水源条件、饲养管理技术水平等。总之，要根据当地实际情况，因地制宜，灵活掌握投放苗种。根据相关研究报道，如果是人工培育的小龙虾苗种，放养规格为 2~3cm 时，每亩水面内可以放养 1.4 万~1.5 万尾。

（4）适宜放养量的简易计算

小龙虾池塘内苗种的放养量可用下式进行计算。

苗种放养量（尾）= 虾池面积（亩水面）×计划单位面积产量（kg）×预计出池规格（尾/kg）÷预计成活率（%）

其中，计划单位面积产量，是根据往年已达到的单位面积产量，结合当年送死条件和采取的措施的，预计可汰到的单位面积产量，一船为 200~250kg；预计成活率，一般可取 40%；预计出池规格，根据市场要求，一般为 30~40 尾/kg。计算出来的数据可取整数放养。

（5）放养小龙虾苗种的注意事项

① 冬季放养要选择晴天上午进行，夏季和秋季放养要选择晴天早晨或阴雨天进行，避免阳光暴晒。

② 苗种放养前用3.0%~5.0%食盐水洗浴10分钟，杀灭寄生虫和致病菌。

③ 从外地购进的苗种，因离水时间较长，放养前应略作处理，将苗种在池水内浸泡1分钟，提起搁置2~3分钟，再浸泡1分钟，如此反复2~3次，让苗种体表和鳃腔吸足水分后再放养，以提高成活率。

④ 饲养小龙虾的池塘，适当混养一些鲢、鳙等中上层滤食性鱼类，以改善水质，充分利用饲料资源，而且可作塘内缺氧的指示鱼类。

57. 小龙虾成虾饲养期间如何投喂饲料?

小龙虾食性杂，而且比较贪食。为了保障小龙虾能获得充足的食物，除“种草、投螺”外，还需要投喂适量的饲料。饲料投喂应把握好以下几点。

(1) 饲料种类

一是植物性饲料，有青糠、麦麸、黄豆、豆饼、小麦、玉米及嫩的青绿饲料，南瓜、山芋、瓜皮等需煮熟后投喂；二是动物性饲料，有小杂鱼、轧碎螺蛳、河蚌肉等；三是配合饲料。在饲料中需要添加适量的蜕壳素、多种维生素、免疫多糖等物质，以满足小龙虾的生长和蜕壳的需要。

(2) 投喂量

当小龙虾虾苗刚下塘时，日投饲量每亩水面约为0.5kg。随着小龙虾生长，要不断增加投喂量，具体的投喂量除了根据天气、水温、水质等因子的变化随时调整外，还需要养殖业者在生产实践中灵活掌握，这里介绍一种称为试差法的投喂方法。由于

养殖小龙虾是采取捕大留小的方法，养殖业者一般难以做到准确掌握小龙虾的存塘量。因此，通过按生长量来计算饲料的投喂量是不可能准确的。在生产实践中，建议养殖业者采用试差法来掌握饲料投喂量。具体方法是，在第二天喂食前，先查一下前一天所喂的饲料情况。如果只有少量饲料有剩下，说明基本上够吃了，如果饲料剩下不少，说明前一天饲料投喂量过多了，一定要将饲量投喂量减下来。如果看到所投喂的饲料完全没有了，且饲料投喂点旁边有龙虾爬动的痕迹，说明上次投饲量少了，需要再增加一些投喂量，如此 3 天就可以确定适宜的投饲量了。在未捕捞的情况下，隔 3 天增加 10. 0%的投饲量。如果捕大留小了，则要适当减少 10. 0%~20. 0%的投饲量。

（3）投喂方法

一般每天 2 次，分上午、傍晚投放，以傍晚为主，投喂量要占到全天投喂量的 60. 0%~70. 0%。饲料投喂要采取“四定”、“四看”的方法。

由于龙虾喜欢在浅水处觅食，因此在投喂时，应在岸边和浅水处多点均匀投喂，也可在池四周增设饲料台，以便观察虾的吃食情况。

（4）“四看”投喂

① 看季节。5 月中旬前，动、植物性饲料比为 60∶40；5 月至 8 月中旬，为 45∶55；8 月下旬至 10 月中旬，为 65∶35。

② 看实际情况。连续阴雨天气或水质过浓，可少投喂；天气晴好时，适当多投喂；大批虾蜕壳时少投喂，蜕壳后多投喂；虾发病季节少投喂，生长正常时多投喂。既要让虾吃饱吃好，又要尽可能减少浪费，提高饲料利用率。

③ 看水色。透明度大于 50. 0cm 时可多投，少于 20. 0cm 时

应少投，并及时换水。

④ 看摄食活动。过夜发现有剩余饲料，应减少投饲量。

(5)“四定”投喂

① 定时。每天 2 次，最好定到准确时间，调整时间宜半个月甚至更长时间才能进行。

② 定位。沿池边浅水区定点“一”字形摊放，每间隔 20.0cm 设一投饲点。

③ 定质。青、粗、精结合，确保新鲜适口，建议投喂配合饲料、全价颗粒饲料，严禁投喂腐败变质饲料，其中动物性饲料占 40.0%，粗料占 25.0%，青料占 35.0%。动物下脚料最好是煮熟后投喂，在池中水草不足的情况下，一定要添加陆生草类的投喂，夏季要及时捞掉吃不完的草，以免腐烂变质影响水质。

④ 定量。日投饲量可以根据上述试差法确定后定量。

58. 小龙虾会捕食鱼苗、鱼种吗?

有人通过将小龙虾与鲤、草鱼、鲢和尼罗罗非鱼等 4 种鱼苗、鱼种一起混养一段时间后，统计出各种鱼苗、鱼种的成活率：4 种鱼的鱼种与小龙虾混养的成活率均为 100%；4 种鱼的鱼苗与小龙虾混养，平均成活率分别为 90.0%、77.2%、80.4%、87.2%，而未与小龙虾混养的 4 种鱼苗平均成活率则分别为 89.2%、76.3%、80.6%、87.9%，结果表明将鱼苗和鱼种与小龙虾混养，成活率没有显著差异，即小龙虾在正常情况下，没有能力捕食鱼苗、鱼种。不过，虽然小龙虾不能捕捉游动较快的健康鱼类，但是也不能排除能捕食鱼类的病残及死亡个体，还能捕食活动的浮游动物、藻类及漂浮在水面的植物。

值得注意的是鲤、罗非鱼等杂食性鱼类的成鱼对小龙虾的

卵、苗有一定的影响。

59. 小龙虾人工配合饲料原料构成如何?

所谓人工配合饲料就是将动、植物性饲料按照小龙虾的营养需求确定配方，并依此把它们混合加工而成的饲料，其中，还要根据小龙虾的需要适当添加一些矿物质、维生素等，还需要根据小龙虾的不同发育阶段和个体大小制成不同大小的颗粒。在饲料加工工艺中，必须注意到小龙虾是咀嚼型口器，它不同于鱼类吞食型口器。因此，配合饲料要有一定的黏性，制成条状或片状，以便于小龙虾摄食。

小龙虾人工配合饲料配方：仔虾饲料蛋白质含量要求在30.0%以上，成虾的饲料蛋白质含量要求在20.0%以上。小龙虾仔虾饲料中粗蛋白含量一般为37.4%，其各种原料配比为：秘鲁鱼粉20.0%，发酵血粉13.0%，豆饼22.0%，棉仁饼15.0%，次粉11.0%，玉米粉9.6%，骨粉3.0%，酵母粉2.0%，多种维生素预混料1.3%，蜕壳素0.1%，淀粉3.0%。

小龙虾成虾饲料粗蛋白含量一般为30.1%，其各种原料配比为：秘鲁鱼粉5%，发酵血粉10.0%，豆饼30.0%，棉仁饼10.0%，次粉25.0%，玉米粉10.0%，骨粉5.5%，酵母粉2.0%，多种维生素预混料1.3%，蜕壳素0.1%，淀粉1.6%。

在上述配方中，豆饼、棉仁饼、次粉、玉米等预混前要先粉碎，制粒后经2天以上晾干，以防饲料变质。在2种饲料的配方中，另加占总量0.6%的水产饲料黏合剂，以增加饲料的耐水时间。

为降低成本，应多途径、因地制宜地解决小龙虾的饲料。小龙虾的动物性饲料有小杂鱼、小虾、螺蚌肉、肉类加工厂的下脚料、蚕蛹、人工培养的鲜活饵料生物等。植物性饲料有豆饼、豆渣、菜籽饼、花生饼、玉米、大麦、小麦、麸皮、马铃薯、山芋、南瓜、西瓜皮、各种蔬菜嫩叶、陆草、水草等。

60. 小龙虾喜食哪些植物性饲料?

植物性饲料中含有纤维素，由于大部分虾类消化道内具有纤维素酶，能够利用这种纤维素，所以虾类可以有效取食、并消化一些天然植物的可食部分，并对生理机能产生促进作用。很多水生植物的干物质中含有丰富的蛋白质、B 族维生素、维生素 C、维生素 E、维生素 K，胡萝卜素、磷和钙，营养价值很高，是提高虾类生长速度的良好天然饲料。

小龙虾的植物性饲料包括浮游植物、水生植物的幼嫩部分、浮萍、谷类、豆饼、米糠、花生饼、豆粉、麦麸、菜籽饼、棉籽饼、椰子壳粉、紫花苜蓿粉、植物油脂类、啤酒糟、酒精糟等。

在植物性饲料中，豆类是优质的植物蛋白源，特别是大豆，粗蛋白质含量高达干物质的 38.0%~48.0%，豆饼中的可消化蛋白质含量也达到 40.0%。豆类作为虾类的优质植物性蛋白源，不仅是因为其含蛋白质的量高，来源广泛，更重要的是因为其氨基酸组成和虾体的氨基酸组成成分比较接近。由于大豆粕含有胰蛋白酶抑制因子，需要用有机溶剂和物理方法进行破坏，这在目前很容易做到，已不再是什么障碍。对于培育的苗种来说，由大豆制成的豆浆是极为重要的饲料，与单胞藻类、酵母、浮游生物等配合使用，是良好的综合性初期蛋白源。

菜籽饼、棉籽饼、椰子壳粉、花生饼、糠类、麸类都是优良的蛋白质补充饲料，适当的配比不但有利于降低成本，而且适合虾类的生理要求。

61. 小龙虾喜食哪些动物性饲料？

小龙虾的动物性饲料包括在饲养池塘中自然生长的一些动物种类种类和人工投喂的种类。小龙虾饲养池塘中自然生长的动物种类主要包括微小浮游动物、桡足类、枝角类、线虫类、螺类、蚌、蚯蚓等，在近海池塘一般还生长丰年虫、蚌类、钩虾、沙蚕等。人工投喂的包括小杂鱼粗加工品、鱼粉、虾粉、螺粉、蚕蛹和各类动物性饲料。

螺蛳、蚌类是小龙虾类很喜食的动物，螺蛳的含肉率为22%~25%，蚬类的含肉率为20%左右，是小龙虾喜欢食用的动物性饲料。这些动物可以在池塘培养直接供虾类捕食，也可以人工投喂，饲喂效果良好。

鱼粉、虾粉、蚕蛹是优质的动物性干性蛋白源，特别是鱼粉，产量大，来源渠道广，是各种虾人工配合饲料中不可缺少的主要成分。但从氨基酸组成成分来看，虾粉要优于鱼粉，是最好的干性蛋白源。蚕蛹是传统的虾类饲料。据测定，鲜蚕蛹含蛋白质17.1%，脂肪9.2%，营养价值很高。

动物性油脂含有大量的脂溶性维生素，也是虾类生长和生殖中重要的饲料。

浮游动物是重要的虾类幼期饵料，浮游动物的种类有桡足类、枝角类、轮虫等。

62. 如何培育小龙虾的天然饵料？

小龙虾的天然饵料主要是指水体中的枝角类等浮游生物。枝角类包括多种水溞，通称红虫，为大型浮游动物，是鱼、虾、蟹等特种水产动物适口的动物性饲料。在保水性能好的小坑洼、小水凼和水泥池等地方，均可用于培养枝角类水生生物。其具体培养方法为：在池中注入50.0cm深的水，加入混合堆肥或者稻茬沤出的肥水，繁殖大量浮游植物，尔后引入溞种。在温度20~25℃时，3~4天后池中即能繁殖出大量枝角类浮游生物，1周后即可捞取。以后视池水的肥瘦适量追肥，不久便会再次出现繁殖高峰。捞出红虫的时机要适当，不能在红虫怀卵并即将有新一批幼体孵出时进行，否则，溞种将跟不上，出现青黄不接的现象。红虫怀的卵和幼体（无节幼体）即将孵出时，用肉眼即可分辨，虫体肥大、透明，幼体在其腹部不时转动。若大量红虫背部出现黑色椭圆形点子，说明水中缺少养料，或水质不良，会产生休眠卵，此时，需要追肥、加水，改善水质。

63. 给小龙虾投喂饲料应该注意什么？

（1）按照小龙虾不同生长发育阶段对营养的需求，控制好饲料配比

在饲养小龙虾稚虾和虾种的阶段，因为小龙虾主要摄食轮虫、枝角类、桡足类以及水生昆虫幼体，因此，养殖业者应通过施足基肥、适时追肥，培养大量轮虫、枝角类、桡足类以及水生昆虫幼体，供稚虾和虾种捕食。同时，辅以人工饲料的投喂。8—9月是小龙虾快速生长阶段，则应以投喂麦麸、豆饼以及嫩的青绿饲料、南瓜、山芋、瓜皮等为主，辅以动物性饲料。5—6月是龙虾亲虾性腺发育的关键阶段，8—9月则是小龙虾积累营养准备越冬阶段，此时，应多投喂动物性饲料，诸如鱼肉、螺蚬蚌肉、蚯蚓以及屠宰场的动物下脚料等，从而充分满足小龙虾生长发育对营养的要求。

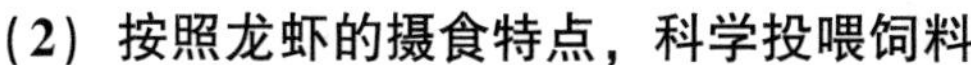

(2) 按照龙虾的摄食特点，科学投喂饲料

小龙虾具有昼伏夜出的习性，夜晚出来活动觅食；小龙虾还具有贪食和相互争食的特点。在饲料投喂上，通常每天可投喂2次，以傍晚1次为主，投喂量要占全天投喂量的70.0%。小龙虾的游泳能力较差，活动范围较小，且具有占地的习性，故饲料的投喂要采取定质、定量、定时、定点的方法，投喂均匀，使每只虾都能吃到，避免争食，促进均衡生长。

(3) 根据天气等自然条件的变化，灵活控制投喂饲料量

池塘的水质以及小龙虾的活动、吃食状况，随着池塘水温等因素会有所不同，在水温20~32℃、水质状况良好的条件下，小龙虾的摄食量相当旺盛，通常鲜活饲料的日投饲量可按在池小龙虾体重的8.0%~12.0%投放，干饲料或配合饲料则为3.0%~5.0%。小龙虾的摄食强度也直接受水温、水质等环境因素所制约，所以每天的投饲量还要根据天气、水质以及小龙虾的活动吃食情况，加以合理、及时调整。总的原则是，天气晴朗，水质良好，龙虾活动吃食旺盛，应多投饲料；而高温、阴雨天气或水质恶劣，则应少投饲。此外，大批小龙虾处于蜕壳时期时，应少投饲料，蜕壳后则应多投饲。还需要注意在小龙虾生长旺季应多投饲，发病季节或龙虾活动不太正常时少投饲，从而提高饲料利用率。

64. 如何在小龙虾成虾养殖池中栽培水草？

水草在小龙虾养殖中能起到十分重要的作用。下面介绍几种常见水草的栽培方法。

(1) 黄草的栽培

黄草又称微齿眼子菜。茎叶纤细且脆嫩，小龙虾最喜食黄草叶。黄草还具有净水作用，生命力强，适应性强，不易被小龙虾破坏，可广泛种于饲养池塘中，春季水温上升至10℃以上时，可开始播种。黄草种粒较大，每亩水面播种500.0～800.0g，播种前需用池水或河水浸种5～7天进行催芽，一般播种10～12天便会发芽。在播种之前要控制水位，并要保持池水有最大的透明度（35.0～40.0cm）。

(2) 苦草的栽培

苦草俗称扁担草、鸭舌草，为多年生沉水植物，叶于根茎节部丛生，绿色长带状。长30.0～200.0cm，宽4.0～18.0mm，鲜绿色，叶缘有不大明显的小锯齿，生长于河流、湖泊中，为河蟹的优质饲料，生长以匍匐茎在水底蔓延分蘖，秋后则形成圆形球茎越冬，第二年春天萌发成株。植物体雌雄异株，授粉借助水力进行，是典型的水媒花，有性繁殖在生活史中占重要地位，其种子易采集、易保存运输，便于推广。苦草的种子呈长菱形，种荚长度12.0～15.0cm，直径约0.3cm，种荚内的种子黑褐色，籽粒饱满。播种方法：首先把苦草种子用水浸泡12～24小时，把种荚内细小的种子搓出来。然后加入10倍量的细沙壤土，与种子拌匀后即可播种。

播种时，要将种子均匀地撒开，每亩水面播种70.0～100.0g。苦草种子在水温15℃以上时萌发，发芽率较高，一般在90.0%以上。如播种过早，水温不高，直接影响发芽率；如播种过迟，种子发芽后易被虾摄食，很难形成群丛。因此，华东地区播种可选择在谷雨前后较为适宜（图5-1）。

图 5-1　苦草

(3) 轮叶黑藻的栽培

轮叶黑藻俗称针草、灯笼草、虾子薇等，为多年生沉水植物，茎细长，圆柱形。长 30.0~50.0cm，直径 2.0~2.5mm，具分枝，叶轮生，无柄，通常为 6 枚，长约 1.5cm，宽 0.3cm，叶缘具细锯齿，生长于湖泊、水沟及水流缓慢的流水中，其茎叶是龙虾最好的天然草食料。每年 4 月水温上升到 15℃以上时，即可播种。播种前应用池水或河水浸泡种子 3~5 天，然后用清水洗尽种粒的附着外皮，再加少许塘泥和水拌匀，采用全池均匀撒播，每亩用种量 150.0~250.0g。播种后（在水温适宜条件下）一般半个月左右开始发芽。繁殖生长以无性繁殖为主，可由植物体断片脱离母体独立长成新株，秋末形成冬芽越冬，第二年长成新株。雌雄异株，花白色小形，但冬芽、种子皆不易采集，故一般以植株移植为主。该草喜高温、适应性强、生长期长、再生能力强，适合于光照充足的沟渠、池塘和大水面种植。由于此草被龙虾夹断的每一枝节均能重新生根，故播种不宜太多，以确保龙虾能利用即可（图 5-2）。

图 5-2 轮叶黑藻

（4）芜萍的培植

芜萍又称微莎、无根萍，是浮萍科中最小的一种。芜萍体长约1.0mm，无根，无茎，为卵圆形粒状体，以芽孢繁殖，天暖时浮上水面，天冷时沉入塘底，是夏花草鱼、鳊、青虾和幼蟹等的良好饲料。

芜萍培育池每口面积为 300～667m² 的面积，背风向阳，底泥肥厚，水深 1.2～1.5m，稻田坑凼均可作培育池。3 月底排干池水，每亩水面用生石灰 50.0～75.0kg 清塘。1 周后施腐熟粪肥，每亩水面施 300.0～500.0kg。先将粪肥堆放在池边坡脚上，用软泥封盖，每 1～2 天泼水 1 次，将肥堆逐步冲入池内，先多后少。

每亩水面投放萍种 15.0～25.0kg，种过芜萍的老塘无需再下萍种。芜萍生长要求有充足的氮肥，但过多时反而会抑制其生长，使萍种发黄。水质过浓，芜萍不易萌发。施肥、投种 10 天左右，水中大型浮游生物出现，水质转清，芜萍开始正常生长。芜萍在水温为 23～27℃时繁殖最快，20℃以下和 35℃以上时生长

缓慢。当芜萍布满全池时要及时收获，否则互相堆集，容易腐烂，影响生长和产量。

收芜萍时，每次收萍不可超过全池总量的60.0%。旺发期的芜萍，每2天收100.0~150.0kg。江浙地区，每年4—9月均可收获。每次捞萍后还需用粪水作全池泼洒，每亩水面施25.0~40.0kg。夏天天气炎热，芜萍易被晒死，每天早晨和傍晚，必须向萍面泼水数次。至霜降时，芜萍停止生长，出生冬芽沉入塘底越冬，第二年不必再放萍种。水温回升后，萌发新萍。养过鱼的萍塘仍需再放萍种。

芜萍在培养中常发生铁锈病和水泛病。发生铁锈病时，池面上有一层铁锈色的膜，这是浮游植物中的薄甲藻和黄被藻大量繁殖引起的，若不清除，会影响芜萍接受光照和繁殖。清除方法是，用草辫将铁锈膜搅在一处捞出去，再施1次稀薄粪水。如发生水泛病，萍塘中绿色的裸藻大量繁殖，影响芜萍繁殖，可用2mg/L硫酸铜溶液泼洒杀灭。

（5）浮萍的培植

浮萍有多种。一是小浮萍，又称芝麻萍，茎细叶嫩，呈草绿色。二是紫背浮萍，叶面深绿色，背面紫色，又称紫萍、大萍，其生长适温为25~30℃，高温季节其生长受到影响。晚秋时水温降低，萍体长出冬芽，沉于水底，母体枯死。翌年春季，冬芽上浮水面萌发出新个体。三是槐叶萍，萍面青绿，萍体对生。四是红萍（亦称满江红），春秋季呈绿色，秋后变红褐色，晚秋结孢子。红萍喜温暖，其生长适温为20~25℃，30℃以上繁殖减缓，5℃时停止生长。

浮萍是仅次于芜萍的一种鱼、虾、蟹的好饲料。浮萍耐热性较强，能在水田、沟浜内大量繁殖。在温湿多雨的季节，其繁殖最盛。底泥肥厚的坑、凼及肥水浜均可培植浮萍。3月底前，用生石灰清塘后施基肥，4 月下旬（谷雨期）投萍种，每亩水面投放 120.0~200.0kg，用麦草辫分格培养，在春秋两季繁殖尤为快速。待塘内长满浮萍后，每 2~3 天可收获 1 次，每次捞萍不可超过总量的 50.0%。如管理得法，每天每亩水面可捞萍 100.0~130.0kg。当池水变清、萍体生根很多时应追肥，追肥次数要多，数量可少些。每隔几天掏扒底泥，使塘泥养分溶于水中，以便于萍体吸收。天气炎热干燥时，应在早、晚向萍面喷水。其他萍类，如红萍、槐叶萍等的培植方法与浮萍相同。

（6）菹草的培植

菹草又称春草、麦黄瓜。多年生沉水植物，茎扁圆形，长约 50.0cm。叶广线形，长 2.0~7.0cm，宽 4.0~8.0mm，叶无柄、互生，叶缘波状，具有小锯齿。多生长于静水池塘、沟渠中。河蟹不太喜食该草。但其最大特点是夏末麦黄季节植物逐渐死亡，同时形成冬芽，冬季发芽生长，春季即形成草丛群落，与水域中其他水草大多数在夏季形成群落构成互补作用，有利于春季虾生长蜕壳，隐蔽，提高成活率。夏季形成的冬芽易采集，可作草种，经加工处理后可保存，冬季用泥土拌和施洒入水中即可，春季即可形成理想的水草丛（图 5-3）。

（7）马采眼子菜的培植

马来眼子菜为多年生水生植物，大部分生长在水中。茎圆柱形，长 0.5~2.0m，直径 1.5~2.5mm，具有少数分枝。叶多为沉水叶，厚膜质，长 5.0~10.0cm，宽 1.0~2.0cm。互生，花梗下叶为对生，叶缘波状，具不规则锯齿，叶柄长 2.0~5.0cm，生长在底质较硬的河湖、沟渠中，部分幼嫩茎叶可为虾食用。繁殖以无性繁殖为主，秋末形成冬芽越冬，第二年萌发。花序穗状，种子不易采集，故一般以移植为主（图 5-4）。

图 5-3 菹草

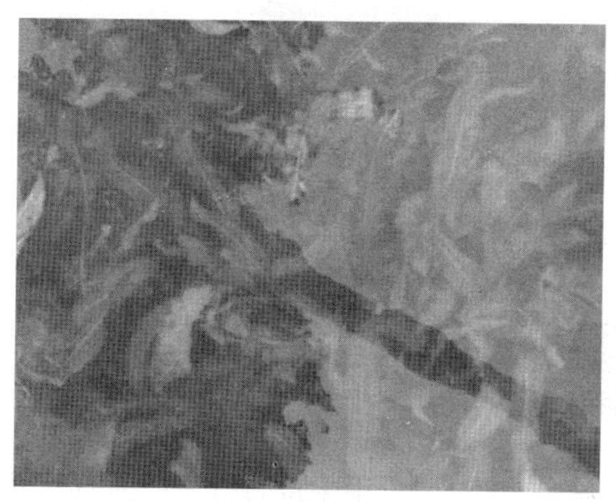

图 5-4 马采眼子菜

(8) 金鱼藻的培植

金鱼藻为多年生沉水性植物。植物体光滑，茎细长分枝，较脆弱，易折断。叶线形，长 15.0~25.0mm，多为叉形分裂，边缘有刺状的微细锯齿，通常 6~8 片轮生，无叶柄，生长于池塘、湖泊、河流等各种水域，其茎叶为龙虾喜食。繁殖生长主要为无性繁殖，可由植物体断片脱离母体独立生活，长成新株，秋末由茎叶密集形成冬芽，沉入水底越冬，翌年萌发成新株。果实为长卵形小坚果，但种子不易采集，故一般池塘以植株移植为主（图5-5）。

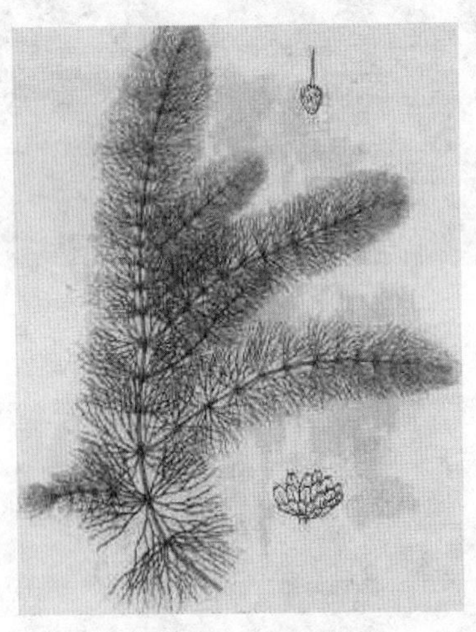

图 5-5 金鱼藻

(9) 凤眼莲的培植

凤眼莲俗称水葫芦。多年生漂浮植物，叶丛生，叶片圆形或心形，直径 6.0~12.0cm。叶面光滑，顶端圆或稍突出，叶柄长 10.0~20.0cm，叶柄中部以下膨大呈葫芦形的浮囊，基部具有透明膜质的鞘状苞片。多生长于池塘、沟渠中，繁殖时以匍匐茎繁殖，尤其在肥水中繁殖速度很快，吸肥、净化水质效果明显，其须状根是幼虾阶段的良好饲料，也是培育幼虾的理想水草。移植容易，人工冬季保种时在小水体上覆盖塑料薄膜即可。

（10）伊乐藻

一种优质、速生、高产的沉水植物，被称为沉水植物骄子，伊乐藻茎可长达 2m，具分枝；芽孢叶卵状披针性排列密集。叶 4~8 枚轮生，无柄。属于雌雄异株植物，雄花单生叶腋，无柄，着生于一对扇形苞片内，苞片外缘有刺。雌花单生叶腋，无柄，具筒状膜质苞片，见图 5-6。

图 5-6 伊乐藻

实践证明，伊乐藻是小龙虾虾养殖中的最佳水草品种之一。

① 栽前准备。池塘清整：成蟹捕捞结束后排水干池，每亩用生石灰 200kg 化水全池泼洒，清野除杂，并让池底充分冻晒。

注水施肥。栽培前 5~7 天，注水 0.3m 左右深，进水口用 40 目筛绢进行过滤。并根据池塘肥瘦情况，每亩施腐熟粪肥 300~500kg。

② 栽培。12 月至翌年 1 月底栽培。栽培方法：沉栽法，每亩用 20kg 左右的伊乐藻种株。将种株切成 0.15~0.2m 长的段，每 3~5 段为一束，在每束种株的基部粘上淤泥，撒播于池中。插栽法。每亩用同样数量的伊乐藻种株，切成同样的段与束，按

1m×1.5m 的株行距进行人工插栽。

③ 栽后管理。按“春浅、夏满、秋适中”的方法进行水位调节。在伊乐藻生长旺季（4—9 月）及时追施尿素或进口复合肥，每亩 2~3kg。

(11) 水花生

水花生又称空心莲子草、喜旱莲子草、革命草，属挺水类植物。因其叶与花生叶相似而得名，见图 5-7。茎长可达 1.5~2.5，其基部在水中匐生蔓延，形成纵横交错的水下茎，其水下茎节上的须根能吸取水中营养盐类而生长。水花生适应性极强，喜湿耐寒，适应性强，抗寒能力也超过凤眼莲和水蕹菜等水生植物，能自然越冬，气温上升至 10℃时即可萌芽生长，最适生长温度为 22~32℃。5℃以下时水上部分枯萎，但水下茎仍能保留在水下不萎缩。水花生可在水温达到 10℃以上时池塘移植，随着水温逐步升高，逐渐在水面，特别是在池塘周边浅水区形成水草群。小龙虾喜欢在水花生里栖息，摄食水花生的细嫩根须，躲避敌害，安全蜕壳。

图 5-7　水花生

65. 如何进行小龙虾成虾饲养池塘的水质管理?

虽然小龙虾对环境的适应力及耐低氧能力很强，甚至可以直接利用空气中的氧气，但是长时间处于低氧和水质过肥或恶化的环境中会影响其蜕壳速率，从而影响到小龙虾的生长速度。因此，饲养池塘的水质状况是限制小龙虾生长、影响其产量的重要因素。小龙虾在不良饲养水质中摄食率会下降，甚至停止摄食，因而影响其生长速度；不良的水质又可助长寄生虫、细菌等有害生物的大量繁殖，导致疾病的发生和蔓延；水质严重不良时，还能造成大量小龙虾的死亡，致使小龙虾的养殖失败。在池塘中高密度养殖小龙虾时，透明度要控制在 40.0cm 左右，按照季节变化及水温、水质状况及时进行调节，适时加水、换水、施追肥，营造一个良好的水质环境。

(1) 水位控制

小龙虾的养殖水位根据水温的变化而定，掌握“春浅、夏满”的原则。春季一般保持在 0.6~1.0m，浅水有利于水草的生长、螺蛳的繁育和幼虾的蜕壳生长。夏季水温较高时，水深控制在 1.0~1.5m，有利于小龙虾度过高温季节。

(2) 适时换水

平时定期或不定期加注新水，原则是蜕壳高峰期不换水，雨后不换水，水质较差时多换水。一般每 7 天换水 1 次，高温季节每 2~3 天换水 1 次。每次换水量为池水的 20.0%~30.0%，使水质保持“肥、活、嫩、爽”。有条件的还可以定期地向水体中泼洒一定量的光合细菌、硝化细菌之类的生物制剂调节水体。

(3) 调节 pH 值

每 15 天泼洒 1 次生石灰水，用量为池塘水深为 1.0m 时，每亩水面用生石灰 10.0kg，使池水保持 pH 值 7.5~8.5，同时可增加水体钙离子浓度，促进小龙虾蜕壳生长。

一旦发现水质败坏，且出现小龙虾上岸、攀爬、甚至死亡等现象时，必须尽快采取措施，改善养殖池塘的水环境。具体可以采用如下应急性方法：一是先换部分老水，用二氧化氯 0.3mg/L 对水体进行泼洒消毒后，加注新水；二是第二天可以再用沸石粉，化水后按照 20.0mg/L 的浓度泼洒、或者用“益水宝”（枯草芽孢杆菌）0.4mg/L 泼洒；三是以后每隔 5 天左右定期向水体中泼洒“益水宝”等微生态制剂。利用有益菌种制剂，使之形成优势菌群来抑制致病微生物的种群数量、生长、繁殖和危害程度，并分解水中有害物，增加溶氧，改善水质。施用光合细菌、硝化细菌、蛭弧菌、芽孢杆菌、双歧杆菌、酵母菌等，均能起到上述作用。

66. 在小型湖泊中如何养殖小龙虾？

小型湖泊具有水位较稳定、深度较适中、底部较平坦、天然生物饵料资源丰富等优点。近年来，我国各地利用小型湖泊养殖小龙虾生产发展很快。小型湖泊要实现高产高效，应借鉴池塘精养高产技术，抓住拦、种、混、管、捕五大关键技术。

(1) 拦虾

就是要拦好小龙虾，防止小龙虾逃跑，这是夺取湖泊养殖小龙虾高产的先决条件。常见的拦虾设备是用聚乙烯网，然后在网上缝宽 40.0cm 的硬质塑料薄膜。

（2）放种

湖泊放养的小龙虾种数量往往很大，一般是依靠自己培育小龙虾种苗，放养的小龙虾种苗规格要达到2.0～30.0cm，每亩面积放养1 500尾左右。虾种下塘前用3.0%食盐水浸泡5～10分钟。

（3）混养

放养时要充分利用湖泊水体中的天然生物饵料资源，实行多品种混养。在主养小龙虾的同时，每亩面积搭配放养鲫鱼种30尾、鳙鱼种50尾，规格为每尾100.0g左右。对于水草和底栖生物丰富的湖泊，可以混养河蟹、青虾等。

（4）管理

小湖泊精养小龙虾，由于放养密度大，仅依靠天然生物饵料不能满足鱼类、小龙虾类生长的需要，因此，应适当进行投饲施肥。在日常的管理工作中，要重点做好以下几点工作：一是改善水域条件，提高水体肥力，方法是可以通过人工施肥来提高湖泊水体肥力，常用的是无机肥料，每亩面积可施用尿素1.5～2.5kg，碳酸氢铵2.0～3.0kg，效果很好；二是抓好鱼种配套、苗种放养、投饲施肥、防逃防病、合理捕捞等技术措施。

（5）捕捞

进入捕捞季节，就可以用地笼进行张捕，实行捕大留小，以提高起捕率和生产效益。

67. 在养鱼池塘混养小龙虾要注意什么?

根据国内外人工养殖小龙虾的经验，对小龙虾实行鱼虾混养的方式容易获得养殖成功与更好的经济效益。我国的养殖鱼类种类比较多，混养方式也有一些不同。

(1) 以小龙虾为主、混养其他鱼类的混养方式

小龙虾在自然条件下可以以水生动物、水生昆虫、植物碎屑等为食。因此，养殖小龙虾的池塘，水体的上层空间和水体中的浮游生物尤其是浮游植物没有得到充分利用，可以套养一些食浮游生物的鱼类，如鲢、鳙，来控制水体浮游生物的过量繁殖，以调节池塘的水质。

在我国南方，由于适温期长，多采取这种方式。一般每亩面积放养规格为2.0~3.0cm的虾种5 000尾，再混养鲢、鳙鱼种150~200尾（20尾/kg），采用密养、轮捕、捕大留小和不断稀疏的方法饲养；也可以采用另一种放养模式，即将小龙虾亲虾直接放养。将亲虾直接放入养殖池让其自然繁殖获取虾种，每亩面积投放抱卵亲虾20.0~25.0kg，每千克为30~40尾。其他鱼种为鲢250尾（规格为250.0g/尾），鳙30~40尾（规格为250.0g/尾），草鱼50尾（规格500.0g/尾）。在混养的鱼类中，尽量不要投放鲤、鲫和罗非鱼。在投喂饲料的情况下，所投喂的饲料可能被鲤、鲫和罗非鱼先行吃掉，这样会影响小龙虾的摄食和生长，降低其产量。注意鱼种放养时，要用3.0%~5.0%的食盐水浸泡5~10分钟，并且先放小龙虾苗种，10~15天后再放其他鱼种，以利于小龙虾的生长。

需要注意的是，以小龙虾为主、混养其他鱼类的混养方式，在主养滤食性、草食性鱼类的池塘，因为，小龙虾与主养鱼类的

食性、生活习性等几乎没有大的矛盾，因此，不需要因为主养小龙虾而大幅度减少鱼类的放养数量。

（2）以其他鱼类为主，混养小龙虾的养殖方式

在常规成鱼养殖池中搭配养殖小龙虾时，小龙虾可以一次放养，也可以多次轮捕轮放，捕大留小，这种混养方式，小龙虾的产量也不低。根据不同主养鱼类的生活习性和摄食特点，又分为以下几种略有不同的方式。

① 主养滤食性鱼类。在主养滤食性鱼类的池塘中混养小龙虾时，在不降低主养鱼类放养量的情况下，放养一定数量的小龙虾。放养密度随各地养殖方法而不同，一般每亩面积可产鱼750.0kg的高产鱼池中，每亩面积中可混养规格为3.0cm的虾种小龙虾2 000尾或抱卵亲虾5.0kg。而在鱼、鸭混养的塘中一般是不适合混养小龙虾的。

② 主养草食性鱼类。草食性鱼类所排出的粪便具有肥水的作用，肥水中的浮游生物正好是鲢、鳙的饵料，俗话说“一草养三鲢”，主养草食性鱼类的池塘一般会搭配混养鲢、鳙。搭配有鲢、鳙的池塘再混养小龙虾时，具体方法同上。

③ 主养杂食性鱼类。杂食性鱼类一般会与小龙虾在食性和生态位发生相矛盾。因此，主养杂食性鱼类的池塘是不可以套养小龙虾的。

④ 主养肉食性鱼类。主养凶猛肉食性鱼类的池塘，其水质状况良好，溶氧丰富，在饲养的中后期，由于主养的鱼类鱼体已经较大，很少再去利用池塘中的天然饲料；加上投喂主养鱼的剩余饲料，可以很好地被小龙虾摄食利用。生产试验结果已经表明，凶猛性鱼类在投喂充足的情况下，几乎不会主动摄食小龙虾，具体原因有待研究。因此，主养凶猛肉食性鱼类的成鱼池塘中混养小龙虾时，放养量可以适当增加，每亩面积中可放养规格

为3.0cm左右的小龙虾3 000尾或抱卵亲虾8.0~10.0kg。小龙虾放养的时间一般应在主养鱼类放养1~2周之后再放养。此时，主养鱼类对人工配合颗粒饲料有了一定的依赖性。

68.“四大家鱼”成鱼养殖池混养小龙虾需要注意什么问题？

（1）混养原理

这种养殖模式主要适合于一般的常规成鱼养殖。根据各种鱼类的食性和栖息习性不同进行搭配混养，是一种比较经济合理的养殖方式。成鱼塘一般小杂鱼类较多，是小龙虾的适口鲜活饵料，混养小龙虾后有利于逐步清除小杂鱼，减轻池中溶解氧消耗、争食等弊端，同时，可增加单位产量。

（2）池塘条件

池塘要选择水源充足、水质良好、水深为1.5m以上的成鱼养殖池塘。

（3）放养时间

小龙虾种放养时间以秋季投放为好，一般在8—9月放养。放养时，应用消毒药物杀菌消毒，为了防止水真菌的感染，可以用食盐或抗水真菌渔药浸泡消毒。

（4）放养模式及数量

放养的小龙虾种的规格一般要求在2.0cm以上，每亩面积中放养3 000尾。

（5）饲料投喂

根据池塘本身的资源条件，从放养数量决定是否需要补充投喂饲料，混养的小龙虾以池塘中的野杂鱼和其他主养鱼吃剩的饲料为食，如发现鱼塘中确实饲料不足，才需要适当投喂饲料。

（6）日常管理

每天坚持早、晚各巡塘 1 次，早上观察有无鱼类浮头现象。如浮头过久，应适时加注新水或开动增氧机。下午检查鱼类吃食情况，以确定次日投饲量。另外，酷热季节，天气突变时，应加强夜间巡塘，防止意外。

适时注水，改善水质，一般 15～20 天加注新水 1 次。天气干旱时，应增加注水次数。如果鱼塘养殖密度高，必须配备增氧机，并科学使用增氧机。还需要定期检查鱼的生长情况，如发现生长缓慢，则需加强投喂。

鱼虾混养的优点是适合于中小型养殖户，其优点是管理方便，不影响其他鱼类生长，所以，在各地也是采用比较多的。

69. 在翘嘴红鲌饲养池塘中如何混养小龙虾？

（1）混养原理

该养殖模式主要是根据小龙虾单养产量较低，水体利用率偏低，池塘中野杂鱼多且小龙虾和翘嘴红鲌之间栖息习性不同等特点而设计的。进行小龙虾与翘嘴红鲌混养，可有效地使养虾水域中的野杂鱼转化为保持野生品味的优质翘嘴红鲌，这种养殖模式可提高水体利用率。其次，这种混养的模式也是充分利用了 2 种养殖对象的养殖周期的不同。小龙虾的养殖周期是从当年的 9 月放养虾种开始，到第二年的 7 月起捕完毕为止。在这段时间后，小龙虾从下塘就进入打洞和繁殖时期，基本上不在洞外活动，而此时正是翘嘴红鲌生长发育的最佳时节。待小龙虾进入生长旺季和捕捞旺季的 3—7 月，翘嘴红鲌正处于繁殖状态，可在另外的池塘中培育。

（2）池塘条件

可利用原有的饲养小龙虾池塘，也可利用养鱼池塘加以改造。池塘建设位置要选择水源充足、水质良好、水深为 1.5m 以上、水草覆盖率达 35.0%左右。

（3）前期准备工作

① 清整池塘。主要是加固塘埂，将浅水塘改造成深水塘，使池塘能保持水深在 1.5m 以上。清淤消毒后，每亩面积用生石灰 75.0~100.0kg 化浆后全池泼洒，注意将生石灰溶化后不等冷却即进行全池泼洒，以杀灭乌鳢、黄鳝及池塘内的病原体等敌害生物。

② 注入新水。在小龙虾苗种或翘嘴红鲌鱼种投放前 20 天即可进水，使池塘水深达到 50.0~60.0cm。进水处可设置 60 目筛绢对注入的水严格过滤，避免将敌害生物带入池塘。

③ 移植水草。投放虾种前应移植水草，使小龙虾有良好栖息环境。水草移植一般可播种苦草、移栽伊乐藻、轮叶黑藻、金鱼藻及聚草等。种植苦草，用种量每亩水面 400.0~750.0g，从 4 月 10 日开始分批播种，每批间隔 10 天。播种期间水深控制在 30.0~60.0cm。在苦草发芽及幼苗期，应投喂土豆（丝）等植物性饲料，以减少小龙虾对草芽的破坏。种植伊乐藻 100.0kg/亩。水草难以培植的塘口，可在 12 月移植伊乐藻，行距 2.0m，株距 0.5~1.0m。整个养殖期间，水草总量应控制在池塘总面积的

50.0%~70.0%。如水草过少，要及时补充移植；如水草过多，应及时清除。

④投螺、蚌。放养螺蛳和蚌壳500.0kg/亩。

(4) 防逃设施

做好小龙虾的防逃工作是至关重要的。具体的防逃工作和设施应与上述一样，切不可以为小龙虾不会逃逸而不设置防逃设施。

(5) 放养时间

小龙虾放养是以抱卵亲虾为主，要求体色鲜亮，无残无病，活动力强，第二性特征明显，而不宜放养幼虾。实践表明，如果在第二年放养幼虾苗，成活率仅能保证在25.0%左右。因此，建议投放上年的抱卵亲虾，时间在上年的9月至10月底之前进行。鱼种宜放养夏花，放养时间宜在8月1日前进行。

(6) 苗种放养

翘嘴红鲌冬片的放养时间为当年12月至翌年3月底之前。小龙虾苗种的放养有2种方式：一种是在春季4月放养3cm的幼虾，亩放0.5万尾，当年6月份就可长成为大规格商品虾；另一种就是在秋季8—9月放养抱卵亲虾，亩放18.0kg左右，翌年4月底就可以陆续起捕出售商品虾，而且全年都有虾出售，建议采用这一种方法。放养2.0~4.0cm规格的鱼种，池塘每亩面积投放700~800尾。另外，可放养3.0~4.0cm规格夏花500~1 000尾，搭配放养鲢鱼种20尾/亩，鳙鱼种40尾/亩。

(7) 饲料投喂

翘嘴红鲌饲料的来源有以下几个方面：一是水域中的野杂鱼

和活螺蛳等；二是养殖水体中培养的饲料鱼；三是饲喂小龙虾吃剩的野杂鱼（死鱼）；四是饲养管理过程中补充的饲料鱼，在生长后期饲料鱼不足时，应补充足量饲料鱼供翘嘴红鲌及小龙虾摄食；五是投喂配合饲料，一般是膨化饲料；六是投放植物性饲料，以水草、玉米、蚕豆、南瓜为主。许多养殖户认为养殖小龙虾不需要投喂，这种观念是非常错误的，实践表明，不投喂的小龙虾个头小、性特征明显、成熟快、颜色深红，市场认可度低，价格也低。在充足饲料的池塘条件下喂养，长出的小龙虾个头大，一尾虾可达 60.0g 左右，颜色浅红略带甘蓝色，市场非常认可。

饵料的投喂量主要根据小龙虾、翘嘴红鲌两者体重计算，每日投喂 2~3 次，投饲率一般掌握在 5.0%~8.0%，具体视水温、水质、天气变化等情况进行调整。投喂饲料时，翘嘴红鲌一般只吃浮在水面上的饲料，投放进去的部分饲料因来不及被鱼吃掉而沉入水底，而小龙虾则喜欢在水底吃食，可以起到养殖大丰收的效果。

（8）日常管理内容与措施

① 水质管理。水质要保持清新，时常注入新水，使水质保持高溶氧。水位随水温的升高而逐渐增加，池塘前期水温较低时，水宜浅，水深可保持在 50.0cm，使水温快速提高，促进小龙虾蜕壳生长。随着水温升高，水深应逐渐加深至 1.5m，底部形成相对低温层。水质要保持清新，水色清嫩，透明度保持在 35.0~40.0cm。夏季坚持勤加水，以改善水体环境，使水质保持高溶氧。

② 病害防治。小龙虾和翘嘴红鲌的病防治主要以防为主，防治结合，重视生态防病，以营造良好生态环境，从而减少疾病发生。平时要定期泼洒生石灰、磷酸二氢钙，以改善水质。如果

发病，用药要注意兼顾小龙虾、翘嘴红鲌对药物的敏感性。

③ 加强巡塘。一是观察水色，注意小龙虾和翘嘴红鲌的动态，检查水质、观察小龙虾摄食情况和池中的饲料鱼的数量；二是大风大雨过后及时检查防逃设施，如有破损及时修补，如有蛙蛇等敌害及时清除，观察残饵情况，及时调整投喂量，并详细记录养殖日记，以随时采取应对措施。

④ 施肥。水草生长期间或缺磷的水域，应每隔 10 天左右施一次磷肥，每次每亩 1.5kg，以促进水生动物和水草的生长。

（9）捕捞销售

进入第二年的 3 月底就可以开始捕捞上市，一直进行到 7 月，小龙虾以 3 月刚上市和 7 月中旬以后的价格最高。捕捞方法是用地笼等渔具将小龙虾捕捞上市。翘嘴红鲌的捕捞可采用网捕或干塘捕捉。

70. 在中华绒螯蟹饲养池塘中如何混养小龙虾?

（1）养殖池塘准备

池塘要有良好的进排水设施，池塘四周用石棉瓦等材料围起高 50cm 的防逃墙，池内四周种植苦草或轮叶黑藻等水生植物，覆盖面为池塘水面的 1/3，以利于虾、蟹蔽荫和水生生物的生长。新建池塘使用生石灰兑水带水清塘，用量为 150.0kg/亩；池塘要进行清淤、修整和曝晒，使用生石灰 50.0kg/亩干池消毒；同时彻底消除池塘中的鲶、泥鳅、乌鳢和蛇、鼠等敌害生物。池塘进水前要安装好过滤网防止水中敌害生物进入。池水深度保持在 50.0~80.0cm，透明度 35.0~40.0cm。最好在清明前后放养螺蛳 250.0kg/亩。

（2）苗种放养

每亩面积中放养规格为150.0只/kg的扣蟹500~600只，小龙虾10.0~15.0kg/亩，同时，在池塘中放养6~8尾/kg的鲢、鳙50~80尾。放养鲢、鳙，不仅可有效利用池塘水体的空间，而且可以控制水体的肥度，使池水的透明度保持在35.0~40.0cm。

（3）投喂饲料

春季4—5月要多投喂一些动物性饲料，如小鱼或轧碎的螺蛳等，一方面是此时对小龙虾要增加营养，以利于抱卵繁殖虾苗；另一方面是有利于河蟹脱壳生长。夏季6—8月高温季节以投喂植物性饲料为主，防止中华绒螯蟹摄入过多的营养而提前进入性成熟期导致死亡。9月的后期要多投喂一些动物性饲料，让中华绒螯蟹积累脂肪，这不仅是让中华绒螯蟹增重，还可使其增重后在食用时其口味更好。这就是中华绒螯蟹养殖中俗话说的掌握“两头精、中间青”的原则。

日投喂量以吃饱、吃完、不留残饵为原则，一般为池虾、蟹体重的4.0%~5.0%，可根据虾、蟹的吃食情况进行调整。每天投喂2次，早晨和傍晚各1次，晚上投喂量占日投喂量的70.0%~80.0%。

（4）水质管理。

虾、蟹养殖中，小龙虾生长较快，新陈代谢旺盛，耗氧量大，故池水水质要保持清新，最好每周加水15.0~20.0cm，确保水质新鲜洁爽，并有足够的溶氧，池水透明度控制在35.0cm以上，当气温过热时，要适当加深池水，以稳定池水水温。

（5）日常管理

应勤检查，勤巡塘，注意虾、蟹的觅食、活动、生长和蜕壳

等情况，及时采取必要的技术措施。及时清除池中青苔，经常检查进排水口的过滤网，防止由于过滤网破损而使虾、蟹外逃或野杂鱼等有害生物进入。注意池中是否有敌害生物（如水老鼠、水蛇、水鸟、鱼害等）及时将其除掉。

（6）防治疾病

当进行高密度养殖时，无论是中华绒螯蟹还上小龙虾疾病的预防工作都是不能放松的。扣蟹和小龙虾下塘之前要进行体表消毒，防止把病原体带进池内，定期用生石灰消毒池水，1.0m 水深用量为 15.0kg/亩，使用时注意生石灰化水泼洒时要避开水草，不能直接泼洒在水草上，以免将水草烧死而影响水质。经常向养殖池塘加注新水，保持池水清洁卫生。

在春季的“大麦黄”和秋季的白露前一星期，使用 1 次杀纤毛虫的药物，隔日再用 1 次消毒药物，以预防寄生虫病的发生。

（7）适时捕捞

仔细观察小龙虾的长势，当小龙虾产卵后，过一段时间也就是成虾“膘”长实后，即可将成虾捕捞上市，这样一方面可减少池塘中小龙虾的存塘量；另一方面有利于塘中河蟹和小虾苗的生长。当小虾苗长至 4.0~5.0g 时，要及时起捕上市。捕捞小龙虾可采用虾笼和地笼等方法，捕大留小。

71. 在翘嘴鳜饲养池中如何套养小龙虾？

（1）混养原理

这种养殖模式主要是根据小龙虾单养产量较低，水体利用率偏低，池塘中野杂鱼多，且小龙虾和翘嘴鳜之间栖息习性不同等特点而设计。进行小龙虾、翘嘴鳜混养可有效地使水域中的野杂鱼转化为保持野生品味优质翘嘴鳜，还可以收获小龙虾，这种模式可提高水体利用率。其次，是有效地利用了这两种养殖动物具有不完全相同的养殖周期。小龙虾的养殖周期是从当年的 9 月放养虾种开始，到第二年的 7 月起捕完毕为止。在这段时间后，小龙虾从下塘就进入打洞和繁殖时期，基本上不在洞外活动，而此时正是翘嘴鳜快速生长发育的季节。待进入小龙虾的生长旺季和捕捞旺季的 3—7 月，翘嘴鳜正处于性腺成熟的繁殖状态，可以放在另外的池塘培育。

(2) 池塘条件

可利用原有养殖池塘或小龙虾饲养池塘进行适当改造。池塘要选择水源充足、水质良好，水深为 1.5m 以上，水草覆盖率达 25.0%左右。

(3) 准备工作内容

① 清整池塘。主要是加固塘埂，浅水塘改造成深水塘，使池塘能保持水深达到 1.5m 以上。消毒清淤后，每亩面积用生石灰 75.0~100.0kg 对水溶化后全池泼洒，将生石灰溶化后不要等待冷却即进行全池泼洒，以杀灭乌鳢、黄鳝等野杂鱼及池塘内的病原体等敌害生物。

② 注水。在小龙虾种或翘嘴鳜鱼种投放前 20 天即可进水，水深达到 50.0~60.0cm。在进水口用 60 目筛绢设置滤网，防止有害生物进入池塘。

③ 移植水草。投放小龙虾种苗前应移植水草，使小龙虾有良好的栖息环境。水草移植一般可播种苦草、伊乐藻、轮叶黑藻、金鱼藻等。

④ 投螺、蚌。放养螺蛳、河蚌 500.0kg/亩。

（4）防逃设施

做好小龙虾的防逃工作是至关重要的，具体的防逃工作和设施应和上述一样。

（5）放养时间

小龙虾放养是以抱卵亲虾为主，不宜放养幼虾，时间在9—10月底之前进行，翘嘴鳜鱼种放养宜在8月初前进行。

（6）苗种放养

小龙虾的苗种放养有2种方式：一种是放养2.0~3.0cm的小龙虾幼虾，每亩水面放0.5万尾，时间在春季4月，当年6月就可成为大规格商品虾；另一种就是在秋季8—9月放养抱卵亲虾，每亩水面内放18.0kg左右，翌年4月底就可以陆续起捕出售商品虾，而且全年都有虾出售，这种方法是比较适合的。放养2.0~4.0cm规格的翘嘴鳜鱼种，池塘每亩水面投放500尾左右。

（7）饲料投喂

翘嘴鳜饲料的来源：一是水域中的野杂鱼；二是水域中培育的饲料鱼或补充足量的饲料鱼，供翘嘴鳜及小龙虾摄食。

投喂量主要根据小龙虾体重计算，每日投喂2~3次，投饲率一般掌握在5.0%~8.0%，具体视水温、水质、天气变化等情况调整。

（8）日常管理内容

① 水质管理。水质要保持清新，时常注入新水，使水质保持高溶氧。水位随水温的升高而逐渐增加，池塘前期水温较低时，水宜浅，水深可保持在50.0cm，使水温快速提高，促进小

龙虾蜕壳生长。随着水温升高，水深应逐渐加深至1.5m，底部形成相对低温层。水质要保持清新，水色清嫩，透明度在35.0~40.0cm，夏季坚持勤加水，以改善水体环境，使水质保持高溶氧。

② 病害防治。对龙虾、翘嘴鳜疾病防治主要以防为主，防治结合，重视生态防病，以营造良好生态环境从而减少疾病发生。平时要定期泼洒生石灰、磷酸二氢钙，以改善水质。如果发病，用药要注意兼顾小龙虾、翘嘴鳜对药物的敏感性。

③ 加强巡塘。一是观察水色，注意小龙虾和翘嘴鳜的动态，检查水质、观察小龙虾摄食情况和池中的饵料鱼数量；二是大风大雨过后及时检查防逃设施，如有破损及时修补，如有蛙、蛇、鼠等敌害，及时清除，观察残饵情况，及时调整投喂量，并详细记录养殖日记，以随时采取应对措施。

④ 施肥。水草生长期间或缺磷的水域，应每隔10天左右施一次磷肥，每次每亩水面1.5kg，以促进水生动物和水草的生长。

72. 青虾能否与小龙虾混养?

养殖生产实践证明，青虾与小龙虾混养是可行的。但要注意以下问题：一是要合理控制青虾与小龙虾的放养密度，密度过大时小龙虾可能摄食青虾，青虾也可以摄食小龙虾。二是混养池塘水体的溶解氧应当保持在5.0mg/L以上，最低也不能低于3.0mg/L。三是要保证充足的饲料供应，以防青虾与小龙虾之间，或青虾内部间，或小龙虾内部间相互残杀。四是青虾与小龙虾一旦达到商品规格，即捕捞出售。

第六章 稻虾综合种养

73. 什么是稻田综合种养?

稻田综合种养就是充分利用已有的稻田资源，将水稻、水产两个农业产业有机结合，通过资源循环利用，减少农药用量，达到水稻、水产品同步增产，渔民、农民收入持续增加之目的，从而实现“1+1=5”的良好效果，即“水稻+水产=粮食安全+食品安全+生态安全+农业增效+农民增收”。稻田养殖小龙虾，是利用水稻的浅水环境，加以人工改造，既种稻又养虾，立体综合种养，以提高稻田复种指数和单位面积经济效益的一种生产形式。稻田饲养小龙虾可为稻田除草、除害虫，少施化肥、少喷农药，稻谷的秸秆可以作为小龙虾的饲料，既增加了小龙虾的产量，又有效解决了秸秆焚烧造成环境污染。还可增加水稻产量8.0%~10.0%，同时，每亩能增产小龙虾80.0~200.0kg。

稻田养虾由低到高有3种模式即虾稻连作（一稻一虾，稻虾轮作）、稻虾共作（一稻两虾，虾稻一体，强调人为作用）和虾稻共生（一稻两虾，虾稻一体，强调自然状态）。

74. 什么是虾稻连作?

所谓虾稻连作是指在中稻田里种一季中稻后，接着养一季小龙虾的一种种养模式，即小龙虾与中稻轮作。具体地说，就是每年的8—9月中稻收割前投放亲虾，或9—10月中稻收割后投放幼虾，第二年的4月中旬至5月下旬收获成虾，5月底、6月初整田、插秧，如此循环轮替的过程。虾稻连作需要开挖围沟，早放虾种早捕捞，规模不大且不集中连片的稻田，要建设防逃设施。选择水质良好、水量充足、周围没有污染源、保水能力较强、排灌方便、不受洪水淹没的田块进行稻田养虾，面积少则十几亩，多则几十亩、上百亩都可以，面积大比面积小要好（图6-1）。

图6-1　虾稻连作

75. 养虾稻田田间工程建设包括哪些方面?

养虾稻田田间工程建设包括田埂加宽、加高、加固，进排水口设置过滤、防逃设施，环形沟、田间沟的开挖，安置遮阴棚等工程。沿稻田田埂内侧四周开挖环形养虾沟，沟宽1.0~1.5m，深0.8m，田块面积较大的，还要在田中间开挖“十”字形、“井”字形或“日”字形田间沟，田间沟宽0.5~1.0m，深0.5m，环形虾沟和田间沟面积占稻田面积3.0%~6.0%。利用开

挖环形虾沟和田间沟挖出的泥土加固、加高、加宽田埂，平整田面，田埂加固时每加一层泥土都要进行夯实，以防以后雷阵雨、暴风雨时使田埂坍塌。田埂顶部应宽 2.0m 以上，并加高 0.5～1.0m。排水口要用铁丝网或栅栏围住，防止小龙虾随水流而外逃或敌害生物进入。进水口用 20 目的网片过滤进水，以防敌害生物随水流进入。进水渠道建在田埂上，排水口建在虾沟的最低处，按照高灌低排格局，保证灌得进，排得出（图 6-2）。

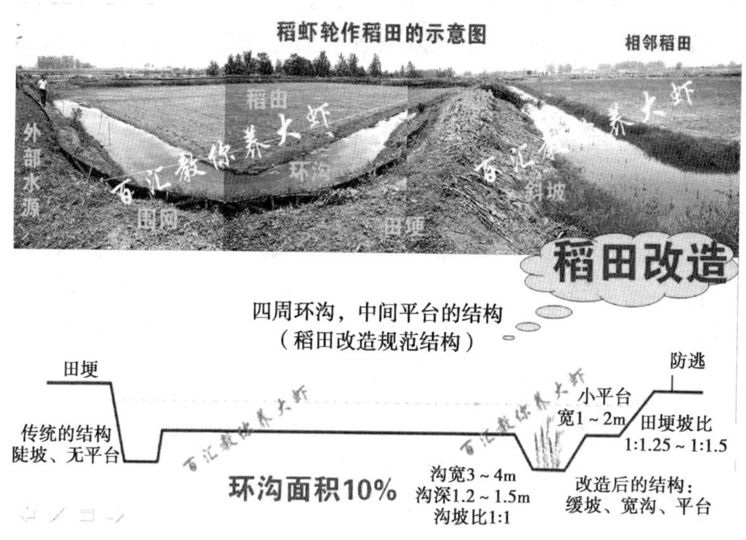

图 6-2　养虾稻田田间工程建设

76. 小龙虾放养前要做哪些准备工作?

（1）清沟消毒

放虾前 10～15 天，清理环形虾沟和田间沟，除去浮土，修正垮塌的沟壁。每亩稻田环形虾沟用生石灰 20.0~50.0kg，或选用其他药物，对环形虾沟和田间沟进行彻底清沟消毒，杀灭野杂鱼类、敌害生物和致病菌。

（2）施足基肥

放虾前 7~10 天，在稻田环形沟中注水 20.0~40.0cm，然后施肥培养饵料生物。一般结合整田每亩施有机农家肥 100.0~500.0kg，均匀施入稻田中。农家肥肥效慢，肥效长，施用后对小龙虾的生长无影响，还可以减少日后施用追肥的次数和数量，因此，稻田养殖小龙虾最好施有机农家肥，一次施足。

（3）移栽水生植物

环形虾沟内栽植轮叶黑藻、金鱼藻、眼子菜等沉水性水生植物，在沟边种植蕹菜，在水面上浮植水葫芦等。但要控制水草的面积，一般水草占环形虾沟面积的 40.0%~50.0%，以零星分布为好，不要聚集在一起，这样有利于虾沟内水流畅通无阻塞。

（4）过滤及防逃

进、排水口要安装竹箔、铁丝网及网片等防逃、过滤设施，严防敌害生物进入或小龙虾随水流逃逸。

77. 小龙虾有哪两种放养模式？

要一次放足虾种，分期分批轮捕。虾稻连作，在小龙虾的放养上有两种模式。

（1）放种虾模式

第一年的 7—8 月，在中稻收割之前 1 个月左右，往稻田的环

形虾沟中投放经挑选的小龙虾亲虾。投放量每亩20.0~30.0kg，雌雄比例3∶1。小龙虾亲虾投放后不必投喂，亲虾可自行摄食稻田中的有机碎屑、浮游动物、水生昆虫、周丛生物及水草。在投放种虾这种模式中，小龙虾亲虾的选择很重要。选择小龙虾亲虾的标准如下：一是颜色暗红或黑红色、有光泽、体表光滑无附着物。二是个体大，雌、雄性个体重都要在35g以上，最好雄性个体大于雄性个体。三是亲虾雌、雄性都要求附肢齐全、无损伤，体格健壮、活动能力强。四是亲虾离水时间要尽可能短。

（2）放幼虾模式

每年的10—11月当中稻收割后，用木桩在稻田中营造若干深10.0~20.0cm深的人工洞穴并立即灌水。往稻田中投施腐熟的农家肥，每亩投施量在100.0~300.0kg，均匀地投撒在稻田中，没于水下，培肥水质。往稻田中投放离开母体后的幼虾1.0万~1.5万尾，在天然饵料生物不丰富时，可适当投喂一些鱼肉糜、绞碎的螺、蚌肉及动物屠宰场和食品加工厂的下脚料等，也可人工捞取枝角类、桡足类，每亩每日可投500.0~1 000.0g或更多，人工饲料投在稻田沟边，沿边呈多点块状分布。

上述2种模式，稻田中的稻草尽可能多的留置在稻田中，呈多点堆积并没于水下浸沤。整个秋冬季，注重投肥，培肥水质。一般每个月施一次腐熟的农家粪肥。天然饵料生物丰富的可不投饲料。当水温低于12℃，可不投喂。冬季小龙虾进入洞穴中越冬，到第二年的2—3月水温适合小龙虾时，要加强投草、投肥，培养丰富的饵料生物，一般每亩每半个月投一次水草，100.0~150.0kg，每个月投1次发酵的猪牛粪，100.0~150.0kg。有条件的每日还应适当投喂1次人工饲料，以加快小龙虾的生长。可用的饲料有饼粕、谷粉，砸碎的螺、蚌及动物屠宰场的下脚料等，投喂量以稻田存虾重量的2.0%~6.0%，傍晚投喂。人工饲料、饼粕、谷粉等在养殖前期每亩投量在 500.0g 左右，养殖中后期每亩可投 1 000.0~1 500.0g；螺蚌肉可适当多投。4 月中旬用地笼开始捕虾，捕大留小，一直至 5 月底 6 月初中稻田整田前，彻底干田，将田中的小龙虾全部捕起。

78. 稻田捕捞小龙虾的方法有哪些?

稻田饲养小龙虾，只要一次放足虾种，经过 2~3 个月的饲养，就有一部分小龙虾能够达到商品规格。长期捕捞、捕大留小是降低成本、增加产量的一项重要措施。将达到商品规格的小龙虾捕捞上市出售，未达到规格的继续留在稻田内养殖，降低稻田中小龙虾的密度，促进小规格的小龙虾快速生长。

在稻田捕捞小龙虾的方法很多，可采用虾笼、地笼网（图 6-3）及抄网等工具进行捕捞，最后可采取干田捕捞的方法。在 4 月中旬至 5 月下旬，采用虾笼、地笼网起捕，效果较好。下午将虾笼和地笼网置于稻田虾沟内，每天清晨起笼收虾。最后在整田插秧前排干田水，将虾全部捕获。

图 6-3　捕获上市

79. 什么是虾稻共作?

虾稻共作模式是在“虾稻连作”基础上发展而来的，“虾稻共作”变过去“一稻一虾”为“一稻两虾”，延长了小龙虾在稻田的生长期，实现了一季双收，在很大程度上提高了养殖产量和效益。此外，“虾稻共作”模式还有很大延伸发展空间，如“虾鳖稻”“虾蟹稻”“虾鳅稻”等养殖模式。不仅提高了复种指数，增加了单位产出，而且拓宽了农民增收渠道，是一种更先进的养殖模式

虾稻共作是属于一种种养结合的养殖模式，即在稻田中养殖小龙虾并种植一季中稻，在水稻种植期间小龙虾与水稻在稻田中同生共长。具体地说，就是每年的 8—9 月中稻收割前投放亲虾，或 9—10 月中稻收割后投放幼虾，第二年的 4 月中旬至 5 月下旬收获成虾，同时补投幼虾，5 月底至 6 月初整田、插秧，8—9 月收获亲虾或商品虾，如此循环轮替的过程（图 6-4）。

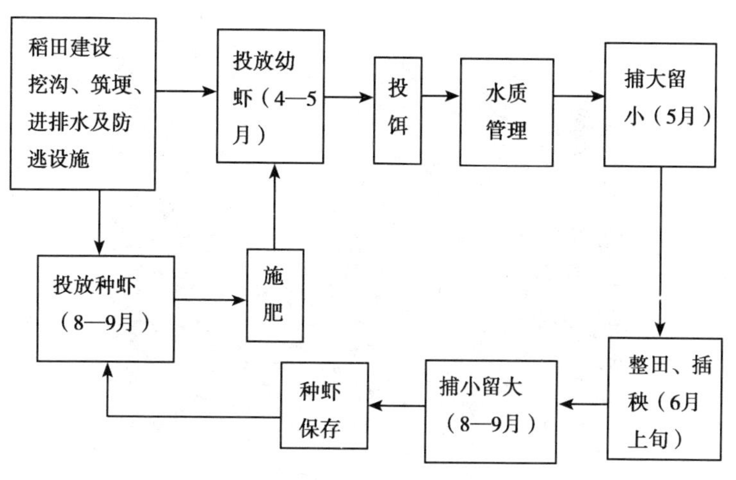

图 6-4　虾稻共作技术方案流程

80. 养虾稻田水稻栽培方法有哪些?

(1) 水稻品种选择

养虾稻田一般只种一季中稻，水稻品种要选择叶片开张角度小，抗病虫害、抗倒伏，且耐肥性强的紧穗型品种。

(2) 稻田整理

稻田整理时，田间还存有大量小龙虾，为保证小龙虾不受影响，建议一是采用稻田免耕抛秧技术，所谓“免耕”，是指水稻移植前稻田不经任何翻耕犁耙。二是采取围埂办法。即在靠近虾沟的田面，围上一周高30cm，宽20cm的土埂，将环沟和田面分隔开，以利于田面整理，见图6-5。要求整田时间尽可能短，以免沟中小龙虾因长时间密度过大而造成不必要的损失。

图6-5　虾稻共作围沟

（3）施足基肥

对于养虾一年以上的稻田，由于稻田中已存有大量稻草和小龙虾，腐烂后的稻草和小龙虾粪便为水稻提供了足量的有机肥源，一般不需施肥。而对于第一年养虾的稻田，可以在插秧前的10~15天，亩施用农家肥200~300kg，尿素10~15kg，均匀撒在田面并用机器翻耕耙匀。

（4）秧苗移植

秧苗一般在6月中旬开始移植，采取浅水栽插，条栽与边行密植相结合的方法，养虾稻田宜推迟10天左右。无论是采用抛秧法还是常规栽秧，都要充分发挥宽行稀植和边坡优势技术，移植密度以30cm×15cm为宜，以确保小龙虾生活环境通风透气性能好。

81. 养虾稻田的日常管理有哪些？

（1）水位控制

稻田水位控制基本原则是：平时水沿堤，晒田水位低，虾沟为保障，确保不伤虾。具体为：3月为提高稻田内水温，促使小龙虾尽早出洞觅食，稻田水位一般控制在30cm左右；4月中旬以后，稻田水温已基本稳定在20℃以上，为使稻田内水温始终稳定在20~30℃，以利于小龙虾生长，避免提前硬壳老化，稻田水位应逐渐提高至50. 0~60. 0cm；越冬期前的10—11月，稻田水位以控制在30. 0cm左右为宜，这样既能够让稻蔸露出水面10. 0cm左右，使部分稻蔸再生，又可避免因稻蔸全部淹没水下，导致稻田水质过肥缺氧，而影响龙虾的生长；越冬期间，要适当提高水位进行保温，一般控制在40.0~50.0cm。

(2) 合理施肥

为促进水稻稳定生长，保持中期不脱力，后期不早衰，群体易控制，在发现水稻脱肥时，建议施用既能促进水稻生长，降低水稻病虫害，又不会对小龙虾产生有害影响的生物复合肥（具体施用量参照生物复合肥使用说明）。其施肥方法是：先排浅田水，让虾集中到环沟中再施肥，这样有助于肥料迅速沉淀于底泥并被田泥和禾苗吸收，随即加深田水至正常深度；也可采取少量多次、分片撒肥或根外施肥的方法。严禁使用对小龙虾有害的化肥，如氨水和碳酸氢铵等。

(3) 科学晒田

晒田总体要求是轻晒或短期晒，即晒田时，使田块中间不陷脚，田边表土不裂缝和发白。田晒好后，应及时恢复原水位，尽可能不要晒得太久，以免导致环沟小龙虾密度因长时间过大而产生不利影响。

82. 成虾捕捞与幼虾补放怎么做?

(1) 成虾捕捞

①捕捞时间。第一季捕捞时间从4月中旬开始，到5月中下旬结束。第二季捕捞时间从8月上旬开始，到9月底结束。

②捕捞工具。捕捞工具主要是地笼。地笼网眼规格应为2.5~3.0cm，保证成虾被捕捞，幼虾能通过网眼跑掉。成虾规格宜控制在30.0g/尾以上。

③捕捞方法。虾稻共作模式中，成虾捕捞时间至为关键，为延长小龙虾生长时间，提高小龙虾规格，提升小龙虾产品质量，一般要求小龙虾达到最佳规格后开始起捕。起捕方法：采用网目2.5~3.0cm的大网口地笼进行捕捞。开始捕捞时，不需排水，直接将虾笼布放于稻田及虾沟之内，隔几天转换一个地方，当捕获量渐少时，可将稻田中水排出，使小龙虾落入虾沟中，再集中于虾沟中放笼，直至捕不到商品小龙虾为止。在收虾笼时，应将捕获到的小龙虾进行挑选，将达到商品的小龙虾挑出，将幼虾马上放入稻田，并勿使幼虾挤压，避免弄伤虾体。

（2）幼虾补放

第一茬捕捞完后，根据稻田存留幼虾情况，每亩补放3.0~4.0cm幼虾1 000~3 000尾。

①幼虾来源。从周边虾稻连作稻田或湖泊、沟渠中采集。

②幼虾运输。挑选好的幼虾装入塑料虾筐，每筐装重量不超过5.0kg，每筐上面放一层水草，保持潮湿，避免太阳直晒，运输时间应不超过1小时，运输时间越短越好。

（3）亲虾留存

由于小龙虾人工繁殖技术还不完全成熟，目前还存在着买苗难、运输成活率低等问题，为满足稻田养虾的虾种需求，我们建议：在8—9月成虾捕捞期间，前期是捕大留小，后期应捕小留大，目的是留足下一年可以繁殖的亲虾。要求亲虾存田量每亩不少于15.0~20.0kg。

83. 虾稻田共作的成功经验有哪些?

一是把握好亲虾投放时间和数量。第一年养殖的，亩投种虾

20.0～25.0kg，时间不迟于9月底；已养殖的稻田，需要留足种虾或补投种虾5.0～10.0kg；规格尽量在35.0g以上。二是加强投喂管理。稻田的天然饵料基础有限，而且小龙虾食性偏动物性，要想单产达到150.0kg以上，就一定要投喂，并且要投足投好，荤素搭配。三是轮捕轮放。把握市场行情，适时捕捞上市，自然野生资源丰富的地方，可进行轮捕轮放，提高效益。四是越冬水位管理。冬季一定要保证稻田水位，以利种虾和虾苗安全越冬，同时，要施用有机肥，培育饵料生物。

84. 水稻-小龙虾轮作的现状与前景如何？

（1）水稻-小龙虾轮作的现状

在稻田养殖小龙虾并不是新鲜的事，在国外早就开始运用这种技术了，尤其是在小龙虾养殖的发源地——美国的部分州已经运用各种模式开发养殖小龙虾，稻田养殖是比较成功的一种模式。美国路易斯安那州养殖小龙虾，主要采取的养殖模式是：首先在田里种植水稻，待水稻成熟后放水淹没水稻，然后往稻田里投放小龙虾苗，小龙虾以被淹的水稻为生长的饲料。

在我国，近年来对小龙虾的增养殖进行了各种模式的尝试与探索，其中，利用稻田养殖小龙虾已经成为最主要的养殖模式之一，其养殖技术已经日臻成熟。

由于小龙虾对水质和饲养场地的条件要求不是特别严格，我国许多地区都有在稻田养鱼的传统技术，在稻田养鱼的比较效益下降的情况下，推广水稻田与小龙虾轮作的方式，还可利用小龙虾为稻田除草、除虫、达到少施化肥、少喷农药的目的。有些地区还可在稻田采取中稻和小龙虾轮作的模式，特别是那些只能种植一季的低洼田、冷浸田，采取中稻和小龙虾轮作的模式，经济

效益很可观。在不影响中稻产量的情况下，每亩面积可以收获产小龙虾 100.0~130.0kg。

（2）水稻与小龙虾轮作的基本原理

在稻田里养殖小龙虾，是利用稻田的浅水环境，辅以人为措施，既种稻又养虾，以提高稻田单位面积效益的一种生产形式。稻田养殖小龙虾共生原理的内涵就是以废补缺、互利助生、化害为利。在稻田养虾实践中，人们称为“稻田养虾，虾养稻”。稻田养虾是综合利用水稻、小龙虾的生态特点达到稻虾共生、相互利用，从而使稻虾双丰收的一种高效立体生态农业，是动植物生产有机结合的典范，是农村种养殖立体开发的有效途径。

85. 利用稻田养殖小龙虾有什么优越性?

（1）种植与养殖业高效结合的范例

在同一块稻田中既能种稻也能饲养小龙虾，把植物和动物、种植业和养殖业有机结合起来，能更好地保持农田生态系统物质和能量的良性循环，实现稻-虾双丰收。

（2）养殖环境优越

稻田属于浅水环境，浅水期仅 7cm 水，深水时也不过 20cm 左右，因而水温变化较大。为了保持水温的相对稳定，鱼沟、鱼溜等田间设施是必须要做的工程之一。此外，水中溶解氧充足，经常保持在 4.5~5.5mg/L，且水经常流动交换，放养密度又低，所以，小龙虾疾病比较少。

（3）全新的养殖区域

稻田养殖小龙虾的模式为淡水养殖增加新的水域，不需要占用现有养殖水面，开辟了养虾生产的新途径和新的养殖水域。

（4）有利保护生态环境

在稻田养殖小龙虾的生产实践中发现，利用稻田养殖小龙虾后，稻田里及附近的摇蚊幼虫密度明显地降低，最多可下降50.0%左右，成蚊密度也会下降15.0%左右，有利于提高人们的健康水平。

（5）增加农民收入

稻田养殖小龙虾的实验结果表明，利用稻田养殖小龙虾后，稻田的平均产量不但没有下降，还会提高10.0%~20.0%，同时，单位面积内还能收获相当数量的成虾，相对降低了农业生产成本，增加了农民的实际收入。

86. 在稻田养殖小龙虾会影响水稻的产量吗？

在稻田里养殖小龙虾，是利用稻田的浅水环境，辅以人为措施，既种稻又养虾，以提高稻田单位面积效益的一种生产方式。稻田养殖小龙虾共生原理的内涵就是以废补缺、互利助生、化害为利。在稻田养虾实践中，人们称为“稻养虾，虾养稻”。稻田是一个人为控制的生态系统，稻田养了鱼，促进稻田生态系统中能量和物质的良性循环，使其生态系统又有了新的变化。稻田中的杂草、虫子、稻脚叶、底栖生物和浮游生物，对水稻来说不但是废物，而且都是争肥的。如果在稻田里放养鱼类，特别是像小龙虾这一类杂食性的虾类，不仅可以利用这些生物作为饵料，促

进虾的生长，消除了争肥对象，而且虾的粪便为水稻提供了优质肥料。另外，小龙虾在田间栖息，游动觅食，疏松了土壤，破碎了土表“着生藻类”和氮化层的封固，有效地改善了土壤通气条件，又加速肥料的分解，促进了稻谷生长，从而达到鱼稻双丰收的目的。同时，小龙虾在水稻田中有除草保肥作用和灭虫增肥作用。

稻田是一个综合生态体系，在水稻种植过程中，人们要向稻田施肥、灌水等生产管理，但是稻由许多营养却被与水稻共生的动、植物等所摄取，造成水肥的浪费；在稻田生态体系中，我们放进小龙虾后，整个体系就发生了变化，因为，小龙虾几乎可以吃掉在稻田中消耗养分的所有生物群落，起到生态体系的“截流”作用。这样便减少了稻田肥分的损失和敌害的侵蚀，促进水稻生长，又将废物转换成有经济价值的食用小龙虾。稻田养小龙虾是综合利用水稻、小龙虾的生态特点达到稻-虾共生、相互利用，从而使稻-虾双丰收目的的一种高效立体生态农业，是动植物生产有机结合的范例，是农村种养殖立体开发的有效途径。

87. 什么样的稻田适宜养殖小龙虾?

养殖小龙虾的稻田为了夺取高产，获得稻-虾双丰收，需要一定的生态条件作保证。根据稻田养虾的基本原理，在水源丰富、壤土肥沃的前提下，养殖小龙虾的稻田还应具备以下几条基本条件。

(1) 光照要充足

光照不但是水稻和稻田中一些植物进行光合作用的能量来源，也是小龙虾生长发育所必需的。光照条件直接影响稻谷产量和小龙虾的产量。每年的 6—7 月，水稻秧苗很小，阳光可直接照射到田面上，促使稻田水温升高，浮游生物迅速繁殖，为小龙虾的生长提供了饵料生物。水稻生长至中后期时，也是温度最高的季节，此时稻禾茂密，正好可以用来为小龙虾遮阴、蜕壳、躲藏，有利于小龙虾的生长发育。

（2）水温要适宜

一方面，稻田水浅，水温受气温影响甚大，有昼夜和季节变化，因此，稻田里的水温比池塘的水温更易受环境的影响；另一方面，小龙虾是变温动物，它的新陈代谢强度直接受到水温的影响，所以稻田水温将直接影响稻禾的生长和小龙虾的生长。为了获取稻-虾双丰收，必须为它们提供合适的水温条件。

（3）溶氧要充足

稻田水中溶解氧的来源主要是大气中的氧气溶入和水稻及一些浮游植物的光合作用，因而氧气是非常充足的。有研究结果表明，水体中的溶氧越高，小龙虾摄食量就越多，生长也越快。因此，长时间地维持稻田养鱼水体较高的溶氧量，可以增加小龙虾的产量。

要使稻田养殖小龙虾的稻田能长时间保持较高的溶氧量，一是适当加大养殖小龙虾的水体，主要技术措施是通过挖沟、挖溜和环沟来实现；二是尽可能地创造条件，保持微流水环境；三是经常换冲水；四是及时清除田中小龙虾未吃完的剩饵和其他生物尸体等有机物质，减少因腐败而导致水质恶化。

（4）天然饵料要丰富

一般稻田由于水浅，温度高，光照充足，溶氧量高，适宜于水生植物生长，植物的有机碎屑又为底栖生物、水生昆虫和昆虫幼虫繁殖生长创造了条件，从而为稻田中的小龙虾提供较为丰富的天然饵料，有利于小龙虾的生长。

88. 在稻田养殖小龙虾有哪几种方式?

根据生产的需要和各地的经验，在稻田养殖小龙虾的方式可以归纳为如下几种。

（1）稻-虾兼作

就是边种稻边养小龙虾，稻、小龙虾两不误，力争双丰收。在兼作中，有单季稻养虾和双季稻田中养虾 2 种。单季稻养虾，顾名思义，就是在一季稻田中养虾，这种养殖模式主要分布在江苏、四川、贵州、浙江和安徽等省地，单季稻主要是中稻田，也有用早稻田养殖小龙虾的；双季稻养虾，顾名思义就是在同一稻田连种两季水稻，虾也在这两季稻田中连养，不需转养。双季稻就是早稻和晚稻连种。这样，可以有效利用一早一晚的光合作用，促进稻谷成熟，广东、广西壮族自治区、湖南、湖北等省区地利用双季稻田养小龙虾的较多。

（2）稻-虾轮作

这种模式就是种一季水稻，然后接着养一茬小龙虾的模式，可做到动、植物双方轮流种养殖。稻田种早稻时，不养小龙虾，在早稻收割后立即加高田埂养虾，而不种水稻。这种模式在广东、广西壮族自治区等地推广较快。其优点是利用本地光照时间长的特点，当早稻收割后，可以加深水位，人为形成一个个深浅适宜的“稻田型池塘”，养虾时间较长，龙虾产量较高，经济效益非常好。

（3）稻-虾间作

这种模式利用较少，也主要是在华南地区采用。利用稻田栽秧前的间隙养殖小龙虾，然后将小龙虾起捕出售，稻田单独用来插种晚稻或中稻（图 6-6）。

图 6-6　稻田养殖小龙虾的方式

89. 养殖小龙虾的稻田要进行哪些改造?

（1）稻田的选择

养殖小龙虾的稻田要具备一定的环境条件，并不是所有的稻田都能养殖小龙虾的，一般环境条件要求主要有以下几方面。

① 水源。水源要充足，水质良好，雨水多时不会漫田埂、雨水少时不会干涸、排灌水方便、无有毒污水和低温冷浸水流入，农田水利工程设施能配套，有一定的灌排条件。

② 土质。土质要肥沃，由于黏性土壤的保持力强，保水力也强，渗漏力小，所以这种稻田是可以用来养虾的。而矿质土壤、盐碱土以及渗水漏水、土质瘠薄的稻田，均不宜养虾。

③ 面积。少则几公顷，多则几十公顷、上百公顷都可以，面积大比面积小更好。

（2）开挖水沟

这是科学养殖小龙虾所采取的重要技术措施，稻田因水位较浅，夏季高温对小龙虾的影响较大，因此必须在稻田四周开挖环形水沟，面积较大的稻田，还应开挖“田”字形或“川”字形或“井”字形的田间水沟。环形水沟距田地 1.5m 左右，环形沟上口宽 3m，下口宽 0.8m；田间沟沟宽 1.5m，深 0.5~0.8m。水沟既可防止水田干涸和作为烤稻田、施追肥、喷农药时小龙虾的退避处，也是夏季高温时小龙虾栖息隐蔽遮阴的场所。水沟的总面积占稻田面积的 8.0%~15.0%。

（3）加高加固田埂

为保证养虾稻田达到一定的水位，增加小龙虾活动的立体空间，必须加高、加宽、加固田埂，可将开挖环形沟的泥土垒在田埂上并夯实，以确保田埂高 1.0~1.2m，宽 1.2~1.5m，并打紧夯实，要求做到不裂、不漏、不垮，在满水时不能崩塌，避免小龙虾逃逸。

（4）防逃设施

从一些地方稻田养殖小龙虾的经验来看，有许多自发性分散的农户在稻田养虾时，并没有在田埂上建设专门的防逃设施，产量并没有降低。有人认为在稻田中可以不设防逃设施，这种观点是不对的。小龙虾没有逃逸的原因可能是如下几方面：一是可能是因为在稻田中采取了稻草还田或稻桩较高的技术，为小龙虾提供了非常好的隐蔽场所和丰富的饲料；二是可能是与放养数量有很大的关系，在密度和产量不高的情况下，小龙虾互相之间的竞争压力不大，没有必要逃跑；三是可能是大家都没有做防逃设施，小龙虾的逃跑呈放射性的，最后是谁逮着算谁的产量。由于小龙虾跑进跑出的机会是相等的，所以，大家没有感觉到产量降低。如果要进行高密度的养殖，要取得高产量和高效益，很有必要在田埂上建设防逃设施。

防逃设施有多种，常用的有两种：第一种是安插高 55. 0cm 的硬质钙塑板作为防逃板，埋入田埂泥土中约 15. 0cm，每隔 75. 0~100. 0cm 处用一木桩固定。注意四角应做成弧形，防止小龙虾沿夹角攀爬外逃；第二种防逃设施是采用网片和硬质塑料薄膜共同防逃，在易涝的低洼稻田，主要是以这种方式防逃，用高 1. 2~1. 5m 的密网围在稻田四周，在围网内面距顶端 10. 0cm 处再缝上一条宽 25. 0~30. 0cm 的硬质塑料薄膜即可。

稻田开设的进、排水口应用双层密网防逃，也能有效地防止蛙卵、野杂鱼卵及幼体进入稻田为害蜕壳虾；同时，为了防止夏天雨季冲毁堤埂，稻田应开施一个溢水口，溢水口也用双层密网过滤，防止虾乘机逃走（图 6-7）。

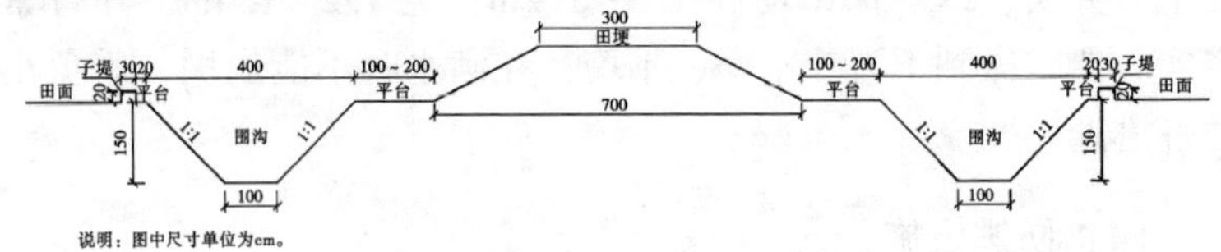

图 6-7　稻虾共作建设工程剖面

90. 种植什么品种的水稻适宜套养小龙虾?

（1）水稻品种选择

养殖小龙虾的稻田一般只种一季水稻。水稻品种要选择叶片

开张角度小，抗病虫害、抗倒伏，且耐肥性强的紧穗型品种。目前选择的主要水稻品种有汕优系列、协优系列等。

（2）施足基肥

每亩面积施用农家肥 200.0～300.0kg，尿素 10.0～15.0kg，均匀撒在田面并用机器翻耕耙匀。

（3）秧苗移植

秧苗一般在 5 月中旬开始移植，采取条栽与边行密植相结合，浅水栽插的方法，养虾稻田宜提早 10 天左右。建议移植方式采用抛秧法，要充分发挥宽行稀植和边坡优势的技术，移植密度以 30.0cm×15.0cm 为宜，以确保虾生活环境通风透气性能好。

91. 如何在稻田内养殖小龙虾?

（1）放养前准备工作

① 清池消毒。

放养小龙虾前 10～15 天，清理环形水沟和田间沟，除去浮土，修复垮塌的沟壁，每亩稻田的环形水沟用生石灰 20.0～50.0kg，或选用其他药物，对环形水沟和田间沟进行彻底清沟消毒，杀灭野杂鱼类、敌害生物和致病菌。小龙虾苗放养前 7～10 天，向稻田中注水 30.0～50.0cm，在水沟中每亩施放禽畜粪肥 800.0～1 000.0kg，以培肥水质。

② 移栽水生植物。在环形水沟内栽植尹乐藻、轮叶黑藻、金鱼藻、眼子菜等沉水性水生植物，在沟边种植空心菜，在水面上浮植水葫芦等。但是要控制水草的面积，一般水草面积占环形水沟面积的 40.0%～50.0%，以零星分布为好，不要聚集在一

起，这样有利于水沟内水流畅通无阻塞，从而为放养的小龙虾创造一个良好的生态条件。

（2）放养虾种

① 放养时间。不论是当年虾种，还是抱卵亲虾，应力争一个“早”字。早放既可延长小龙虾在稻田中的生长期，又能充分利用稻田施肥后所培养的大量天然生物饵料资源。常规放养时间一般在每年 10 月或翌年的 3 月底。也可以采取随时捕捞，及时补充的放养方式。

② 放养密度。在亩稻田中放养抱卵亲虾 20. 0~25. 0kg，雌、雄性小龙虾的比为 3：1。也可待翌年 3 月放养，每亩面积的稻田中投放 0. 8 万~1. 0 万尾小龙虾幼虾。注意要将抱卵亲虾直接放入外围大沟内饲养越冬，待秧苗返青时，再诱虾进入稻田生长。在 5 月以后随时补放，以放养当年人工繁殖的稚虾为主。

③ 放苗操作。在稻田放养小龙虾虾苗，一般选择晴天早晨和傍晚或阴雨天进行，这时天气凉快，水温稳定，有利于放养的龙虾适应新的环境。放养时，沿沟四周多点投放，使小龙虾苗种在沟内均匀分布，避免因过分集中，引起缺氧窒息死虾。在放养小龙虾时，要注意幼虾的质量，同一田块放养规格要尽可能整齐，放养时一次放足。

④ 亲虾放养时间。从理论上来说，只要稻田内有水，就可以放养小龙虾亲虾，但是从实际的生产情况对比来看，放养时间在每年的 8 月上旬至 9 月中旬的产量最高。经过认真分析和实践，一方面是因为这个时间的温度比较高，稻田内的饵料生物比较丰富，为小龙虾亲虾的繁殖和生长创造了非常好的条件；另一方面是小龙虾亲虾刚完成交配，还没有抱卵，投放到稻田后刚好可以繁殖出大量的小龙虾，到第二年 5 月就可以长成成虾。如果推迟到 9 月下旬以后放养，有一部分小龙虾亲虾已经繁殖，在稻

田中繁殖出来的小龙虾虾苗的数量相对就要少一些。另外，一个很重要的方面是小龙虾的亲虾最好采用地笼捕捞的虾，9 月下旬以后小龙虾的运动量下降，用地笼捕捞的效果不是很好，购买小龙虾亲虾的数量就难以保证。因此要趁早购买小龙虾亲虾，时间定在每年的 8 月初，最迟不能晚于 9 月 25 日。

由于小龙虾亲虾放养与水稻移植有一定的时间差，因此暂养小龙虾亲虾是必要的。目前，常用的暂养方法有网箱暂养和田头土池暂养。由于网箱暂养时间不宜过长，否则，会折断附肢且互相残杀现象严重。建议在田头开辟土池暂养为好。具体方法是在亲虾放养前半个月，在稻田田头开挖一条面积占稻田面积 2.0%~5.0%的土池，用于暂养小龙虾亲虾。待秧苗移植一周且禾苗返青成活后，可将暂养池与土池挖通，并用微流水刺激，促进小龙虾亲虾进入大田生长，通常称为稻田二级养虾法。利用此种方法可有效地提高小龙虾的成活率，也能促进小龙虾适应新的生态环境。

（3）水位调节

适时掌握好水位的调节，是稻田养虾过程中的重要一环，水位的调节应掌握以稻为主的原则。小龙虾放养初期，水位宜浅，保持在水深 10.0cm 左右，但是因小龙虾不断长大和水稻的抽穗、扬花、灌浆均需大量水，所以可将稻田里的水逐渐加深到 20.0~25.0cm，以确保小龙虾和水稻的需水量。在水稻有效分蘖期采取浅灌，保证水稻的正常生长；进入水稻无效分蘖期，水深可调节到 20.0cm，既增加小龙虾的活动空间，又促进水稻的增产。同时要注意观察田沟水质变化，一般每 3~5 天加注新水一次；盛夏季节，每 1~2 天加注一次新水，以保持田间水质清新。

（4）投饲管理

通过施足基肥，适时追肥，培养大批枝角类、桡足类以及底栖生物，同时在3月应放养一部分螺蛳，在每亩面积的稻田中投放150.0~250.0kg，并移栽足够的水草，为小龙虾生长发育提供丰富的天然饵料。在人工饲料的投喂上，一般情况下按动物性饲料40.0%、植物性饲料60.0%来配比。投喂时也要实行定质、定量、定时、定位。早期每天分上、下午各投喂1次；后期在傍晚18时多投喂。投喂饲料品种多为小杂鱼、螺蛳肉、河蚌肉、蚯蚓、动物内脏、蚕蛹，配喂玉米、小麦、大麦粉。还可投喂适量植物性饲料，如水葫芦、水芜萍、水浮萍等。日投喂饲料量为小龙虾体重的3.0%~5.0%。平时要坚持勤检查小龙虾的吃食情况，当天投喂的饲料在2~3小时内被吃完，说明投饲量不足，应适当增加投饲量，如在第二天还有剩余，则投饲量要适当减少。

（5）科学施肥

稻田一般以施基肥和腐熟的农家肥为主，促进水稻稳定生长，保持中期不脱肥，后期不早衰，群体易控制，在每亩稻田中可施农家肥300.0kg，尿素20.0kg，过磷酸钙20.0~25.0kg，硫酸钾5.0kg。放养小龙虾后一般不施追肥，以免降低田中水体溶解氧，影响小龙虾的正常生长。如果发现脱肥，可少量追施尿素，在每亩稻田中不超过5.0kg。施肥的方法是：先排浅稻田中的水位，让小龙虾集中到水沟中后再施肥，有助于肥料迅速沉积于底泥中并为田泥和禾苗吸收，随即加深田水到正常深度；也可采取少量多次、分片撒肥或根外施肥的方法。禁用对小龙虾有害的化肥，如氨水和碳酸氢铵等。

（6）科学用药

养殖小龙虾能有效地抑制杂草生长，小龙虾摄食昆虫，降低病虫害，所以要尽量减少除草剂及农药的施用。小龙虾投放到稻田后，若再发生草荒，可人工拔除。如果确因稻田病害或小龙虾疾病严重时需要用药，应掌握以下几个条件：一是科学诊断疾病，做到对症下药；二是尽量选择使用高效、低毒、无残留的药物；三是由于小龙虾是甲壳类动物，对含有机磷、菊酯类、拟菊酯类药物特别敏感，因此要慎用敌百虫、甲胺磷等药物，禁用敌杀死等药；四是喷洒农药时，一般应加深田水，降低药物浓度，减少药害，也可放干田水再用药，待 8 小时后立即上水至正常水位；五是粉剂药物应在早晨露水未干时喷施，水剂和乳剂药应在下午喷洒；六是降水速度要缓，等小龙虾爬进水沟以后再施药物；七是可采取分片分批的用药方法，即先施稻田一半，过 2 天再施另一半，同时，尽量要避免农药直接落入水中，以保证虾的安全。

（7）科学晒田

在生长发育过程中的需水情况是在变化的，养小龙虾的水稻田，养小龙虾需水与水稻需水是主要矛盾。田间水量多，水层保持时间长，对小龙虾的生长是有利的，对水稻生长却是不利的。农谚对水稻用水进行了科学的总结，那就是“浅水栽秧、深水活棵、薄水分蘖、脱水晒田、复水长粗、厚水抽穗、湿润灌浆、干干湿湿。”有经验的老农民常常会采用晒田的方法来抑制水稻的无效分蘖，这时的水位很浅，这对养殖小龙虾是非常不利的。因此，做好稻田的水位调控工作是非常有必要的，从生产实践中总结了一条经验是，“平时水沿堤，晒田水位低，沟溜起作用，晒田不伤虾”。晒田前，要清理水沟水溜，严防水沟里阻隔与淤塞。

晒田总的要求是轻晒或短期晒。晒田时，沟内水深仍然需要保持在13.0~17.0cm，使田块中间不陷脚，田边表土不裂缝和发白，以见水稻浮根泛白为适度。晒好田后，及时恢复原水位。尽可能不要晒得太久，以免小龙虾缺食太久而影响其生长。

（8）病害预防

小龙虾的病害防治采取“预防为主”的科学防病措施。常见的敌害生物有水蛇、老鼠、黄鳝、泥鳅、鸟类等，应及时采取有效措施驱逐或诱灭之。在放养小龙虾初期，稻株茎叶不茂盛，田间水面空隙较大，此时，虾的个体也较小，活动能力较弱，逃避敌害的能力较差，容易被敌害侵袭。同时，小龙虾每隔一段时间需要蜕壳生长，在蜕壳或刚蜕壳时，最容易成为敌害的适口饵料。到了收获时期，由于田水排浅，小龙虾有可能到处爬行，目标会更大，也易被鸟、兽捕食。对此，要加强田间管理，并及时驱捕敌害，有条件的可在田边设置一些彩条或稻草人，恐吓、驱赶水鸟。另外，当虾放养后，还要禁止家养鸭子下到田沟，避免损失。

（9）田间管理

日常管理工作必须做到勤巡田、勤检查、勤研究、勤记录。坚持早、晚巡田，检查小龙虾的活动，摄食水质情况，决定投饲、施肥数量。检查堤埂是否塌漏，拦虾设施是否牢固，防止逃虾和敌害进入。检查水沟、水洼，及时清理，防止堵塞。检查水源水质情况，防止有害污水进入稻田。要及时分析存在的问题，做好田块档案记录。

（10）收获

收获一般采取收谷留桩的办法，然后将水位提高至40~

50cm，并适当施肥，促进稻桩返青，为小龙虾提供避荫场所及天然饵料来源。稻田养小龙虾的捕捞时间在4—9月均可，主要采用地笼张捕方法。

92. 养虾稻田中怎样防治水稻的病虫?

在稻虾生态种养中，水稻病害少，但在确保水生动物安全的情况下，可使用高效低毒的生物制剂，对病害加以防治。

（1）螟虫

用杜邦康宽，20%氯虫苯甲酰胺10mL/亩。

（2）稻飞虱

用苦参碱，植物源杀虫剂0.3%苦参碱AS 1500倍液对晚稻后期高密度稻飞虱有较好的防效。

（3）纹枯病病害

用爱苗，30.0%爱苗乳油是瑞士先正达作物保护有限公司生产的一种广谱内吸治疗性杀菌剂，由15%敌力脱（丙环唑）和15.0%世高（苯醚甲环唑）组成，在水稻上防治纹枯病。

（4）草害

用五氟磺草胺加氰氟草酯合剂。五氟磺草胺和氰氟草酯复配剂对稻田的禾本科杂草、阔叶杂草和莎草均具有较好的防除效果，有效成分用量90.0～180.0g/m^3的综合防效可达95.0%以上，降低了稗、鸭舌草种群对田间N、P、K养分的吸收，保持了土壤肥力。五氟磺草胺、氰氟草酯有效成分用量90.0～120.0g/m^3苗后茎叶处理对水稻安全。

93. 怎样解决养虾稻田土地流转问题?

稻田综合种养是一种经济效益、生态效益、社会效益兼具的种养模式，这一技术已经十分成熟，并为广大农民所接受，这种种养模式得到了各级政府的高度重视和扶持，正在大力推广。但是在推广稻田综合种养模式的过程中，也遇到一些困难和问题，其中最突出的就是种养稻田流转难问题。许多农民探索出了一些行之有效的办法，较好地解决了种养稻田来源的问题。具体模式介绍如下。

(1) 自有稻田模式

自有稻田模式，是农民自己承包的农田，通过改造后进行稻田综合种养，这种模式是当前稻田综合种养的主力，一般农户面积20~50 亩，种养技术成熟，日常管理方便，效益十分显著。如湖北省武穴市万丈湖农场一分场六队董全旺等 29 户连片 2 000 亩稻虾共作基地，每户纯收入高的达 18 万元，少的也有 10 万元。这样的稻田种养农户全市较为普遍。

(2) 规模流转模式

规模流转模式，就是公司企业进入养殖小龙虾行业，是当前大力倡导的，但选址难、流转难。这种模式是集中连片，规模生产，面积大，租期长，投入大，效益好。适宜于进行规模生产经营。如湖北省黄梅县引进的上海红马集团公司投资建设的濯港西湖 5 000亩“稻虾稻蟹”种养基地；湖北省团风县黄湖现代农生态园建设的 1 000亩稻田综合种养基地；湖北润德家庭农场建设的高标准种养基地等。

（3）稻田互换模式

稻田互换模式，是农民自己承包的稻田不在一块，为进行稻田综合种养，用稻田换稻田或给付租金、粮食等形式，将适宜稻田交换集中一块进行综合种养。这种模式简单易行。

（4）季节租赁模式

季节租赁模式，是养殖户租用种稻户冬闲田进行小龙虾野生寄养的模式，一般是中稻收割后，养殖户接管稻田，开始投放小龙虾种，翌年 6 月中旬捕完小龙虾，交田给种稻户种中稻，如此循环，种、养各得。养殖户按每亩面积 30～50 元租金付给种稻户。如湖北省浠水县巴河镇冯计田，用每亩面积 30 元的租金租用 160 亩稻田养殖一季小龙虾，年纯收入 15 万元。

（5）共用互利模式

共用互利模式，是种植户、养殖户共同利用稻田，分别种植稻谷、养殖小龙虾的模式，种植户种植一季中稻收割后，养殖户接管稻田，挖沟改造，放养虾种，翌年 6 月捕完小龙虾，并将稻田耕整好交还种植户种植水稻，使种植户节省了整田费用，养殖户则不付稻田租金，各自种养，各得其所，双方互利，皆大欢喜。如湖北省黄梅县黄梅镇养殖大户石归中用这种形式发展虾稻连作面积 2 500亩。

（6）邀约合作模式

邀约合作模式，是成立小龙虾养殖专业合作社、家庭农场。是农户的稻田连片一块，且适宜于虾稻连作，众农户邀约合作进行虾稻连作模式，适当挖沟改造或利用天然水沟放虾种，农户们各种各田的稻，各捕各田的虾，相互监督，捕大留小，各自种稻，合作养虾，各得其利，或集中捕捞销售，按户分配。

(7) 鱼池转产模式

鱼池转产模式，是指条件较差、养鱼效益低或鸟害严重的鱼池，转产进行虾稻连作模式，即种一季中稻，养殖一季小龙虾，一般每亩产稻谷 500kg 以上，小龙虾亩纯收 1 000元左右，效益远比养鱼好。如湖北省黄梅县大源湖渔场鱼池因湿地保护区鸟害严重就转型这种模式。其中一名张姓职工 30 亩鱼池年产小龙虾收入 2. 8 万元，稻谷 1. 5 万 kg 以上。今年因故不能自己种养，30 亩鱼池养虾、种稻分别发包给 2 人，养虾租金每亩 500 元，种稻租金每亩 300 元，共收租金 2. 4 万元，除交场承包租金 0. 6 万元，自得纯利 1. 8 万元。

94. 政府引导力推稻田养虾有哪些措施?

(1) 湖北省黄冈市力推稻田养虾措施

2015 年湖北省黄冈市以虾稻共生模式为主的稻田综合种养面积就达 64. 17 万亩，虾稻共生、稻虾鱼鳖生态种养、稻鳅共生、稻田养鱼种等模式大力推广，呈现一派蓬勃发展态势。

“要把稻田综合种养放在现代农业建设和农民增收致富的高度加以推进。”黄冈市各级渔业主管部门更是严格按照“不与粮争地、不与人争水”的理念，围绕实现“一水两用、一田双收、粮渔共赢”和打造产业新的增长极目标强力推进。

一是规划引领，有序推进。为科学有序推进稻田综合种养，黄冈在原有小龙虾产业发展规划的基础上，进一步丰富稻田综合种养内容，扩充稻田渔业养殖模式，将稻田综合种养全面纳入《黄冈市百亿水产发展规划》和《黄冈市水产业“十三五”发展

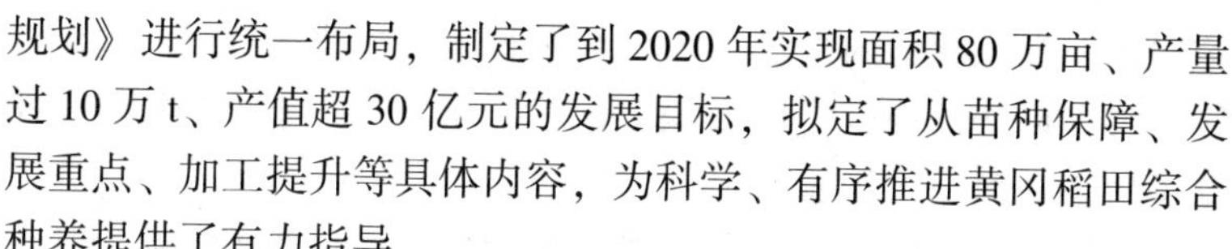

规划》进行统一布局，制定了到2020年实现面积80万亩、产量过10万t、产值超30亿元的发展目标，拟定了从苗种保障、发展重点、加工提升等具体内容，为科学、有序推进黄冈稻田综合种养提供了有力指导。

二是政策引导，助力推进。为强化对稻田综合种养的引导和扶持，黄冈市人民政府在2014年出台的《关于加快现代渔业发展的实施意见》中，对过去连续6年实行的虾稻连作奖补政策进行了延续和扩充，明确提出了对市直和11个县（市、区）水产部门每年分别安排15万元、20万元、30万元、50万元不等的专项资金扶持稻田综合种养，同时，还要求各县（市、区）财政对山区10亩以上、沿江30亩以上的稻田综合种养大户另行安排资金每年按20元/亩的标准给予补贴。目前，该市浠水、武穴、黄梅、蕲春等沿江县市每年均安排有50万~100万元不等的专项资金。武穴市从2007—2014年逐年增加专项经费，2011年已增加至100万元，2014年还通过考核对稻田综合种养的3个先进乡镇、5个先进村、10个示范户在该市三级干部会上进行了表彰，起到了巨大的引导作用，现已发展稻田综合种养面积13万亩。黄梅县在2014年推广稻田综合种养中，除落实了74万元的专项资金外，还整合了水产、农业、水利、财政、发改、交通等多个部门力量，向种养大户免费发放了稻种0.5万kg、帮助清理了引水渠道5 000m、硬化基地道路3 000m，形成了助推稻田综合种养发展的强大合力，现已发展稻田综合种养面积14万亩。

三是典型引路，带动推进。典型具有“一花引来万花开”的巨大作用，为加快推进黄冈稻田综合种养，让更多渔民增产增收，黄冈市各级水产部门积极办点示范、培育典型，以典型养殖户带动全市稻田综合种养。现已建成了黄梅濯港红马、武穴万丈湖、蕲春八里湖3个连片万亩的稻田综合种养基地；麻城歧亭镇正在规划建设500亩鳖-虾-稻综合种养基地，现已投资200万元完成了一期100亩的建设。浠水县润德家庭农场自2014年5月注册成立以来，现已流转土地1 000亩，建成了稻虾共生综合种养基地700亩。全市涌现出了李雁彬、柯金定、李淇平、李国民、石归中、田国平等一大批稻田综合种养大户典型代表，实现了“县县有规模基地，处处有典型大户”。黄梅县刘佐乡通过扶持培育养虾大户李雁彬，带动该乡发展了稻虾养殖面积达12 500亩，实现亩均增收1 200元。武穴市大法寺镇稻虾养殖大户李金高在该市水产局帮助贷款资助和技术指导下，现已发展稻虾养殖面积500亩，实现年盈利100多万元，带动了周边10多户开展稻田综合种养2 000亩。

四是技术引荐，规模推进。在推进稻田综合种养进程中，黄冈各级水产技术推广部门现已定期开展各类技术培训121期，培训渔民1.8万人；探索总结出了“合伙养虾，分户种稻”“错季借地养虾”“虾藕鳖共生”“稻鳅共生”“稻田养鱼种”等模式和技术，并通过“黄冈水产E通”信息平台进行大力推广。同时，黄冈还坚持“请进来”与“走出去”相结合，先后邀请了中科院水生所、长江所、华中农业大学、湖北省水产技术推广总站等专家教授和潜江、鄂州等地专家到黄冈开展稻田综合种养技术专题讲座和现场指导，多次组织了本地养殖户到潜江、天门、仙桃、洪湖、鄂州等地实地考察学习，用外地的成熟技术、先进经验和生动实践引导渔民开展稻田综合种养，促进该市稻田综合种养规模发展。

五是宣传引势，媒体推进。为营造稻田综合种养浓厚而良好的发展氛围，黄冈市各级水产部门通过当地电视台、报刊、网站等媒体平台，将致富典型和先进经验进行广泛宣传，同时，通过年度农业春耕备耕新闻发布会、行风热线等栏目向社会宣传稻田综合种养奖补政策和稻田综合种养主推技术，营造了稻田综合种养浓厚的发展氛围。此外，黄冈市水产局还组织开展了稻田综合

种养专题调研，形成了全面而详细的调研报告，在《渔业致富指南》上进行了刊发，向外展示和推介了黄冈大力发展稻田综合种养的良好环境、巨大优势和丰富潜力。

（2）湖南省南县党政积极推进稻虾产业

一是安排奖补扶持，明确对稻虾种养规模超 1 000.0亩的种养大户或经营主体，每亩一次性奖补 200.0 元，支持基础设施建设或虾苗购买，对流转土地集中连片面积达 300.0 亩以上从事稻虾种养的经营大户，每年按 30.0 元/亩的标准给予奖励。

二是制订《南县县级特色农业保险试点方案》，成为全省首个小龙虾养殖保险试点县，明确保费政府承担 50.0%，2016 年南县稻虾种养投保试点面积 6.0 万亩，2017 年保险面积达 18.0 万亩。

三是统筹扶贫贴息资金对发展稻虾产业主体实行贷款贴息支持，县财政按每亩 1 000.0元贷款额度安排 50%的贴息支持。

四是县财政每年安排 1 000.0万元以上资金，主要用于支持龙虾种苗繁育、品种培育推广、病虫害防治研究、养殖保险、龙虾产品招商配套等公益性项目。

五是把稻虾产业分为八大工作重点，分别由 8 个县委常委牵头，具体负责落实。

第七章　小龙虾与水生作物综合种养

95. 如何在藕田里养殖小龙虾?

在藕田中养殖小龙虾，是充分利用藕田的水体、土地、肥力、溶氧、光照、热能和饵料生物资源等自然条件的一种养殖模式，能将种植业与养殖业有机地结合起来，可达到藕-小龙虾双丰收，这与稻田养小龙虾的情况颇有相似之处。我国华东地区、华南地区的藕田资源丰富，但是进行藕田养殖小龙的很少，使藕田中的天然饵料生物白白浪费，单位面积的藕田的综合经济效益得不到充分的体现。

栽种莲藕的水体大体上可分为藕池和藕田两种类型。藕池多是农村坑塘，水深多在 50.0~180.0cm，栽培期为 4—10 月。藕叶遮盖整个水面的时间为 7—9 月。藕田是专为种藕修建的池子，池底多经过踏实或压实，水浅，一般为 10.0~30.0cm，栽培期为 4—9 月。藕池的可塑性较小，利用藕池养殖小龙虾，多采用粗放的养殖方式。藕田便于改造，可塑性较大，利用藕田进行小龙虾养殖时，生产潜力较大。下面着重介绍藕田饲养小龙虾的方法。

(1) 藕田的工程建设

选择饲养小龙虾的藕田，要求水源充足、水质良好、无污染、排灌方便和抗洪、抗旱能力较强。池中土壤的 pH 值呈中性

至微碱性，并且阳光充足，光照时间长，浮游生物繁殖快，尤其以背风向阳的藕田为好。忌用有工业污水流入的藕田养殖小龙虾。养殖小龙虾的藕田建设内容主要有3项：加固、加高田埂；开挖水沟、水坑；修建进、排水口的防逃栅栏。

① 加固、加高田埂。为防止小龙虾掘洞时将田埂掘穿，引发田埂崩塌，在汛期和大雨后发生漫田逃虾，对饲养小龙虾的藕田需要加高、加宽和夯实池埂。加固的田埂应高出水面40.0~50.0cm，田埂四周用塑料薄膜或钙塑板修建防逃墙，最好再用塑料网布覆盖田埂内坡，下部埋入土中20.0~30.0cm，上部高出埂面70.0~80.0cm；田埂基部加宽80.0~100.0cm。每隔1.5m用木桩或竹竿支撑固定，网片上部内侧缝上宽度为30.0cm左右的农用薄膜，形成“倒挂须”，防止小龙虾攀爬外逃。

② 开挖水沟、水坑。为给小龙虾创造一个良好的生活环境和便于集中捕小龙虾，需要在藕田中开挖水沟和水坑。开挖时间一般在冬末或初春，并要求一次性建好。水坑深50cm，面积为3.0~5.0m^2，在水坑与水坑之间开挖深度为50.0cm，宽度为30.0~40.0cm的水沟。水沟除呈“十”字、“田”字形外，还有“井”字形。一般小田挖成“十”字形，大田挖成“田”字、“井”字形。整个田中的水沟与水坑要相通。一般每亩面积的藕田开挖1个水坑，面积约为20.0~30.0m^2，藕田的进水口与排水口要呈对角排列，进、排水口与水沟、水坑相通连接。

③ 修建进、排水口的防逃栅栏。在进、排水口安装竹箔、铁丝网等防逃栅栏，高度应高出田埂20.0cm，其中，进水口的防逃栅栏要朝田内安置，呈弧形或“U”形安装固定，凸面朝向水流。注排水时，如果水中渣屑多或藕田面积大，可设双层栅栏，里层拦虾，外层拦杂物。

（2）消毒施肥

藕田消毒施肥在放养小龙虾苗前10~15天，每亩藕田用生石灰100.0~150.0kg，对水全田泼洒，或选用其他药物，对藕田和饲养水坑、沟进行彻底清田消毒。对于饲养小龙虾的藕田，应以施基肥为主，每亩施有机肥1 500.0~2 000.0kg，也可以加施化肥，每亩面积用碳酸氢铵20.0kg，过磷酸钙20.0kg。基肥要施入藕田耕作层内，1次施足，减少日后施追肥的数量和次数。

（3）虾苗放养

小龙虾在藕田中饲养，放养方式类似于稻田养殖小龙虾，但因藕田中常年有水，因此放养量比稻田饲养时的放养量要稍大一些。直接放养亲虾：将小龙虾的亲体直接放养在藕田内，让其自行繁殖，每亩面积放养规格为每千克20~40尾的小龙虾25.0~35.0kg；外购小龙虾苗放养规格为每千克250~600尾的小龙虾幼虾，每亩面积放养1.5万~2.0万尾。

小龙虾虾苗在放养前，要用浓度为3.0%左右的食盐水进行浸洗消毒3~5分钟，具体时间应根据当时的天气、气温及小龙虾苗本身的耐受程度灵活确定。采用干法运输的小龙虾种，离水时间较长，要将小龙虾种在田水内投泡1分钟，提起搁置2~3分钟，反复几次，让小龙虾种体表和鳃腔吸足水分后再放养。

（4）饲料投喂

对于藕田饲养的小龙虾，投喂饲料同样要遵循“四定”的投饲原则。投饲量依据藕田中天然饵料的多少与小龙虾的放养密度而定。投喂饲料要采取定点的办法。即在水较浅、靠近水沟水坑的区域拔掉一部分藕叶，使其形成明水区，投饲在此区内进行。在投喂饲料的整个季节，遵守“开头少，中间多，后期少”

的原则。

小龙虾成虾养殖可直接投喂绞碎的米糠、豆饼、麸皮、杂鱼、螺蚌肉、蚕蛹、蚯蚓、屠宰场下脚料或配合饲料等，保持饲料蛋白质含量在25.0%左右。6—9月水温适宜，是小龙虾生长旺期，一般每天投喂2~3次，时间在9：00—10：00和日落前后或夜间，日投饲量为小龙虾体重的5.0%~8.0%；其余季节每天可投喂1次，于日落前后进行，或根据摄食情况于第二天上午补喂1次，日投饲量为虾体重的1.0%~3.0%。饲料应投在池塘四周浅水处，在小龙虾集中的地方可适当多投，以利于其摄食和饲养者检查吃食情况。

饲料投喂需注意：天气晴好时多投，高温闷热、连续阴雨天或水质过浓则少投；大批虾蜕壳时少投，蜕壳后多投。

（5）日常管理

利用藕田饲养小龙虾的成功与否，取决于饲养管理的优劣。藕田饲养小龙虾，在初期宜浅灌，水深10.0cm左右即可。随着藕和虾的生长，田水要逐渐加深到15.0~20.0cm，促进藕的开花生长。在藕田深灌深水及藕的生长旺季，由于藕田补施追肥及水面被藕叶覆盖，水体因光照不足及水质过肥，常呈灰白色或深褐色，水体缺氧，在后半夜尤为严重，此时小龙虾常会借助藕茎攀到水面，将身体侧卧，利用身体一侧的鳃直接进行空气呼吸，以维持生存。

在饲养过程中，要采取定期加水和排出部分老水的方法，调节水质，保持田水溶氧量在4.0mg/L以上，pH值7.0~8.5，透明度为35.0cm左右。每15~20天换水1次，每次换水量为池塘原水量的1/3左右。每20天泼洒1次生石灰水，每次每亩用生石灰10.0kg，在改善池水水质的同时，增加池水中离子钙的含量，促进小龙虾蜕壳生长。在施肥藕田饲养小龙虾时，藕田的施肥，主要应协调处理好藕和虾的矛盾。在虾安全的前提下，允许进行一定浓度的施肥。养虾藕田的施肥，应以基肥为主，约占总施肥量的 70.0%，同时，适当搭配化肥。施追肥时要注意气温低时多施，气温高时少施。为防止施肥对小龙虾的生长造成影响，可采取半边先施、半边后施的方法，交替进行。

(6) 捕捞

在藕田饲养小龙虾，可用虾笼等工具进行分期分批捕捞，也可一次性捕捞。一次性捕捞是指在捕捞之前，将虾爱吃的动物性饲料集中投喂在水坑水沟中，同时采取逐渐降低水位的方法，将虾集中在水坑水沟中进行捕捞。

96. 怎样在芡实池中养殖小龙虾?

芡实，俗称“鸡头米”，性喜温暖，不耐霜冻、干旱，生长期间不能离水，全生育期为 180~200 天，是滨湖圩内发展避洪农业的高产、优质、高效经济作物。芡实集药用、保健于一体，有良好的市场前景，发展潜力很大。依据芡实池内水资源丰富的特点，在芡实池内饲养小龙虾，是完全可行的。

(1) 池塘准备

池塘要求光照好，池底平坦，池埂坚实，进、排水方便，不渗漏，水源充足，水质清新，水底土壤以疏松、中等肥沃的黏泥为好，带沙性的溪流和酸性大的污染水塘不宜栽种。池塘底泥厚 30.0~40.0cm，面积 3 000.0m^2 左右，平均水深 1.0m。开挖好围沟、水坑，目的是在高温、芡实池浅灌、追肥时为虾提供藏身之地及投喂和观察其吃食、活动情况。

（2）防逃设施

防逃设施简单，用硬质塑料薄膜埋入土中 20.0cm，土上露出 50.0cm 即可。

（3）施肥

在种植芡实前 10~15 天，按照每亩面积撒施发酵鸡粪等有机肥 600.0~800.0kg，耕翻耙平，然后用 90.0~100.0kg 生石灰消毒。为促进植株健壮生长，可在 8 月盛花期追施磷酸二氢钾 3~4 次。施用方法可用带细孔的塑料薄膜小袋，内装 20.0g 左右速效性磷肥，施入泥下 10.0~15.0cm 处，每次追肥变换位置。

（4）芡实栽培

① 种子播种。芡实要适时播种，春、秋两季均可，尤以 9—10 月的秋季为好。播种时，选用新鲜饱满的种子撒在泥土稍干的塘内。若春雨多，池塘水满，在 3—4 月春播种子不易均匀撒播时，可用湿润的泥土捏成小土团，每团渗入种子 3~4 粒，按瘦塘 130.0~170.0cm，肥塘 200.0cm 的距离投入 1 个土团，种子随土团沉入水底，便可出苗生长。

② 幼芽移栽。在往年种过芡实的地方，来年不用再播种。因其果实成熟后会自然裂开，有部分种子散落塘内，来年便可萌芽生长。当叶浮出水面，直径 15.0~20.0cm 时便可移栽。栽时，连苗带泥取出，栽入池塘中，覆好泥土，使生长点露出泥面，根系自然舒展开，使叶子漂浮水面，以后随着苗的生长逐步加水。

③ 水位调节。池塘的管理，主要通过池水深浅来调节温度。从芡实入池 10 余天到萌芽期，水深保持在 40.0cm，以后随着分支的旺盛生长，水深逐渐加深到 120.0cm，采收前 1 个月，水深再次降低到 50.0cm。

（5）小龙虾的放养与投饲

在芡实池中放养小龙虾，放养时间及放养技术和常规养殖也是有讲究的，一般在芡实成活且长出第一片叶后放虾种，为了提高饲养商品率，建议投放体长 2.5cm 左右的虾种，按照每亩水面内投放 1 500尾。小龙虾种下塘前用 3.0%食盐水浸泡 5～10 分钟，同时，搭配投放鲫鱼种 10 尾、鳙鱼种 20 尾，规格为每尾 20g 左右。不宜混养草食性鱼类如草鱼、团头鲂等鱼类，以防吃掉藕芽嫩叶等。

小龙虾棉种下塘后第三天开始投喂，选择水坑作投饲点，每天投喂 2 次，分别为 7：00—8：00、16：00—17：00，日投喂量为小龙虾苗总体重的 3.0%左右，具体投喂数量根据天气、水质、鱼吃食和活动情况灵活掌握。饲料为自制配合饲料，主要成分是豆粕、麦麸、玉米、血粉、鱼粉、饲料添加剂等，粗蛋白含量 30.0%，饲料为浮性，粒径 2.0～5.0mm，饲料定点投放在饲料台上。

（6）注水

当芡实幼苗浮出水面后，要及时调节株行间距，将过密的苗移到缺苗的地方。由于芡实的生长发育时期不同，对水分的要求也不同，故调节水量是田间管理的关键。要掌握“春浅、夏深、秋放、冬蓄”的原则。春季水浅，能受到阳光照射，可提高土温，利于虾苗生长；夏季水深，可促进叶柄伸长，6 月初水位升至最高，达到 1.2～1.5m；秋季适当放水，能促进果实成熟；冬季蓄水可使种子在水底安全度冬。值得注意的是，在不同时期进行注水时，一定要兼顾小龙虾的需水要求。

（7）疾病防治

防病主要是针对芡实而言的，芡实的主要病害是霜霉病，可用500倍代森锌液喷洒或代森铵粉剂喷撒。芡实的主要虫害是蚜虫，可用40.0%乐果1 000倍液喷撒。

97. 怎样在茭白田中养殖小龙虾?

（1）池塘选择

水源充足、无污染、排灌方便、保水力强、耕层深厚、肥力中上等、面积在1亩以上的池塘均可用于种植茭白并养殖小龙虾。

（2）水坑修建

沿堤埂内四周开挖宽1.5~2.0m、深0.5~0.8m的环形水坑，池塘较大的中间还要适当地开挖中间沟，中间沟宽0.5~1.0m，深0.5m，环形水坑和中间沟内投放用轮叶黑藻、眼子菜、苦草、菹草等沉水性植物制作的草堆，塘边角还用竹子固定浮植少量漂浮性植物如水葫芦、浮萍等。水坑开挖的时间为冬春茭白移栽结束后，总面积占池塘总面积的8%，每个水坑面积最大不超过200m²，可均匀地多开挖几个水坑，开挖深度为1.2~1.5m，开挖位置选择在池塘中部或进水口处，水坑的一边要靠近池埂，以便于投喂和管理。开挖水坑的目的是在于施用化肥、农药时，让小龙虾集中在水坑避害，在夏季水温较高时，小龙虾可在水坑中避暑；方便定点在水坑中投喂饲料，饲料投入水坑中，也便于检查龙虾的摄食、活动及虾病情况；水坑亦可作为防旱蓄水等。在放养小龙虾前，要将池塘进、排水口安装网栏设施。

(3) 防逃设施

防逃设施简单，用硬质塑料薄膜埋入土中20.0cm，土上露出50.0cm即可。

(4) 施肥

每年的2—3月种植茭白前施底肥，按照每亩面积用腐熟的猪、牛粪和绿肥1 500.0kg，钙镁磷肥20.0kg，复合肥30.0kg。翻入土层内，耙平耙细，肥泥整合，即可移栽茭白苗。

(5) 选好茭白种苗

在9月中旬至10月初，于秋茭采收时进行选种，以浙茭2号、浙茭911、浙茭991、大苗茭、软尾茭、中介壳、一点红、象牙茭、寒头茭、梭子茭、小腊茭、中腊台、两头早为主。选择植株健壮，高度中等，茎秆扁平，纯度高的优质茭株作为留种植株。

(6) 适时移栽茭白

茭白用无性繁殖方法种植，长江流域于4—5月选择那些生长整齐，茭白粗壮、洁白，分蘖多的植株作为种株。用根茎分蘖苗切墩移栽，母墩萌芽高33.0~40.0cm时，茭白有3~4片真叶。将茭墩挖起，用利刃顺分蘖处劈开成数小墩，每墩带匍匐茎和健壮分蘖芽4~6个，剪去叶片，保留叶鞘长16.0~26.0cm，减少蒸发，以利提早成活，随挖、随分、随栽。株行距按栽植时期，分墩苗数和采收次数而定。双季茭采用大小行种植，大行行距1.0m，小行80.0cm，穴距50.0~65.0cm，在每亩面积内1 000~1 200穴，每穴6~7株苗。栽植方式以45°斜插为好，深度以根茎和分蘖基部入土，而分蘖苗芽稍露出水面为度，定植3~4天

后检查 1 次。如栽植过深的苗，稍提高使之浅些。如栽植过浅的苗，宜再压下使之深些，并做好补苗工作，以确保全苗。

（7）放养小龙虾

在茭白苗移栽前 10 天，对水坑进行消毒处理。新建的水坑，一定要先用清水浸泡 7~10 天后，再换新鲜的水继续浸泡 7 天后才能放虾，每亩面积可放养 2.0~3.0cm 的小龙虾虾种 0.5 万~1.0 万尾，应将小龙虾种投放在浅水及水葫芦浮植区；在小龙虾种投放时，用 3.0%~5.0%的食盐水浸浴鱼种 5 分钟，以防疾病的发生。同时，每亩水面放养鲢、鳙鱼各 50 尾，每天投喂精料 1 次，投料 1.0~2.5kg。

（8）科学管理

① 水质管理。茭白池塘的水位应根据茭白生长发育特性灵活掌握，以“浅-深-浅”为原则。萌芽前灌浅水 30.0cm，以提高土温，促进萌发；栽后促进成活，保持水深 50.0~80.0cm；分蘖前仍宜浅水 80.0cm，促进分蘖和发根；至分蘖后期，水深加深至 100.0~120.0cm，控制无效分蘖。7—8 月高温期，宜保持水深 130.0~150.0cm，并做到经常换水降温，以减少病虫危害。雨季宜注意排水，在每次追肥前后几天，需放干或保持浅水，待肥吸收入土后再恢复到原来水位。每半个月投放一次水草，沿田边环形沟和田间沟多点堆放。

② 饲料投喂。根据季节辅喂精料，如菜饼、豆渣、麦麸皮、米糠、蚯蚓、蝇蛆、渔用颗粒饲料和其他水生动物等。可投喂自制混合饲料或者购买鱼类专用饲料，也可投喂一些动物性饲料如螺蚌肉、鱼肉、蚯蚓或捞取的枝角类、桡足类、动物屠宰厂的下脚料等，沿田边四周浅水区定点多点投喂。投喂量一般为虾体重的 5.0%~10.0%，采取“四定”投喂法，傍晚投料要占全日量

的70.0%。每天投喂两次饲料，早8：00—9：00投喂1次，傍晚18：00—19：00投喂1次。

③ 合理施肥。茭白植株高大，需肥量大，应重施有机肥作基肥。基肥常用人畜粪、绿肥，追肥多用化肥，宜少量多次，可选用尿素、复合肥、钾肥等，禁用碳酸氢铵；有机肥应占总肥量的70.0%；基肥在茭白移植前深施；追肥应采用“重、轻、重”的原则，具体施肥可分4个步骤：在栽植后10天左右，茭株已长出新根成活，第一次追肥按照每亩面积施人粪尿肥500.0kg，称为提苗肥；第二次追肥在分蘖初期每亩面积施人粪尿肥1 000.0kg，以促进生长和分蘖，称为分蘖肥；第三次追肥在分蘖盛期，如植株长势旺盛，可免施追肥；第四次追肥在孕茭始期，每亩面积施腐熟粪肥1 500.0~2 000.0kg，称为催茭肥。

④ 茭白用药。应对症选用高效低毒、低残留、对混养的虾没有影响的农药，如杀虫双、叶蝉散、乐果、敌百虫、井冈霉素、多菌灵等。禁用除草剂及毒性较大的呋喃丹、杀螟松、三唑磷、毒杀酚、波尔多液、五氯酚钠等，慎用稻瘟净、马拉硫磷。粉剂农药在露水未干前使用，水剂农药在露水干后喷洒。施药后及时换注新水，严禁在中午高温时喷药。

孕茭期有大螟、二化螟、长绿飞虱，应在害虫幼龄期，按照每亩面积用50.0%杀螟松乳油100.0g加水75~100kg泼浇或用90.0%敌百虫和40.0%乐果1 000.0倍液在剥除老叶后，逐棵用药灌心。立秋后发生蚜虫、叶蝉和蓟马，可用40.0%乐果乳剂1 000.0倍、10.0%叶蝉散可湿性粉剂200.0~300.0g加水50.0~75.0kg喷洒，茭白锈病可用1：800倍敌锈钠喷洒，效果良好。

（9）茭白采收

茭白按采收季节可分为一熟茭和两熟茭。一熟茭，又称单季茭，在秋季日照变短后才能孕茭，每年只在秋季采收1次。春种

的一熟茭栽培早，每墩苗数多，采收期也早，一般在 8 月下旬至 9 月下旬采收。夏种的一熟茭一般在 9 月下旬开始采收，11 月下旬采收结束。茭白成熟采收的标准是，随着基部老叶逐渐枯黄，心叶逐渐缩短，叶色转淡，假茎中部逐渐膨大和变扁，叶鞘被挤向左右，当假茎露出 1.0～2.0cm 的洁白茭肉时，称为“露白”，为采收最适宜时期。夏茭孕茭时，气温较高，假茎膨大速度较快，从开始孕茭至可采收，一般需 7～10 天。秋茭孕茭时，气温较低，假茎膨大速度较慢，从开始孕茭至可采收，一般需要 14～18 天。不同品种孕茭，至采收期所经历的时间不同。茭白一般采取分批采收，每隔 3～4 天采收 1 次。每次采收都要将老叶剥掉。采收茭白后，应该用手把墩内的烂泥培上植株茎部，既可促进分蘖和生长，又可使茭白幼嫩而洁白。

（10）收虾

5 月开始可用地笼、小龙虾笼开始对小龙虾捕捞收获，将地笼固定放置在茭白塘中，每天早晨将进入地笼的小龙虾收取上市。直至 6 月底可放干茭白塘的水，彻底收获。有条件的可实行小龙虾的两季饲养。

98. 怎样在菱角田里养殖小龙虾?

菱角又称菱、水栗等，是一年生浮叶水生草本植物，菱肉含淀粉、蛋白质、脂肪，嫩果可生食，老熟果含淀粉多，或熟食或加工制成菱粉。收菱后，菱盘还可当做饲料或肥料。

（1）菱塘的选择和建设

菱塘应选择在地势低洼、水源条件好、灌排方便的地方。菱塘的面积一般以 0.5～1.0hm^2 为宜，在水深不超过 150.0cm、风浪不大、底土松软肥沃的河湾、湖荡、沟渠、池塘种植菱。

（2）菱角的品种选择

菱角的品种较多，有四角菱、两角菱、无角菱等，从外皮的颜色上又可分为青菱、红菱、淡红菱3种。四角菱类有馄饨菱、小白菱、水红菱、沙角菱、大青菱、邵伯菱等；两角菱类有扒菱、蝙蝠菱、五月菱、七月菱等；无角菱仅有南湖菱一种。最好选用果形大、肉质鲜嫩的水红菱、南湖菱、大青菱等作为种植品种。

（3）菱角栽培

① 直播栽培菱角。在2.0m以内的浅水中塘中种菱，多用直播。一般在温度稳定在12℃以上时播种，例如长江流域宜在清明前后7天内播种，而京、津地区可在谷雨前后播种。播前先催芽，芽长不要超过1.5cm。播时先清池，清除野菱、水草、青苔等。播种方式以条播为宜，条播时，根据菱池地形，划成纵行，行距2.6~3.0m，每亩面积用种量为20.0~25.0kg。

② 育苗移栽菱角。在水深3.0~5.0m地方，直播出苗比较困难，即使出苗，苗也纤细瘦弱，产量不高，此时可采取育苗移栽的方法。一般可选用向阳、水位浅、土质肥、排灌方便的池塘作为苗地，实施条播。育苗时，将种菱放在5.0~6.0cm浅水池中利用阳光保温催芽，5~7天换1次水。发芽后移至繁殖田，等茎叶长满后再进行幼苗定植，每8~10株菱盘为一束，用草绳结扎，用长柄铁叉叉住菱束绳头，栽植水底泥土中，栽植密度按株行距1.0m×2.0m或1.3m×1.3m定穴，每穴种3~4株苗。

（4）小龙虾苗种的放养

在菱塘里放养小龙虾苗种，方法与茭白塘放养小龙虾苗种基

本上是一致的。在菱塘苗移栽前 10 天，对池塘进行消毒处理。在虾种投放时，用 3.0%~5.0%的食盐水浸浴虾种 5 分钟，以防小龙虾的疾病发生。同时配养规格为 15.0cm 左右的鲢、鳙或 7.0~10.0cm 的鲫 30 尾。

在菱角和小龙虾的生长过程中，菱塘管理要着重抓好以下几点。

① 建菱垄。等直播的菱苗出水后，或菱苗移栽后，就要立即建菱垄，以防风浪冲击和杂草漂入菱群。方法是在菱塘外围，打下木桩，木桩长度依据水的深浅而定，通常要求入土 30.0~60.0cm，出水 1.0m，木桩之间围捆草绳，绳直径 1.5cm，绳上系水花生，每隔 33.0cm 系一段。

② 除杂草。要及时清除菱塘中的槐叶萍、水鳖草、水绵、野菱等，由于菱角对除草剂敏感，必要时，进行手工除草。

③ 水质管理。移栽前对水域进行清理，清除杂草水苔，捕捞草食性鱼类。为提高产品质量，灌溉水一定要清洁无污染。生长过程中，水层不宜大起大落，否则影响分支成苗率。移栽后到 6 月底，保持菱塘水深 20.0~30.0cm，增温促蘖，每隔 15 天换水 1 次。7 月后随着气温升高，菱塘水深逐步增加到 45.0~50.0cm。在盛夏可将水逐渐加深到 1.5m，最深不超过 2.0m。采收时，为方便操作，水深降到 35.0cm 左右。从 7 月开始，要求每隔 7 天换水 1 次，确保菱塘水质清洁，在红菱开花至幼果期，更要注意水质。

④ 施肥。菱苗栽后 15 天已基本活棵，按照每亩面积撒施 5.0kg 尿素提苗，1 个月后猛施促花肥，施磷酸二铵 10.0kg，促早开花，争取前期产量。初花期可进行叶面喷施磷、钾肥，方法是在 50.0kg 水中加 0.5~1.0kg 过磷酸钙和草木灰，浸泡一夜，取其澄清液，每隔 7 天喷洒 1 次，共喷洒 2~3 次。以 8：00—9：00，16：00—17：00 喷肥为宜。等全田 90.0%以上的菱盘结

有3~4个果角时，再施入三元复合肥15.0kg，称为结果肥。以后每采摘1次即施入复合肥10.0kg左右，连施3次，以防早衰。

⑤ 病虫害防治。菱角的虫害主要有菱叶甲、菱金花虫等，特别是初夏雾雨天后，虫害增多，一般农药防治用80.0%杀虫单400倍液、18.0%杀虫双500倍液，如发现蚜虫，用10.0%吡虫啉2 000倍液进行喷杀。

菱角的病害主要有菱瘟、白烂病等，在闷热湿度大时易发生。防治方法：一是采用农业防治，就是勤换水，保持水质清洁；二是在初发时，应及时摘除，晒干烧毁或深埋病叶；三是化学防治，发病用50.0%甲基托布津1 000倍液喷雾或50.0%多菌灵600~800倍液喷雾，从始花期开始，每隔7天喷药1次，连喷2~3次。

（5）加强投喂

根据季节辅喂精料，如菜饼、豆渣、麦麸皮、米糠、蚯蚓、蝇蛆、颗粒饲料和其他水生动物等。可投喂自制混合饲料或者购买鱼饲料，定时定量进行投喂。投喂量一般为鱼虾体重的5.0%~10.0%，采取“四定”投喂法，傍晚投料要占全日量的70.0%。

（6）菱角采收

菱角采收，自处暑、白露开始，到霜降为止，每隔5~7天采1次，共采收6~7次。采菱时，要做到“三轻”和“三防”。所谓“三轻”，即提盘轻，摘菱轻，放盘轻；所谓“三防”，即一防猛拉菱盘，植株受伤，老菱落水；二防采菱速度不一，老菱漏采，被船挤落水中；三防老嫩一起抓。总之，要老嫩分清，将老菱采摘干净。

99. 怎样在水芹池塘中养殖小龙虾？

（1）水芹–小龙虾轮作原理

水芹菜既是一种蔬菜，也是水生动物的一种好饲料，其种植时间和小龙虾的养殖时间明显错开，双方能起到互相利用空间和时间的优势，在生态效益上也是互惠互利的。许多水芹种植地区已经开始把它们作为主要的轮作方式之一，取得了明显的效果。

水芹菜是冷水性植物，每年 8 月开始育苗，9 月开始定植。也可以一步到位，直接放在池塘中种植即可。11 月底开始向市场供应水芹菜，直到翌年 3 月初结束。3—8 月基本上是处于空闲状态，而这时正是小龙虾养殖和上市的高峰期。两者结合可以将池塘全年综合利用，经济效益明显，是一种很有推广前途的种养相结合的生产模式。

（2）田块改造

水芹田面积的大小以 0.3hm^2 为宜，最好是长方形，以确保供虾打洞的田埂更多，在田块周围按稻田养殖的方式开挖环沟和中央沟，沟宽 1.5m，深 75cm。开挖的泥土除了用于加固池埂外，主要是放在离沟 5.0m 左右的田地中，做成一条条的小埂，小埂宽 30.0cm 即可，长度不限。

水源要充足，排灌要方便，进、排水要分开，进、排水口可用 60 目的网布扎好，以防虾从水口逃逸以及外源性敌害生物侵入。田内除了小埂外，其他部位要平整，方便水芹菜的种植，溶氧量要保持在 5.0mg/L。

为了防止小龙虾在下雨天或因其他原因逃逸，防逃设施是必不可少的。根据经验，只要在放虾前两天做好就行，材料多样，可以就地取材，最经济实用的是用 60.0cm 的纱窗埋在埂上，入土 15.0cm，在纱窗上端缝一宽 30cm 的硬质塑料薄膜就可以了。

(3) 放养前的准备工作

① 清池消毒。可用鱼藤酮、茶粕、生石灰、漂白粉等药物杀灭青蛙卵、黄鳝、泥鳅及其他水生敌害生物和寄生虫等。

② 水草种植。在有水芹的区域里不需要种植水草，但是在环沟里还是需要种植水草的。这些水草对于小龙虾度过盛夏高温季节是非常有帮助的。水草品种优选轮叶黑藻、马来眼子菜和光叶眼子菜；其次可选择苦草和伊乐藻，也可用水花生和空心菜。水草种植面积宜占整个环沟面积的 40.0%左右。另外，进入夏季后，如果池塘中心的水芹还存在或有较明显的根茎存在时，就不需要补充草源；如果水芹已经全部取完，必须在 4 月底前及时移栽水草，确保小龙虾的养殖成功。

③ 堆肥培水。在小龙虾放养前 1 周左右，亩施用经腐熟的有机肥 200.0kg，用来培育浮游生物。

(4) 小龙虾虾苗放养

在种植水芹菜区域里轮作小龙虾，放养龙虾种是有讲究的。由于 8 月底到 9 月初是水芹的生长季节，而此时正值小龙虾亲虾放养的极好时机。经过试验，此时放入小龙虾亲虾后，它们会在一夜间快速打洞，并钻入洞穴中抱卵孵幼，并不出来危害水芹的幼苗，偶尔出洞的也只是极少数个体。这些抱卵小龙虾是保证来年产量的基础。因此，建议虾农可以在 9 月中旬放养抱卵小龙虾。

如果有的小龙虾养殖业者不放心，担心小龙虾会出来夹断水芹菜的根部，导致水芹菜减产，那么可以选择另一种放养模式，就是在第二年的 3 月底，按照每亩面积放养规格为 500 尾/kg 的

小龙虾幼虾 35.0kg。放养时选择晴天的上午 10：00 左右为宜，放养前经过试水和调温后，确保水温差在 4℃以内。

（5）饲养管理

① 水质调控。池水调节：放养抱卵亲虾的池塘，在入池后，任其打洞穴居，不要轻易改变水位，一切按水芹菜的管理方式进行调节。放养幼虾的池塘，在 4—5 月水位控制在 50.0cm 左右，透明度在 20.0cm 就可以了，6 月以后要经常换水或冲水，防止水质老化或恶化，保持透明度在 35.0cm 左右，pH 值 6.8~8.4。注冲新水：为了促进小龙虾蜕壳生长和保持水质清新，定期注冲新水是一个非常好的举措，也是必不可少的技术。从 9 月到翌年的 3 月基本上不用单独为小龙虾换冲水，只要进行正常的水芹菜管理就可以了；从 4 月开始直到 5 月底，每 10 天注冲水 1 次，每次 10.0~20.0cm；6—8 月中旬，每 7 天注冲水 1 次，每次 10.0cm。生石灰泼洒：从 3 月底直到 7 月中旬，每半月可用生石灰化水泼洒 1 次，每次用量为 15.0kg/亩，可以有效地促进小龙虾的蜕壳。

② 饲料投喂。在小龙虾养殖期间，小龙虾除可以利用春季留下未售的水芹菜叶、菜茎、菜根和部分水草外，还是要投喂饲料的，具体的投喂饲料种类及投喂方法与前面介绍的一样。

③ 日常管理。在小龙虾生长期间，每天坚持早、晚各巡塘 1 次，主要是观察小龙虾的生长情况，以及检查防逃设施的完好性，看看池埂有无被小龙虾打洞造成漏水的情况。

（6）小龙虾的病害防治

首先是预防敌害侵袭，包括水蛇、水老鼠、水鸟等；其次是发现疾病或水质恶化时，要及时处理。

（7）捕捞

小龙虾的捕捞，采取捕大留小、天天张捕的办法，从4月开始，坚持每天用地笼在环形沟内张捕，8月在栽水芹菜前排干池水，用手捉捕。对于那些已经入洞穴居的小龙虾，不要挖洞，任其在洞穴内生活。

100. 如何捕捞小龙虾？

因为小龙虾具有生长快的特点，从放养到收获只需很短的时间。又由于小龙虾是蜕壳生长的，在饲养过程中个体之间生长速度可能出现比较大的差异，即使放养规格较为整齐的苗种，收获也并不是同步的。为了提高单位面积内的养殖产量，减少在养殖过程中出现的因个体差异引起的相互蚕食现象，降低养殖水体的生物承载量，当一些生长快的个体达到商品虾规格时，就应当及时采用轮捕轮放的方法将其捕捞上市。捕捞小龙虾的方法有很多，归纳起来主要有如下几种方法是比较常用的。

（1）地笼网捕捞法

地笼网有可以分为2种：一种是体积较大的定置地笼网，不需要每天重复收起、放下，每天只要分2次（对小龙虾多的池塘也许需要更多次数）从笼梢中取出小龙虾即可。每隔7～10天收起地笼网冲洗1次，洗干净后再放入池中重复使用；另一种地笼网体积较小，每天必须数次重复放下、收起、取虾。

目前，使用比较多、效果比较好的捕捞小龙虾的方法，也就是采用地笼网捕捞。用地笼网捕虾需要注意以下几点：一是在捕捞前禁止使用任何药物或起捕日期必须定在休药期之后；二是购买地笼网时要注意其制造工艺和质量，选择捕获量高的地笼网；

三是地笼网的网眼大小要选择好，不可卡住未达到上市规格的虾种及虾苗；四是下好地笼网后，笼梢必须高出水面，有利于进笼的小龙虾透气；五是下好地笼网后要注意经常观察，地笼网中的小龙虾数量不可堆积过多，否则会造成窒息而死亡；六是地笼必须贴近底部且放置平直；七是选择水草边下地笼，水草过多无法下笼，而水草过少捕捞效果差；八是适时更换下笼地点；九是当起获量少时，考虑降低水位促虾出洞捕捞法；十是使用地笼网7~10天后必须进行彻底的冲洗、曝晒，有利于提高捕获量；最后是捕获起的虾要及时进行分拣，未达上市规格的虾要及时放回原池中，不可挤压，不可离水时间过长（图7-1）。

图7-1　地笼网捕虾

（2）虾笼捕捞小龙虾的方法

用竹篾或者金属丝编制成直径为10cm的“丁”字形筒状笼子，2个入口置有倒须，虾只能进不能出（图7-2）。在笼内放入面粉团、麦麸等诱饵，引诱小龙虾进入觅食，进行捕捉。通常在傍晚放置虾笼，早晨收集虾笼取虾，挑选大规格商品虾销售，小的放回池中继续进行养殖（图7-3）。

图 7-2　地笼网捕虾

图 7-3　金属丝编制成捕捞小龙虾虾笼

（3）其他捕捞方法

① 抄网捕捞法。该网又称为手抄网，制作工艺简单，使用方便。捕虾时，用手抄网在水生植物或人工虾巢下方抄捕，捕大留小，对水生植物区逐块抄捕，捕捞效果较好。

② 虾球捕捞法。用竹片编制成直径为 60.0~70.0cm 的扁圆形空球，内填竹梢、刨花等。顶端系一塑料绳，用泡沫塑料做浮子即可。将虾球放入池塘或其他养殖水域中，然后定期用手抄网将集于虾球上的小龙虾捕上来。

③ 拖网捕捞法。用聚乙烯网片制作，类似捕捞夏花鱼种的渔网。拖网主要用于集中大捕捞，先将养殖小龙虾的池水排出大部分，再用拖网拖捕。此外，还可采取放水捕虾和干塘捕虾，最后将虾全部起捕上来。

④ 吊线捕捞法。利用小龙虾喜食动物性饲料的习性，在竹竿或长棍的一端系上网线或棉线，网线或棉线长为 1.5~2.0m，在网线或棉线下垂一端绑上蚌肉或其他肉类。捕捉时，手执竹竿或长棍的另一端，将绑肉一端垂入水中，引诱小龙虾摄食。当小龙虾摄食时，提起竹竿或长棍将小龙虾捕获。这种方法捕捞量少，仅供人们休闲垂钓时用。

101. 怎样进行商品小龙虾的运输？

小龙虾在运输过程中经常会出现大量死虾现象，因此提高运输存活率已成为关系到小龙虾产业发展的重要环节，下面列举几种方法。

（1）低温运输法

目前，运输小龙虾成虾多数采用低温干法运输。

首先，要挑选体格健壮、刚捕捞起来的小龙虾。竹筐、塑料泡沫箱均可用做运输容器，最好每个竹筐或塑料泡沫箱装同样规格的小龙虾。先将小龙虾码上一层，用清水冲洗干净，再码第二层，码到最上一层后，铺一层塑料编织袋，浇上少量水后撒上一层碎冰，每个装虾的容器要放 1.0~1.5kg 碎冰，盖上盖子封好。

用塑料泡沫箱作为装成虾的容器时，要事先在泡沫箱上开几个孔，以更透气。

其次，要计算好运输时间。正常情况下，运输时间控制在4~6小时。如果运输时间长，就要中途再次打开容器浇水撒冰；如果不打算在中途加水加冰，应事先多放些冰，防止小龙虾由于在长时间的高温干燥条件下大量死亡。装虾的容器不要码放得太高，正常在5层以下，以免堆积，压死小龙虾。在小龙虾的储藏与运输过程中，死亡率正常控制在2%~4%，超过这个比例，就要改进储运方案。

（2）其他方法

这里主要介绍“充氧运输法”和“麻醉保活法”。

充氧运输法：尼龙塑料袋充氧运输方法是鱼类等其他水产动物活体运输最常用的方法之一，小龙虾也可以借鉴应用，但更适用于幼虾或虾苗的活体运输。首先在尼龙塑料袋中先加入1/4的水，再把虾装入袋内，使水淹没虾体，排出空气后立即充入纯氧，并进行快速密封，袋中水与氧气的体积比为1∶3。如果运输过程中技术措施运用得当（为防止虾体因活动而刺破塑料袋，最好结合低温贮运法，减少龙虾活动量），也可以得到较高的成活率。

麻醉保活法：此法采用麻醉剂抑制虾类的中枢神经，使其失去反射功能，降低呼吸和代谢强度，达到保活的目的。操作方法简便，而且把虾放入清水后即可很快恢复活力，存活率通常较高。目前已经应用的水产品的麻醉剂主要有MS-222、盐酸普鲁卡因、盐酸苯佐卡因、碳酸和二氧化碳、乙醚、喹哪丁、尿烷、弗拉西迪耳和三氯乙酸等。谢慧明等的研究结果表明，MS-222虽然可以作为安全广泛的麻醉剂，但对小龙虾没有麻醉作用；乙醚对小龙虾的麻醉效果明显，但存活率较低；丁香油（主要成分

为丁香酚）安全无毒，能在 6 小时内有效的降低小龙虾的耗氧量，麻醉效果显著，可作为小龙虾保活运输的麻醉剂。丁香油-乙醇水溶液在 80mg/L 质量浓度以下时，对小龙虾均有较好的麻醉效果，当质量浓度大于 160mg/L 时，小龙虾反应剧烈，麻醉过程无规律性，出现死亡。丁香油-乙醇水溶液质量浓度的合适范围为 20～80mg/L。而在 25～30℃时存放时，经 60mg/L 的丁香油-乙醇水溶液麻醉的小龙虾保活效果最佳（谢慧明等，2010）。

（3）注意事项

为了提高运输的成活率，减少不必要的损失，在小龙虾的运输过程中要注意以下几点。一是在运输前必须对小龙虾进行挑选，尽量挑选体格强壮、附肢齐全的个体进行运输，剔除体质差、病弱有伤的个体。二是需要运输的小龙虾要进行停食、暂养，让其肠胃内的污物排空，避免运输途中的污染。三是选择好的、合适的包装材料。短途运输只需用塑料周转箱，上、下铺设水草（如水花生等），中途保持湿润，防止脱水死亡即可；长途运输必须用带孔、隔热的硬泡沫箱、加冰、封口、低温下运输，每隔 3～4 小时，用清洁水喷淋或撒冰一次，以确保虾体具有一定的湿润性。四是包装过程中要码放整齐，叠放不宜过高，一般不超过 40cm，否则会造成底部的虾因受挤压而死亡。五是运输途中防止风吹、暴晒和雨淋，尤其是环境温度的控制很重要，保持在 15℃左右为宜；但在有条件的情况下，整个运输过程中温度应控制在 1～7℃，使小龙虾处于半休眠状态，以减少氧气的消耗及小龙虾的活动量，并保持一定的湿度，提高运输的成活率。

第八章　小龙虾的病害防治

102. 已经证实能引起小龙虾病毒性疾病的病毒有哪些种类?

关于小龙虾体内存在的病毒，已经有大量的研究报道。在各种小龙虾体内中存在的多种病毒，部分病毒是可以导致包括对虾在内的其他水生动物的大量死亡的致病性病毒。但是有关小龙虾病毒性疾病的研究现在积累的知识还是非常有限的，对小龙虾病毒性疾病开展实验研究还只是最近 10 年的事情。到现在为止的研究结果，只证实了白斑综合征病毒（White spot syndrome virus，WSSV）能引起小龙虾的病毒性疾病，其他的病毒尚未证实是否会引起人工养殖小龙虾疾病的大范围流行。不过，已经完成的实验性研究结果证明部分种类的病毒对小龙虾是具有高致病性的，在这部分高致病性病毒中就包括了已经引起世界范围内对虾养殖业巨大损失的 WSSV。有人通过对小龙虾饲喂有病毒感染的对虾组织，证明了可以将对虾 WSSV 病传染给小龙虾，并且导致小龙虾患病毒病死亡，其死亡率甚至可以高达 90%以上。因此，用未经蒸煮消毒过的甲壳类（包括小龙虾）肌肉和内脏喂养小龙虾，存在传播病毒病的危险，是不可取的。

103. 在小龙虾体内发现的病毒有哪些种类?

到现在为止，从小龙虾体内发现的病毒有如下一些种类。

属于脱氧核糖核酸（DNA）和推定的脱氧核糖核酸（DNA）病毒，主要有属于核内杆状病毒（类杆状病毒）：如小龙虾杆状病毒、蓝魔虾杆状病毒、贵族螯虾杆状病毒等。

属于核糖核酸（RNA）和推定的核糖核酸（RNA）病毒，主要有呼肠孤病毒：如澳洲红螯螯虾肝胰腺呼肠孤样病毒（CqHRV）等。尚未确定分类地位的病毒有2种：贵族螯虾鳃上分离的一种病毒和蓝魔虾中分离的一种病毒

104. 为什么对小龙虾的疾病要提倡以防为主?

“以防为主，防重于治”是防治水产养殖动物疾病的基本方针。强调疾病的预防之所以对人工养殖小龙虾特别重要，其一是因为小龙虾在疾病的发生初期难以被及时发现，当患病后的小龙虾被养殖业者发现时，往往已经是整个小龙虾群都已经发展到了病入膏肓的危重阶段，此时，即使采取了正确的治疗措施也可能已经为时过晚，难以获得理想的疗效了。其二是因为对小龙虾实施集约化养殖，而对大量的养殖小龙虾同时给药是比较困难的，既不能做到像对待陆生饲养动物猪、牛一样逐尾口灌给药，也难以做到逐尾注射给药，患病后的小龙虾往往因为丧失食欲而不能摄食拌有治疗药物的饵料。其三是因为将拌有治疗疾病的药物饵料投放在养殖水体中以后，每尾小龙虾摄入的药物剂量就只能依靠小龙虾自由摄食饵料的多少决定了。通常的结果是不该摄食药物饵料的健康小龙虾因为食欲旺盛而摄食了大量药物饵料，而需要药物治疗的患病小龙虾则因为丧失了食欲反而没有摄食或者摄

食量过少，未能摄如能达到治疗疾病目的的药物量。其四是因为采用药物治疗人工养殖小龙虾的疾病时，难以避免因药物在水体中的扩散而导致对水环境的污染，特别是因为我国的水产养殖水体大多是开放式的，药物污染的危害可能因为养殖用水的随意排放而造成更大的危害。其五是因为当小龙虾患病后不仅会影响其生长，而且还会影响其商品价值。

105. 小龙虾的病毒性疾病预防措施研究状况如何？

如何控制病毒感染小龙虾的问题，现在所获得的研究仍然是非常有限的。在上面列出的病毒，不过是从很少数量的小龙虾体内观察或者分离到的，而且在同一水环境中往往也仅限于从某种动物中取样完成病毒分离工作。所以，现有的研究结果只能说明小龙虾体内有这些病毒存在，而这些病毒与小龙虾究竟是什么样的关系，尚缺乏深入研究。需要注意的是，关于这些可能诱发小龙虾病毒性疾病的病原生物与环境的关系也还缺乏研究。

其实，在对虾养殖业中已经积累了一些关于病毒性疾病的防控经验与对策，有些内容也是可以作为防控小龙虾病毒病的措施的。在20世纪90年代初期，病毒性疾病已经造成了美国对虾养殖业亿万美元的损失。在天然水域中病毒也可能是小龙虾的重要病原生物。

仅凭借现在已经获得的研究结果，还难以推测在已知的病毒中哪些种类是可能对小龙虾造成危害的。由于部分种类的病毒在小龙虾体内是广泛存在的，虽然在携带病毒的范围，地理位置方面，不同种群的小龙虾存在一些差异，但是共同的特点是所有小龙虾体内携带病毒的比例都是很高的，例如，通常100.0%的小龙虾都可能携带有贵族螯虾杆状病毒（Astacus bacilliform virus，AaBV）。有些病毒可能对小龙虾是具有致病性的，如寄生于小龙

虾肠道的核内杆状病毒就可能具有高致病性。即使毒力比较低的病原生物在恶劣的养殖环境中也可能引起小龙虾的疾病发生，或者对其正常的生长带来障碍，如 CqBV（*Cherax quadricarinatus* baciform virus）就能导致生长迟缓的现象发生。

在试验条件下，利用白斑综合征病毒（WSSV）人工感染的小龙虾可以导致严重的死亡率。但是 WSSV 对澳大利亚螯虾不同种群的致病性并不完全相同，人工感染试验结果表明，澳洲红螯螯虾容易受到 WSSV 的感染，但是受感染后的螯虾并不一定发病。在南美洲的小龙虾部分种群对 WSSV 就不易受感染。不过，关于澳大利亚螯虾不同种群对 WSSV 不同感受性的相关研究尚没有报道。

研究者们在濒临死亡的小龙虾体内已经分离到多种病毒，在没有发现其他主要的病原生物时，认为这些病毒可能就是引起小龙虾出现死亡的致病生物。有人在做了比较长期的观察研究后发现，螯虾盖蒂病毒样病毒（*Cherax Giardiavirus*-like virus，CGV）的感染与孵化后 8 周的幼虾产生 85%死亡率有关。因此，CGV 的感染对螯虾养殖池塘中澳洲红螯螯虾（*C. quadricarinatus*）幼虾的低存活率和体质不佳至少部分关系。

现在还没有治疗甲壳动物病毒病的有效方法，最好的对策就是严格管理措施，避免病毒感染虾群。在小龙虾养殖和病毒性疾病的防控方面，人们面临的一个严重问题就是处于天然环境中的小龙虾体内大多携带各种病毒性病原生物，养殖业者要获得无病毒感染的小龙虾种苗是比较困难的。如白斑综合征病毒，黄头杆状病毒，托拉病毒，肝胰腺细小病毒和杆状病毒等，这些病毒性病原生物在天然环境中的任何虾体内都是经常可以观察到的。而且，对虾养殖产业的持续需要从天然条件下获得大量野生亲虾用于繁殖。因此，对虾养殖业者为了获得没有病毒感染的对虾苗种，需要借助先进的诊断技术，而就需要增加一定的生产成本。

从这个方面来看，小龙虾的养殖业者如果能良好地把握小龙虾的生命周期，一旦在自己的养殖系统中放入适量的未被病毒感染的亲虾，就不需要不断地从野外捕捞可能已经被病毒感染的野生亲虾补充，可以有效地避免因为补充亲虾而将病毒带入自己的养殖系统中。

到现在为止，只有澳洲红螯螯虾杆状病毒（CqBV）和螯虾盖蒂病毒样病毒（CGV）等2种螯虾病毒的传播方式进行了比较深入地研究。这2种病毒都是经口传播的，可以饲喂被病毒感染的组织或者吞食有病毒附着的粒状物质而完成感染过程。不带病毒的澳洲红螯螯虾卵在水质良好（无病毒）的小型孵化池中孵化，并在水质良好的培育池中培育而成为幼虾。这样就可以有效地避免病毒性病原生物在小龙虾中传播，所谓的无特异性病原生物（Specific pathogen-free，SPF）的小龙虾，也可以被这样生产出来。

当然，对于小龙虾水产养殖系统而言，带病毒的亲虾并不是传播病毒性疾病的唯一传染源。其他的传染源还包括供水水源中的病毒、环境中的带病毒宿主（例如，野生螯虾，其他携带的病原生物能感染养殖小龙虾的甲壳纲动物，甚至水生昆虫等）。在小龙虾养殖过程中，放养无病原生物的虾苗，并且进行严密的检疫控制和科学管理，已经被证明是十分有效地控制病毒疾病的措施。

小龙虾的病毒性疾病主要是水平传播，经口感染，即由病虾排除的粪便带有病毒，污染了水体或饵料再由健康的虾吞入后感染，或健康虾吞食了病、死的虾而受感染，这已被各种实验所证实。但也不能排除有垂直感染的可能性，因为，从亲虾和虾苗上都可检出此种病毒，但还不能证实就是垂直感染，也可能是亲虾排除的粪便污染了水体后传给虾苗。

特别需要注意的是，虽然不少科学工作者已经在小龙虾体

内、外发现了不少病原生物，也证明了有些病原生物具有比较强的致病性。但是关于小龙虾病害防治措施则在研究中涉及的很少，一旦疾病发生，没有适宜的防治对策。此外，由于小龙虾具有蚕食同类的习性，虾群中一旦出现患病或者因带有大量病原生物而瘦弱的个体，就会被健康的小龙虾个体争相残食，被摄食螯虾体内的病原生物在这个过程中也完成了传播的过程。养殖业者很难针对这个病原生物传播过程，采取有效的预防措施。

106. 哪些养殖措施有助于预防小龙虾病毒病的发生?

对人工养殖的小龙虾要更注重对病毒性疾病的预防，下面一些基础防疫措施，对预防人工养殖小龙虾的病毒性疾病是很重要的。

（1）注重控制放养密度，实行粗放稀养的养殖

美国的路易斯安那州人工养殖淡水螯虾的历史有近百年了，所采用的主要养殖方式就是粗放稀养。淡水螯虾的养殖业者不盲目追求所谓集约化养殖，在实施“稻-螯虾-稻”（Rice-Crawfish-Rice）或者“稻-螯虾-大豆”（Rice-Crawfish-Soybean）的养殖方式下，一般的收获量为40kg左右/亩。正式由于种虾放养密度比较低，施行真正意义上的生态养殖，所以，多年来未见人工养殖的淡水螯虾有暴发性疾病发生。

放养种虾数量过多，饲养密度过大，管理措施不当，养殖水体环境恶化，导致人工养殖的淡水螯虾自身抗病力下降，是疾病暴发性发生的根本原因。而改变养殖方式，注重改善饲养环境，增强养殖小龙虾的自身的免疫能力，是避免疾病发生的根本途径。

（2）放养种虾前严格检疫，避免将病原生物带入养殖池塘

小龙虾体内携带的病毒、真菌、孢子虫等病原生物，一旦被带进新的养殖环境后，就难以将其再从养殖环境中彻底清除。如果这些病原生物引起了疾病的暴发，至今还没有有效的治疗方法。因此，在引进种苗时实施严格的检疫，避免将病原生物带进养殖环境中，对预防疾病的发生是至关重要的。

在亲虾和虾苗体内发现含该种病毒的比例很高，带有病毒的亲虾产出的卵及其培育的幼体也很可能被污染，因此，必须选择健康不带该病毒的虾作为亲虾。活虾是否带有该种病毒目前尚无检查方法，只能目检无外观症状、体色正常、健壮活泼者，需要时抽取几尾做病毒检测。选好的亲虾入池前用100.0mg/L福尔马林或10.0mg/L高锰酸钾海水溶液浸洗3~5分钟，以杀灭体表携带的病原体。受精卵用含氯67.0%左右的漂粉精5mg/L海水溶液浸洗5分钟；或用过滤海水并经紫外线消毒后冲洗5分钟。育苗用水应过滤和消毒，育苗期间切忌温度过高和滥用药物，应经常检查，发现病后适当用药。

（3）投喂新鲜而多样性饲料，及时清除残饵，经常对养殖环境消毒

由于对小龙虾全价专用饲料开发的程度尚不能满足养殖生产需求，养殖业者在保证饲料新鲜的前提下，尽量提供多样性的饲料以满足小龙虾的营养需求，是有利于疾病预防的。及时清楚残余饲料，防止因饲料腐败而滋生大量病原生物。根据水质状况，及时采用二氧化氯等消毒剂对养殖水体进行消毒，保持养殖水环境清新，对控制疾病发生是有益的。

（4）及时检测病毒

一旦发现病毒，严格防止池间互相污染。在病毒病流行季节应每天到虾池观察，发现淡水螯虾体色、吃食和活动异常，就应进一步采捕病虾用显微镜检查，诊断或疑为病毒病时，应严禁排水，防止疾病蔓延。确诊后应将虾池全部捕起，并彻底消毒池塘。病虾应销毁勿乱丢。

（5）养虾池中接种和培养光合细菌也可净化水质，防止虾病

已有研究结果证实，将沼泽红假单胞菌（*Phodopseudomonas palustris*）等光合细菌（photosynthetic bacteria）对各种养殖环境的水质具有净化作用。在水产养殖过程中，养殖业者除利用光合细菌净化和调节养殖水质外，还探讨了光合细菌对水产养殖动物体内微生态结构和生理机能的影响，部分研究者认为，对水产养殖动物给予光合细菌可以起到调节养殖动物体内微生态结构较理想的效果。可以通过调节水体和小龙虾体内的微生态结构，达到预防疾病发生的目的。

107. 引起小龙虾甲壳溃疡病的原因是什么？

已有研究结果证明，小龙虾的甲壳溃疡病与致病性细菌有关。细菌性甲壳病病原包括气单胞菌属（*Aeromonas*）、假单胞菌属（*Pseudomonas*）、枸橼酸杆菌属（*Citrobacter*）的部分细菌。

当小龙虾的外骨骼大部分区域被侵蚀时，往往对小龙虾是致命的。如下一些方法对防治这种疾病较为有用：一是运输和投放苗种时，不要堆压和损伤虾体。二是饲养期间，饲料要投足、投均匀，防止虾因饲料不足相互争食或残杀。三是发生此病，用每立方水体 15. 0~20. 0g 的茶粕浸泡液全池泼洒。四是每亩水面用 5. 0~6. 0kg 的生石灰化水后全池均匀泼洒，或用每立方水体 2. 0~3. 0g 的漂白粉化水后全池泼洒，可以起到较好的治疗效果，但是生石灰与漂白粉最好不要同时使用。

108. 小龙虾烂眼病（瞎眼病）的致病原因和症状如何?

小龙虾的烂眼病主要发生在温度比较高的季节，其主要症状是小龙虾的一只或两只眼睛被气单胞菌（Aeromonads）完全侵蚀（图 8-1）。

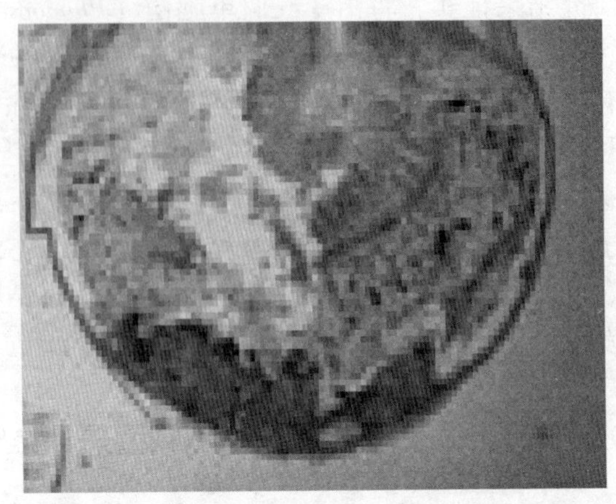

图 8-1　小龙虾烂眼病的光学显微镜图像（早期阶段）

小龙虾眼睛出现坏死通常是致命的，菌血症可能是小龙虾烂眼病的另一个病因。

109. 小龙虾烂鳃病的致病原因和症状如何?

小龙虾鳃表面通常会附着丝状藻类或者革兰阴性菌，还可能存在一些原生生物等，在正常情况下，鳃上附着这些微小生物不会导致严重后果（图 8-2）。但是小龙虾烂鳃病的发生通常与养殖环境水质恶化有关的，如果不采取适当的措施控制养殖水质，细菌等就会在鳃部大量增殖并破坏鳃组织，影响鳃组织对水过滤功能和对氧气的吸收，进而导致淡水螯虾机体缺氧而窒息死亡。

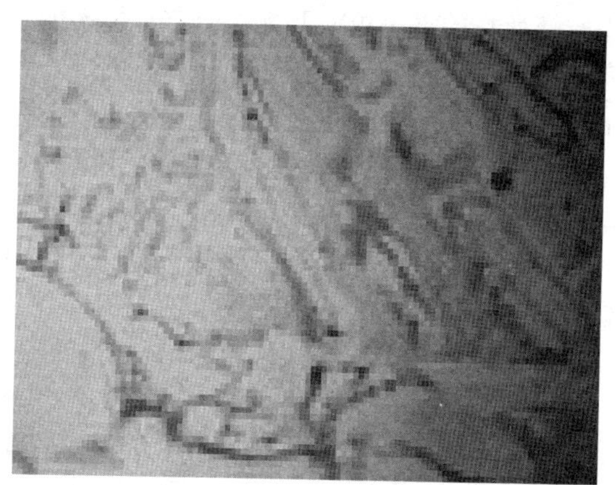

图 8-2　光学显微镜观察的小龙虾鳃丝上附着细菌的图像

对烂鳃病的防治要注意：一是经常清除小龙虾饲养池塘中的残饵、污物，注入新水，保持良好的水体环境，保持养殖环境的卫生安全，保持水体中溶氧量在 4.0mg/L 以上，避免水质被污染；二是用每立方水体 2.0g 的漂白粉化水全池泼洒，可以起到较好的治疗效果。

110. 有哪些原生动物可能导致小龙虾的疾病发生?

研究结果已经证实，有一些原生动物是小龙虾的病原体。如小龙虾的微孢子虫病（Microsporidiosis）、胶孢子虫病（Psorospermiasis）、四膜虫病（Tetrahymeniasis）、离口虫（Apostomes）等，都是由原生动物引起的。

可能是因为微孢子虫和胶孢子虫即使没有特别精良的仪器设备，也可利用非常基础的仪器设备进行研究。所以，人们对这 2 种能导致小龙虾死亡的寄生虫病开展的研究是最多的，虽然我们对这些疾病相关病原生物学知识还是相当有限的。寄生在小龙虾上的胶孢子虫的孢子在 100 多年前就有相关描述，但是它的分类学地位则直到 20 世纪 90 年代末才被搞清楚。

被寄生各种寄生虫的小龙虾是否就发生寄生虫疾病，与小龙虾所处的环境是有关的，也就是说这些寄生虫病也可以通过环境控制而得到有效预防。如四膜虫、离口虫的感染等，是可以通过环境改善等措施如换水或者减少养殖水体中有机物负荷达到有效地控制的。不过，由于人们关于微孢子、胶孢子虫等寄生虫的基本生物学特性尚缺乏深入了解，因此，对于小龙虾的这些寄生虫病尚没有特别有效的控制措施。

（1）微孢子虫病

微孢子虫病是频繁发生于小龙虾中的疾病，因为这种疾病发生后，患病螯虾肌肉显示明显白化的临床症状可以很容易地辨识（图 8-3）。

微孢子虫病在野生小龙虾种群中的感染率通常小于 1.0%。但是有少数报道认为这种寄生虫病的传播速度很快。因为微孢子虫病在野生小龙虾种群中检查到的相关报道比较多，因此，有人

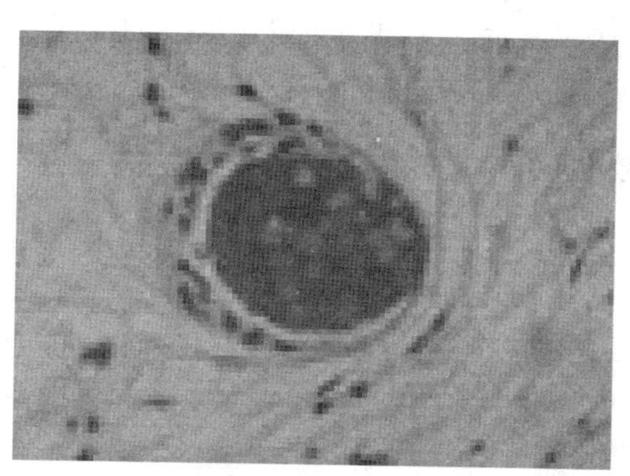

图 8-3　光学显微镜观察小龙虾感染结缔组织的一种未定种微孢子虫的图像（示包囊）

建议在小龙虾养殖中微孢子虫病作为重要的预防对象设计养殖管理措施。不过，在半集约化方式人工饲养的淡水螯虾中观察到的并非这样的情况，即在人工饲养的小龙虾中微孢子虫病很罕见。根据对人工饲养的小龙虾进行的微孢子虫流行病学调查结果，从野外收集小龙虾开始饲养后的第一年和第二年或多或少地受微孢子病的影响，而在以后的饲养过程中就没发现有微孢子虫感染的小龙虾了。虽然现在对这种现象的发生原因尚不清楚，推测可能是因为微孢子虫具有比较复杂的生活史，完成其生活史除了要求有小龙虾作为寄主之外，还需要有其他的宿主参与其繁殖过程，而这些宿主可能是被半集约式的小龙虾养殖方式排除在外的鱼或其他生物。

当然，上述推测还需要有试验结果的支持，至今还没成有功的试验报道。通过饲喂被微孢子感染的淡水螯虾组织给同一种类的健康小龙虾，已经证明了可以将微孢子传播感染成功，尤其是属于微孢子虫的病特别特汉虫（*Thelohania*）与类似特汉虫（*Thelohania*-like）。在欧洲，淡水螯虾中常见的微孢子虫主要有特汉虫属（*Thelohania*）和匹里虫属（*Pleistophora*）的一些种类，而特汉虫（*Thelohania contejeani*）是最为常见的微孢子虫。

（2）胶孢子虫病

最近，利用分子生物学技术，对寄生虫基因分析结果表明胶孢子虫是一种比较原始原生动物，与水生动物病理学中研究比较多的另一些原生动物，如皮下隔孢虫（*Dermocystidium*）、小瓜虫（*Ichthyophonus*）和瓣形虫（osette agent）等亲缘关系较近。在欧洲小龙虾体内感染的哈氏胶孢子虫（*Psorospermium haeckeli*），与感染澳大利亚螯虾和美国小龙虾的种类具有明显不同。虽然胶孢子虫对小龙虾不具有高致病性，但是在小龙虾养殖中发现在死亡的虾体内往往可以检查出大量的胶孢子虫。在大量死亡的小龙虾中凡是能检查到胶孢子虫寄生的个体，虫体大多是在伴有眼睛坏死的触觉腺中存在。

（3）四膜虫病

梨形四膜虫（*Tetrahymena pyriformis*）是小龙虾的机会致病生物。当条件适宜时也可能会感染小龙虾。纤毛虫可能通过表皮创面侵入小龙虾血腔，并且依靠小龙虾血细胞及其组织生活。组织学观察结果表明，被梨形四膜虫感染的小龙虾血腔中通常存在数量惊人的纤毛虫，通常鳃组织中也可以发现这种现象。在新鲜的鳃组织中，还可以观察到寄生虫依靠纤毛迅速移动，并且随着其纤毛圆周运动使小龙虾鳃组织遭受破坏。

（4）离口虫感染

在美国已经有小龙虾鳃上感染淡色多隔孢子虫（*Hyalophysa lwoffi*）的报道，但是相对于其他种类而言，这种寄生虫对小龙虾是危害很小的。

111. 小龙虾外部附着原生动物有哪些种类？

小龙虾的甲壳和鳃组织常常被原生动物附着或者寄生。原生动物发生严重感染通常是与恶劣的养殖水质相联系的，如果管理措施采用不当小龙虾就可能发生疾病。原生动物少量附着在小龙虾体表对其健康可能没有什么影响，如果大量附着在鳃部引起鳃组织不能正常活动，就可能危及小龙虾的正常呼吸了。对于价值比较高的小龙虾亲虾，也许可以采用福尔马林或者其他消毒剂浸泡以杀灭附着在小龙虾体表的原生动物。通常容易附着在小龙虾体表的原生动物主要包括累枝虫属（*Epistylus*）（图 8-4），聚缩虫属（*Zoothamnium*），水瓶草属（*Lagenophrys*），钟形虫属（*Vorticella*），壳吸管虫属（*Acineta*）的部分种类。

图 8-4　被累枝虫寄生的澳洲红螯螯虾

112. 小龙虾有哪些真菌病？

真菌病是小龙虾经常报道的最重要的疾病之一。能导致小龙虾的疾病主要有以下一些。

（1）螯虾瘟疫（crayfish plague）

在欧洲，早在150年前人们就开始了关注和研究小龙虾的疾病。在19世纪中期，不少科学工作者致力于主要发生在欧洲所谓的“螯虾瘟疫”的研究，当时这种疾病在小龙虾中广为流行，并对小龙虾造成很大危害。但是关于引起这种疾病的真正原因，到了20世纪初，才被研究者证明所谓的“螯虾瘟疫”就是由螯虾丝囊霉（*Aphanomyces astaci*）引起的一种真菌病（图8-5）。

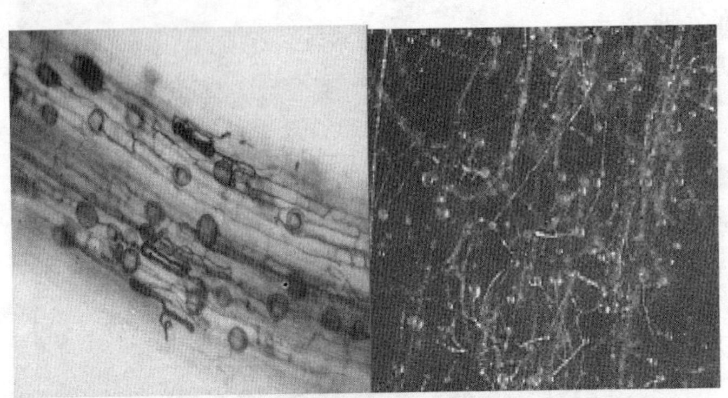

图8-5　光学显微镜观察的螯虾丝囊霉（*Aphanomyces astaci*）菌丝的形态

迄今为止，这种真菌病还是无脊椎动物疾病中研究的最为深入、清楚的一种疾病。与其他众多无脊椎动物的疾病研究状况相比，由于科学工作者更为关注对小龙虾疾病的研究，所以，在小

龙虾病害研究方面已经积累了一些的相关资料。

其他种类的真菌还能引起淡水鳌虾发生另外的一些疾病。导致小龙虾发生的真菌性疾病总是与养殖水体水质恶化联系在一起的。因此，在小龙虾养殖生产中，可以采用通过改善养殖水体的水质的措施，达到有效控真菌性制疾病蔓延的目的。采用杀真菌剂或者部分水体消毒剂，只适用于处理被真菌感染的有价值的亲虾（如针对受感染的抱卵虾等），而大水面养殖环境中患真菌病的小龙虾是难以采用药物治疗的。至今还没有能彻底治疗“鳌虾瘟疫”的有效方法，在100.0%易感的小龙虾群体中，如果确定了有一部分个体已经受到这种真菌的感染，最好的防控对策就是对这个小龙虾群体采取全部扑灭的措施。而且在对这些患病小龙虾做彻底处理后，还要注意引进具有抗病力的小龙虾种苗，或者重新放养本地小龙虾种类养殖，这也是控制这种疾病危害的唯一有效的策略。北欧小龙虾养殖地区在这方面实施的教育计划是卓有成效的，这个地区的公众对于小龙虾这种疾病采取控制和扑灭措施具有非常清楚地理解并能给予良好的配合，因为，他们明白这样做的重要性，并且也懂得该采取什么有效措施阻止疾病的传播。

（2）甲壳溃疡病（褐斑病）

这种病是指小龙虾的甲壳由真菌或细菌的感染、侵蚀而引起的一种常见疾病。当小龙虾外骨骼大部分区域被致病菌侵蚀时，对受感染虾体往往就是致命的。迄今为止，从患这种疾病的小龙虾上分离到的真菌主要包括鳌虾柱隔孢菌（*Ramularia astaci*）、细长头孢菌（*Cephalosporium leptodactyli*）和鳌虾钙皮菌（*Didymaria cambari*）等。

（3）其他真菌病

真菌属于一般的头孢子菌属，丝囊真菌属和绵菌属是淡水螯虾的常见条件致病菌。这些真菌的感染往往都是与养殖水体水质恶化和其他管理方面的问题交织在一起。这些真菌通常附着在小龙虾的表皮，或者寄生在外骨骼创面、鳃和卵上。镰刀菌属种类也经常与小龙虾的疾病有联系，并且有报道指出这些种类的真菌也是对小龙虾具有高致病性的。

小龙虾真菌病的防治方法：一是保持饲养水体清洁，溶氧充足，水体中定期泼洒一定浓度的生石灰，进行水质调节；二是把患病虾放在3.0%~5.0%的食盐水中浸洗2~3次，每次3~5分钟。

113. 小龙虾体内外可能发现哪些寄生或共栖生物体?

国内外有许多有名的寄生虫学家或对小龙虾寄生虫感兴趣的人，对小龙虾的寄生生物开展了广泛的研究，并且有大量的研究报告发表。小龙虾后生动物寄生物包括复殖类（吸虫），绦虫类（绦虫），线虫类（蛔虫）和棘头虫类（新棘虫）等蠕虫。大多数寄生的后生动物对小龙虾健康的影响并不大，除非大量寄生而导致小龙虾器官功能紊乱。但是部分寄生虫对小龙虾的健康可能没有影响，而对于人类健康则可能是有影响的。如在小龙虾体内常见的属于复殖类吸虫的并殖吸虫属的部分种类，就可以导致人类严重的肺部感染。在亚洲有生吃小龙虾习惯的人，就存在感染并殖吸虫的可能性。因此，由于生吃小龙虾而感染寄生虫病的病例在这个地区是比较常见的。通过加热或者适当地烹饪就可以杀死这类寄生生物，所以，在食用之前对小龙虾进行加热或者进行正确的烹饪，对小龙虾的消费者的健康是有益的。

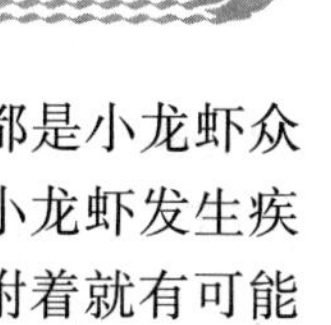

属于涡虫类切头虫、环节动物和几种节肢动物都是小龙虾众所周知的共生动物。这些生物的附着虽然很少引起小龙虾发生疾病，但是当养殖水质严重恶化时，这些生物的大量附着就有可能导致小龙虾正常的生理状况受到影响而发生疾病，这也是因为在养殖水质恶化时，这些附着在小龙虾体表或者寄生在其体内的寄生生物的数量将会大幅度增加的缘故。

切头虫卵外有坚硬的外壳，就像水蛭的卵茧一样，如果大量附着在小龙虾体表时对于消费者也是存在安全卫生问题的。最近，随着越来越多的小龙虾不断扩散到新的地区，科学研究者们正在密切关注寄生于小龙虾的切头虫或者与其共栖各种后生动物的生态学新问题。

114. 小龙虾有哪些非传染性疾病?

与所有水产养殖动物一样，小龙虾的有些疾病并不是由生物性病原感染所致。例如各种毒素，营养不良和环境压力等，都是属于非生物因素。养殖水体中有毒物质还包括人为投放的杀虫剂和重金属药物、天然存在的金属，来自其他生物如蓝绿藻的毒素和螯虾自身代谢分子如氨和亚硝酸盐。小龙虾常常被人们作为淡水生态系统污染程度的指示生物。此外，很多小龙虾养殖场接近于农业场，在美国和中国施行淡水螯虾与水稻结合种养是很常见的养殖方式，为了保证小龙虾不受到各种农药的影响，其毒理学的相关研究是非常重要的。Eversole and Seller（1997）的文章中介绍了 100 种农业化学制品对小龙虾的毒性实验结果，对小龙虾的养殖业者提供了极大的方便。

此外，关于养殖水体中氨及亚硝酸盐对小龙虾的影响，也已经有了比较详尽的研究报道了。

一个有趣的现象是，小龙虾对环境中的重金属具有天然的富集功能。这些重金属通常从肝胰脏和鳃部进入体内，并且相当大量的重金属尤其是铁存在于小龙虾的肝胰脏中。在上皮组织内含物中也大量存在铁，甚至可能严重影响肝胰脏的正常功能。养殖水体中存在高水平的铁是但是小龙虾体内铁的主要来源，大量地富集于肝胰脏内，对小龙虾的健康可能是有影响的，不过，这也是需要进一步研究证实的问题。采用地下水作为养殖用水就可能存在铁含量过高或者水中出现铁氧化的问题，这些物质进入小龙虾的鳃就可能导致缺氧（螯虾的组织中缺乏氧气）。因此，采用地下水做养殖用水，最好是经过充氧或者暴露一段时间后再注入池塘内。

可能对小龙虾产生应激性刺激的因子有很多，如养殖水体中的低溶氧或溶氧量过饱和，就可以导致小龙虾缺氧（可以导致因窒息死亡）和气泡病。饵料中某种营养物质缺乏可以导致营养性障碍，甚至引起小龙虾身体颜色变异，如小龙虾由于日粮中缺乏类胡萝卜素就可能出现机体苍白。

在欧洲，小龙虾的养殖主要是采取所谓“半集约化”方式养殖，关于疾病与养殖条件相关性问题，还有许多未被养殖业者所了解，如20世纪90年代中期开始的北昆士兰地区养殖的小龙虾出现的所谓“黑斑综合征”（图8-6）。这种综合征的主要症状就是小龙虾外壳上出现黑斑，但是这种病有别于其他甲壳疾病，即使螯虾体表出现很多斑点也很少出现穿透甲壳的病灶（虾民只是偶尔看见外骨骼出现微小的针刺洞）。然而，部分小龙虾养殖业者认为这种综合征与小龙虾低产是密切相关的，而另一些养殖业者则认为这种综合征与小龙虾产量关系不大。不过，患这种病的小龙虾销售状况往往很差，因此，这种综合征可以导致养殖业者受到严重的经济损失。

已经有大量的小龙虾特有疾病损伤被报道出来，但是引起这些疾病症状的原因尚不清楚，将这些相关图片陈列在此，为进一

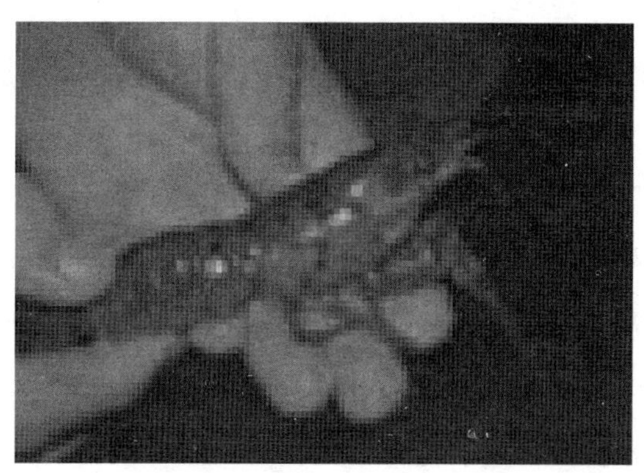

图 8-6　小龙虾甲壳上出现的黑点

步研究小龙虾的病理学奠定基础，阐明这些疾病的原因，无疑地会丰富我们对小龙虾疾病防控的知识。

小龙虾的致病因子主要有生物因子和非生物因子引起的两大类。非生物因子引起的疾病是指缺氧、温度过高或过低、水体的 pH 值过高或过低、农药及其他有毒、有害物质对水体的污染等引起的疾病。生物因子引起的疾病是指病毒、细菌、真菌、原生动物等有害病原体引起的疾病以及养殖过程中由于饲料不足而引起的营养不良或操作不当引起的应激性反应等疾病。疾病是一个复杂的生理过程，有很多疾病都是上述两类因子协同作用的结果。由于小龙虾的适应性和抗病能力都很强，故大规模发生疾病的几率很低。目前，在我国天然水域存量的和池塘养殖的小龙虾大规模发生疾病的现象很少，主要是敌害问题。池塘中高密度饲养小龙虾时，为了追求最大的养殖效益，放养密度可能会更大，在防治敌害的同时，仍要注意加强疾病的预防。

115. 预防小龙虾病害需要采取哪些基本措施?

预防小龙虾的病害应该采取以下一些基本措施。

(1) 放养虾苗

在放养小龙虾虾苗前，养殖池塘（环境）要进行严格的消毒处理。

(2) 放养虾种要消毒

放养小龙虾虾种时用3%~4%的食盐水浴洗10分钟，进行小龙虾虾体的消毒。

(3) 加强池水水质监控与管理

定期加注新水，调节池水水质。有条件的可定期用生石灰全池泼洒，或定期泼洒光合细菌，消除水体中的氨氮、亚硝酸盐、硫化氢等有害物质，保持池水的酸碱度平衡和溶氧量水平，使水体中的物质始终处于良性循环状态，解决池水老化等问题。在养殖中后期，每个月施用1次光合细菌，每次用量为使池水成每立方米水体5.0~6.0g的浓度。

(4) 投喂的新鲜饲料

不要投腐败变质的饲料，在疾病流行季节在配合饲料中可添加光合细菌及免疫增强剂。

(5) 防止敌害生物进入养殖环境中

在进水口和池埂上要设网片，严防敌害生物进入，如发现虾池中有大口鲶、乌鳢、鳜、青蛙、蟾蜍、蛇、泥鳅、黄鳝、老鼠

等敌害生物时，要及时采取措施予以清除。

（6）采取生态、健康养殖法

要尽量避免采用“高密度、集约化”的方式养殖小龙虾。

116. 如何防治小龙虾的病毒性疾病?

（1）病毒性疾病的主要症状

在小龙虾体内至今已检测出10多种病毒。小龙虾的病毒性疾病一般是从5月中、下旬开始发生，当水温上升到25℃时，开始出现死亡现象；当水温上升到28℃时，开始出现大量死亡，死亡个体以中、大虾为主。小龙虾在死亡之前表现的主要症状为虾螯足无力、行动迟缓、反应迟钝、伏于水草表面或池塘四周浅水处；解剖后可见少数虾有黑鳃现象，普遍表现肠道内无食物且有肠堵塞和肠出血，少数头胸甲外下缘有白色斑块，病虾头胸甲内有淡黄色积水。

（2）预防方法

一是病毒在水体中客观存在，主要是环境条件恶化造成病毒病的发生，因此营造小龙虾良好的生态环境（如适当种植水草）、保持稳定适合的水深和水温是预防病毒病的关键。二是保持饲养水体清洁，溶氧充足。对养殖池塘的水体定期泼洒一定浓度的生石灰，进行水质调节；及时加注清新的水如池。三是严格调整和控制养殖密度。以每亩水面中养殖小龙虾的存量平均不要超过200.0kg为宜。

(3) 治疗方法

一是及时将已经显示典型症状的病虾和已经死亡的虾体从养殖池塘中捞出，病虾放入盛有高浓度漂白粉的水桶中浸泡过夜；或者在远离养殖池塘的地方挖坑将其病虾深埋，以避免病原体的传播。二是对养殖池塘水体进行定期消毒。用聚维酮碘全池泼洒，使水体中的药物浓度为 0.3~0.5mg/L；或者用季铵盐络合碘全池泼洒，使水体中的药物浓度为 0.3~0.5mg/L；也可以采用二氧化氯制剂 100.0g 溶解在 15.0kg 水中，然后均匀泼洒在每亩水面（按平均水深 1.0m 计算）中，消毒杀菌；还可以采用生石灰，按照每亩水面 10.0kg 的用量，用水稀释后全池均匀泼洒。聚维酮碘和二氧化氯制剂，或聚维酮碘和生石灰可以交替使用，每次连续使用 2 次，每次用药间隔 2 天。三是在虾饲料中添加酵母免疫多糖，配合复合维生素，按每千克小龙虾体重 200.0mg 的用量拌饲料投喂，连续使用 15 天，以提高养殖虾的免疫功能。四是用板蓝根、鱼腥草和大黄各 0.25kg，加水煮沸 20~30 分钟后，控制药液至 5.0L，取药汁拌精饲料投喂 500.0kg 虾。五是按每千克小龙虾体重 20.0mg 的剂量，用硫酸新霉素拌饲料投喂，连续 5~7 天为一个疗程，防止致病菌的混合感染。注意，用药疗程完成 4 天以后，才能捕捞虾上市。

117. 如何预防及治疗淡水小龙虾白斑病?

淡水小龙虾目前出现的大量死亡问题主要表现为：虾活动减少、无力上草、摄食减少、体内出现积液、头盖壳易剥离、肝胰腺颜色变白，死亡量迅速上升等症状或现象。通过实验室 PCR 分子检测病毒，确认几乎全是白斑综合征病毒感染所致。小龙虾绝大部分种苗的体内携带了病毒，早期病毒量极低，虾正常，随

着养殖时间的延长、温度的上升、水环境的恶化、饲料摄入量的增加以及营养不全面、虾抵抗力下降、虾体内病毒大量增殖、水体中病毒病原和致病菌数量迅速增加、病死虾被摄食致传播病毒感染加剧，形成暴发病，导致虾大量死亡。

防控方法。

① 改善水质，确保水环境稳定。

② 投喂全价饲料，添加抗病毒中药（渔经 120）或者免疫促进剂（渔经壹号）的饲料。

③ 切忌高温期间或温度变化期间过度投喂。

④ 保持水深，注意水温剧烈变化而引起温度应激。

⑤ 水体消毒杀灭病毒，采用聚碘溶液全池泼洒，每立方水体 0.3~0.5mL，连续 2~3 次，隔天 1 次。

⑥ 避免捕捞小龙虾时过度干扰小龙虾，以免惊吓引起应激。

⑦ 注意放养密度，密度应激是小龙虾短时间大量死亡的重要原因之一，包括捕捞时地笼的小龙虾极易在很短时间内发生死亡都是密度应激造成的。

⑧ 药物治疗。非特异性免疫增强剂渔经壹号对小龙虾白斑综合征治疗效果显著。内服剂量每 80kg 饲料加 500g，每天 2 次，连续投喂 5~7 天即可。

⑨ 无害化处理。白斑综合征病毒传染性极强，死亡虾或病毒污染水体可迅速传播疾病，尽可能捞出病死虾，切忌将患病虾池水排入进水沟渠。

渔经公司生产的渔经 120，纯天然植物复配而成，可高效抑制病毒的复制增殖，对由病毒感染引起的小龙虾、河蟹以及南美白对虾等的病毒性疾病有显著的预防和治疗效果。使用时，按饲料重量的 2%~5%，称出药品，再用 2 倍左右的沸开水，盖盖浸泡 30~60 分钟，或用文火煮沸 20~30 分钟，冷却后均匀拌饲料制备成药饵投喂，连续投喂 4~6 天。效果极其明显。使用前一定要沸水浸泡或煮沸，浸出有效成分，提高疗效。此外，有条件的养殖场如果能将“渔经120”按照每吨饲料30~50kg的添加量制备药饵饲料投喂，效果更佳。药饵的投喂方法是：疾病流行高峰期每10~15天投喂3~4天药饵，可有效预防和治疗小龙虾白斑综合征。

渔经壹号，为小肽类非特异性免疫增强剂，能有效抑制病毒的繁殖，增强小龙虾的体质，控制疾病的发展。渔经壹号需冰冻低温保存。使用时解冻，用少量清水稀释，和饲料拌和均匀，投喂龙虾。每80kg干饲料用渔经壹号500g，1天2次，连续5~7天。

118. 如何防治小龙虾的细菌性疾病?

①彻底清塘。为小龙虾准备优良的生活环境。

②运输和投放小龙虾虾苗、虾种时，注意不要堆压和损伤虾体。

③饲养期间，饲料要投足、投均匀，防止小龙虾因饵料不足而相互争食或残杀

④经常清除小龙虾饲养池中的残饵、污物，注入新水，保持良好的水体环境和养殖环境的卫生安全，控制水体中溶氧量在4.0mg/L以上，避免水质污染。

⑤定期按照每立方米水体用漂白粉2.0g，全池泼洒，可以起到较好的治疗效果。

119. 如何防治小龙虾的纤毛虫病?

（1）病原与症状

纤毛虫病的病原体最常见的有聚缩虫、累枝虫和钟形虫等。

纤毛虫附着在成虾、幼虾、幼体和受精卵的体表、附肢、鳃等部位，大量附着时会妨碍虾的呼吸、游泳、活动、摄食和蜕壳机能，影响生长、发育。尤其在鳃上大量附着时，影响鳃丝的气体交换，甚至会引起虾因缺氧而窒息死亡。幼体在患病期间，虾体表面覆盖一层白色絮状物，致使幼体活动力减弱，影响幼体的发育变态。该病对幼虾危害较严重，成虾在低温时候容易患病。

（2）防治方法

一是彻底清塘，杀灭池中的病原，对该病有一定的预防作用；二是用3.0%~5.0%的食盐水浸洗，3~5天为1个疗程；三是用四烷基季铵盐络合碘（季铵盐含量为50.0%）全池泼洒，浓度为0.3mg/L；四是用福尔马林全池泼洒，连用3天，有一定的效果，但福尔马林是限用药物，要慎用；五是保持合理的放养密度，注意虾池的环境卫生，经常换新水，保持水质清新。

120. 小龙虾的敌害生物有哪些？

小龙虾的敌害生物主要有老鼠、青蛙、蟾蜍、水蜈蚣、蛇、乌龟和水鸟等，平时及时做好灭鼠工作，春、夏季需经常清除池内蛙卵、蝌蚪等。人们发现，水鸟和麻雀都喜欢啄食刚蜕壳后的软壳小龙虾。

有的小龙虾养殖池塘鼠害比较严重，一只老鼠一夜可吃掉上百只小龙虾，水蛇对小龙虾也有威胁。要采取人力驱赶、工具捕捉、药物毒杀等方法彻底消灭老鼠，驱赶水鸟和水蛇。

121. 如何检查患病的小龙虾？

检查患病的小龙虾，最好是采用既具有典型的病症又尚未死亡的个体，死亡时间太久的小龙虾一般不适合用作疾病诊断的材料。

作小龙虾疾病检查时，可以按从头到尾，先体外后体内的顺序进行，发现异常的部位后，进一步检查病原体。对于个体较大的病原体肉眼即可以看见，如体表寄生虫等。还有一些病原体因为个体较小，肉眼难以辨别，需要借助显微镜或者分离培养，如细菌和病毒性病原体。

（1）肉眼检查

对小龙虾肉眼检查的主要内容。

一是观察小龙虾的体型，注意其体型是瘦弱还是肥硕，体型瘦弱往往与慢性型疾病有关，而体型肥硕的小龙虾大多是患的急性型疾病；小龙虾肠道内是否有食物，如出现鼓胀的现象，应该查明鼓胀的原因究竟是什么？此外，还要观察小龙虾是否有畸形。

二是观察小龙虾的体色，注意体表颜色是否正常，游泳足是否完整，体表是否有水霉，水泡或者大型寄生物等。

三是观察小龙虾的鳃部，注意观察鳃部的颜色是否正常，鳃丝是否出现缺损或者腐烂等。

四是解剖后观察内脏，若是患病小龙虾比较多，仅凭对小龙虾外部的检查结果尚不能确诊，就可以解剖3~5尾小龙虾检查内脏。解剖鱼体的方法是：从肛门进剪去沿着鱼体侧线上沿剪开腹壁的一侧，从腹腔中取出全部内脏，将肝胰脏、肠等脏器逐个分离开，逐一检查。特别是要注意检查肝胰脏有无淤血，消化道内有无饵料，肾脏的颜色是否正常等。

（2）显微镜检查

在肉眼观察的基础上，从体表和体内出现病症的部位，用解

剖刀和镊子取少量组织或者液体，置于载玻片上，加 1~2 滴清水（从内部脏器上采取的样品应该添加生理盐水），盖上盖玻片，稍稍压平，然后放在显微镜下观察。特别应注意对肉眼观察时有明显病变症状的部位作重点检查。显微镜检查特别有助于对原生动物等微小的寄生虫引起疾病的确诊。

需要特别注意的是，生活在水体中的小龙虾，身体内外或多或少都会带有几种乃至数种寄生虫的。当人们采用显微镜系统地检查鱼体上寄生的寄生虫时，一般总是可以发现一些寄生虫。不过，检查者即使发现小龙虾体上有少量寄生虫寄生，也并不能表明这尾小龙虾就是患了寄生虫病，而是只能表明这尾小龙虾已经是某种寄生虫的“带虫者”。小龙虾上带有少量寄生虫并不影响其正常的生理状况，也就无须采用杀虫药物杀灭这些对小龙虾未产生为害的寄生虫。

（3）确诊

正确诊断疾病，是有效治疗疾病的前提。根据对患病小龙虾检查的结果，结合各种疾病发生的基本规律，就基本上可以明确疾病发生原因而作出准确地诊断了。需要注意的是，当从小龙虾上同时检查出两种或者两种以上的病原体时，如果两种病原体是同时感染的，即称为并发症；若是先后感染的两种病原体，则将先感染的称为原发性疾病，后感染的称为继发性疾病。对于并发症的治疗应该同时进行，或者选用对两种病原体都有效的药物进行治疗。由于继发性疾病大多是原发性疾病造成鱼体损伤后发生的，对于这种状况，应该找到主次矛盾后，依次进行治疗。

对于症状明显，病情单纯的疾病，凭肉眼观察即可作出准确的诊断，但是对于症状不明显，病情复杂的疾病，就需要作更详细的检查方可作出准确的诊断。当遇到这种情况时，应该委托当地水产研究部门的专业人员协助诊断。

当由于症状不明显，无法作出准确诊断时，也可以根据经验采用药物边治疗，边观察，进行所谓治疗性诊断，积累经验。

122. 如何对小龙虾投喂免疫刺激剂?

每一种免疫刺激剂的有效剂量都存在使用上限和下限，对人工养殖的小龙虾采用间隔一定时间定期投与免疫刺激剂较长期连续投的效果好，而且只有在投与量和方法正确的前提下，免疫刺激剂才能正常地发挥作用。

从 *B. thermophilum* 菌中提取的肽聚糖，每天按 0.2mg/kg·体重的剂量投与，对小龙虾是适宜的剂量，如果每天按该剂量的 10 倍投与，供试小龙虾的免疫系统的机能就会趋于与未使用免疫刺激剂的对照组相同。此外，用该物质作为小龙虾的免疫刺激剂时，采用连续投喂 4 天停用 3 天或者连续投喂 7 天停用 7 天的投与方式，其效果较连续投喂好。

关于免疫刺激剂投与的时间与期间，如果能做到在小龙虾传染性疾病的多发季节里连续投喂为好。其理由主要是在免疫刺激剂的实际使用时，当连续投与免疫刺激剂一段时间后，一旦停用时，养殖动物就可能开始发病。这可能是因为在使用免疫刺激剂期间，即使有细菌或病毒性病原进入了水产动物机体，但是由于机体的免疫机能在免疫刺激剂的作用下，表现出较高的免疫活性，抑制了病原体增殖而并未将其消灭或排出体外的缘故。采用安琪酵母股份有限公司生产的免疫多糖（酵母细胞壁）作为水产养殖动物的免疫刺激剂时，在各种传染性疾病的流行高峰时期，可以采用连续投与的方式，而在一般养殖时期则可以采用连续投与 2 周，间隔 2 周后，再进行第二个投喂周期的方式进行。

需要特别注意的是免疫刺激剂是通过激活水产动物的免疫系统而发挥抗传染病的功能的，如果水产动物的免疫系统已经衰弱

至不能激活的状态，免疫刺激剂也就难以发挥其作用了。所以，从改善水产动物的饲养环境、加强营养和饲养管理入手，尽量减少抑制小龙虾免疫系统的环境因素，是提高免疫刺激剂使用效果的重要途径。

123. 药物治疗小龙虾疾病有哪些给药方法

对小龙虾疾病的治疗方法，主要有口服法、浸浴（药浴）法、注射法和涂抹法等。

（1）口服法

此法用药量少，操作方便，不污染环境，对不患病小龙虾不产生应激反应等。常用于增加营养、病后恢复及体内病原生物感染，特别是细菌性和寄生虫病。但其治疗效果受养殖小龙虾病情轻重和摄食能力的影响，对病重者和失去摄食能力的个体无效。

（2）药浴法

按照药浴水体的大小可分为遍洒法和浸泡法。根据药液浸泡浓度和时间的不同，浸泡法又可以分为瞬间浸泡法、短时间浸泡法、长时间浸泡法、流水浸泡法。遍洒法是疾病防治中经常使用的一种方法。浸泡法用药量少，操作简便，可人为控制，对体表和鳃上病原生物的控制效果好，对养殖水体的其他生物无影响，是目前工厂化养殖中经常使用的一种药浴方法。在人工繁殖生产中从外地购买的或自然水体中捕捞的小龙虾亲虾及其受精卵也可采用浸泡法进行消毒。

（3）注射法

此法用药量准确，吸收快，疗效高（药物注射）、预防（疫苗、菌苗注射）效果好等，具有不可比拟的优越性，但操作麻烦，容易损伤小龙虾。适用对象是那些数量少又珍贵的亲虾，即用于繁殖后代的亲本。

（4）涂抹法

具有用药少，安全、副作用小等优点，但适用范围小。主要用于少量名贵小龙虾亲虾的疾病治疗以及因操作、长途运输后身体受伤或亲虾等体表病灶的处理。适用于皮肤溃疡病及其他局部感染或外伤。

（5）悬挂法

用于流行病季节来到之前的预防或病情较轻时采用，具有用药量少、成本低、方法简便和毒副作用小等优点，但是杀灭病原体不彻底，只有当小龙虾游到挂袋食场吃食及活动时，才有可能起到一定作用。目前，常用的悬挂药物有含氯消毒剂、硫酸铜、敌百虫等。

124. 如何选择治疗小龙虾疾病的适宜给药方法？

（1）根据患病小龙虾的状况

患病后小龙虾的摄食量一般都是趋于下降的，游泳的速度也变为比较缓慢，常出现离群独游的现象。对于食欲严重衰退的小龙虾群体，即使将药物拌在饲料中投喂，也只能是尚未丧失摄食能力的鱼类能吃进药饵，因此，难以达到药物治疗的目的。

还需要注意的是，如果是具有摄食能力的小龙虾吃进了过多的药饵，还可能会导致药害现象的发生，而如果摄食药饵量太少，由于药物在小龙虾体内不能达到抑制病原体的药物浓度，就

不仅不能达到控制疾病的目的，反而还有可能导致病原菌对药物产生耐药性。此外，未被小龙虾摄食的药饵，可能在水体中不断地释放药物，可能会对养殖水体中的微生态环境产生不良的影响。因此，采用拌药饵投喂的给药方式时，一定要考虑患病的小龙虾是否尚有摄食能力。

（2）根据病原体的特性

细菌、细菌、真菌和各种寄生虫都可能成为小龙虾的病原体，因为不同的致病生物对药物的感受性是不完全相同的。所以，能治疗百病的药物是没有的。因此，在决定采用某种药物治疗养殖小龙虾的疾病之前，必须要首先确认病原，对疾病作出正确地诊断，在此基础上选择适宜的药物，才有可能做到对症用药。

对于养殖小龙虾的病毒性疾病，目前尚没有药物能进行有效的治疗。对患病毒性疾病的小龙虾用药，主要目的是在于为了控制病原性细菌对鱼类的二次感染。对于由病原菌引起的小龙虾疾病，一般采用抗菌药物进行治疗，在这种情况下，还需要注意针对患病小龙虾究竟是全身性感染还是局部感染，选择不同的给药方式。如对于弧菌病，由于病原菌可以通过血液在全身流动，所以采用在饵料中拌药物投喂的方法，可以获得良好的治疗效果。而对于累枝虫、聚缩虫等体表寄生的部分寄生虫病，由于寄生虫寄生部位是鳃和体表，药物能直接接触到病原体。因此，对这些寄生性疾病的治疗采用药液浸浴法是比较适宜的。

由寄生虫引起的各种疾病，如在体表寄生的原生动物、大型吸虫和甲壳动物等，采用药液浸浴法能获得良好的效果，而对于寄生在小龙虾的消化道的原生动物、线虫等体内寄生虫，必须采用拌药饵投喂的给药方式，才有可能获得比较理想的治疗效果。

(3) 根据药物的类型

能溶于水或者是经过少量溶媒处理后就能溶于水的药物，不仅可以作为拌药饵投喂的药物使用，同时也是可以作为药浴用药物使用的，但是对于不溶于水的各种药物就不能作为药浴用药物。既能用于拌药饵投喂又能作为药浴用的药物是很少的，药物的生产商是根据药物的使用途径和方式制备的不同剂型，在选择和使用某种药物时，必须认真地阅读使用说明书。根据药物不同的剂型，有些药物在消化道内不易吸收，而比较易于通过鳃吸收。因此，在采用某种药物治疗养殖鱼类的疾病之前，比较深入地了解拟使用药物的特性和使用方法，是很重要的。

125. 治疗小龙虾疾病时选择药物的主要依据是什么?

(1) 依据药物的抗菌（虫）谱

从患病的小龙虾中分离病原菌（或者寄生虫），进行革兰氏染色和鉴定其种类后，根据不同药物的抗菌（虫）谱，就可以大致明确什么抗菌（虫）药物可能是治疗某种疾病的有效药物，首先可以从药物的抗菌（虫）谱中选择病原菌比较敏感的几种抗菌（虫）药物。

最近，人们注重将具有较广抗菌谱的抗菌药物作为渔用药物的研究开发对象，即希望用一种药物就可能对多种病原菌有效。现在，已经研制出来了一些同时对革兰氏阴性和革兰氏阳性病原菌都有抑菌作用的药物。其实，为了不对鱼体内和养殖环境中微生态环境造成破坏，筛选窄谱抗菌（虫）药物是更值得注意的。

(2) 感受性的测定

如果选用的抗生素对某种致病菌没有抑制作用，使用后就不可能获得对疾病的治疗效果。然而，即使某种抗生素能抑制某种致病菌，不同的致病菌对同一种抗生素的感受性也是存在差异的。因此，为了达到药到病除或者获得对疾病比较好的治疗效果，筛选病原菌敏感的抗生素作为治疗鱼类疾病的药物，是很有必要的。现在，研究者们采用在养殖现场分离到的小龙虾致病菌进行药物敏感性试验时，已经发现有些菌株对某些抗生素失去了敏感性，或者感受性已经下降了，这就是因为病原菌对这些抗生素产生了抗药性。

病原菌对药物的感受性，一般都是采用最小抑菌浓度（MIC）和最小杀菌浓度（MBC）表示。即每升培养基中的抗菌药物以毫克表示，做成倍比稀释系列，当接种在培养基中的病原菌被完全抑制或者杀死的最低药物浓度，即为表示药物对致病菌菌株的最小抑菌浓度和最小杀菌浓度（图 8-7）。

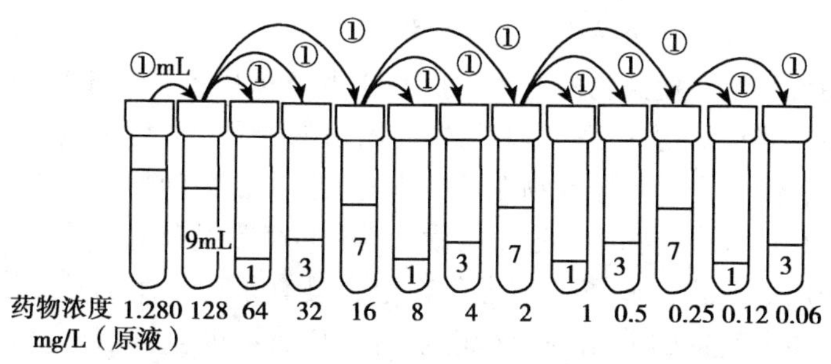

图 8-7　药物敏感性检测方法

测定从患病小龙虾中分离病原菌对各种抗菌药物的敏感性，是保证药物治疗效果的关键。但是开展这个工作要求有一定的试验条件，而且要求操作者具备一定的专业知识和试验技能，因此，尚不具备这种试验条件的养殖单位和个人，可以委托有条件的研究单位协助完成这项工作。

（3）抗生素的作用方式

在药物疗法中使用的各种抗菌药物都是能对细菌的细胞产生作用，而对小龙虾和人体的细胞不会产生为害的，这是因为药物具有选择性毒性的缘故。在选择抗生素类药物作为小龙虾疾病的药物时，首先要了解这种药物的作用原理。除了要明确该药物的作用原理外，还应该弄清楚药物对病原菌究竟是抑菌作用还是杀菌作用，这些问题对于确定药物的投予量和投予方法都是非常重要的。

药物对病原菌的抑菌和杀菌作用的机制有所不同。使用具有抑菌作用的药物后，病原菌的数量不会减少，药物在小龙虾体内以有效的药物浓度并保持一定的时间，因为，药物只能抑制病原菌的增殖，最终还要依靠机体的免疫防御机能的作用使疾病痊愈。而具有杀菌作用的药物，则是通过直接杀死小龙虾体内的致病菌而产生治疗效果的。

由于抑菌和杀菌药物的作用机制不同，使用具有抑菌作用的药物就必须要使药物的有效浓度在小龙虾体内维持一定的时间，需要准确计算初次用药量和再次使用的维持量。使用杀菌作用的药物，则不需要考虑药物在鱼类体内维持一定时间的杀菌浓度。

在抗菌类药物中，通常将磺胺类和抗生素类药物定为具有抑菌作用的药物，而将呋喃类药物定为具有杀菌作用的药物。不过，当大剂量的使用抑菌性药物时，其药物也会显示出杀菌效果。所以，对于抗生素类药物而言，其抑菌和杀菌作用只是药物使用剂量的差异，而不存在本质的不同。

（4）第一次选用药物和第二次选用药物

在小龙虾的养殖过程中，由于多次使用同一种药物，会导致

病原菌的耐药性逐渐增强，最后就会导致具有抑、杀菌效果的药物越来越少的局面。如果通过对病原菌进行药物敏感性试验，在疾病的治疗初期就选用病原菌最敏感的药物，就可能随着病原菌对药物产生耐药性而无法再获得有效的治疗药物。因此，为了避免这种现象的出现，在使用药物治疗小龙虾的疾病之前，就应该根据药物的种类和特性，决定不同药物的使用顺序。例如，将磺胺类和抗生素类等比较容易引起病原菌产生耐药性的药物作为第一次选用药物，而将对已经产生耐药因子的耐药性病原菌也有杀菌效果的合成抗菌药物，如萘啶酸、噁喹酸和吡咯酸等作为第二次选择用药物，只对第一次选择药物失去疗效的情况下使用。在决定使用药物的顺序时，最好是能将磺胺类药物作为第一次选择用药，抗生素类药物作为第二次选择用药，而将各种化学合成药剂作为第三次选择用药，但是由于各种条件的限制，这种用药顺序在小龙虾疾病防治实践中也不是绝对的。

虽然病原菌对萘啶酸等第二次选择用药物不会产生耐药因子，但是病原菌能很快获得对这些药物的短期耐药性，因此，在实际防治鱼类疾病时，应该严格控制这类药物的使用次数。当第二次选择用药物失去效果后，还必须从第一次选择使用的药物种类中筛选有效的药物，由于病原菌对药物的耐性程度每年都会不断地变化，当磺胺类和抗生素类药物停止使用一段时间后，病原菌又可以恢复对这些药物的敏感性。

126. 在药物治疗小龙虾疾病时如何计算用药量？

投喂药饵的标准量

首先，要根据药物的种类决定用于预防和治疗疾病的基本用药量。在各种渔用药物的使用说明书中经常可以看见“按每千克体重用××毫克药物，拌和在饲料中……”或者“在每千克饲料中添加××%的药物……”的表达方式。需要说明的是，所谓标准用药量，是指对养殖动物的单位重量或者单位饲料中添加药物用药的量，与实际用药量“标准用药量×饲料总重量（千克）”之间是有差别的。

虽然在小龙虾养殖的实际生产中，计算标准用药量有各种方法，但是只有根据小龙虾的体重计算标准用药量，才是正确的方法。这是因为小龙虾属于变温无脊椎动物，其体温随水体温度的变化而变化，而水体温度变化又直接导致小龙虾摄食量的变化。如果是根据饲料量制作含药物一定剂量的药饵的话，那么，就有可能因为小龙虾在不同的季节摄食不同量的饵料而导致摄取药物剂量的差别。

其次，在现代小龙虾养殖业中，为了获得较高的经济效益，养殖业者需要经常对养殖的小龙虾按规格进行选择，通常是将规格相同的个体饲养在一起。因此，即使对于实施群体饲养的小龙虾，其个体间的饵料摄食量，也是不会有太大的差异的。

所谓标准用药量，就是根据不同的药物种类，对小龙虾投药后能在短时间内在其体内上升达到有效药物浓度并能维持一定时间的药物剂量。如果超剂量地对小龙虾给药，使小龙虾体内的药物浓度高于有效药物浓度，只能使小龙虾机体受到药物的伤害，而对于疾病的治疗是没有任何意义的。与此相反，如果给药量过少，药物在小龙虾体内不能达到有效药物浓度，尤其是具有抑菌作用的药物，就难以达到治疗疾病的效果。

为了推测饲养在水体中小龙虾的总重量，可以根据在放养时记录的总数，结合每次对小龙虾进行选别时的统计数字进行核对，并根据每天的投饵量和死亡数量等进行校正，就不难获得池塘中相对准确的饲养小龙虾数量了。

将药物添加在小龙虾的饲料中，长时间投喂小龙虾，在小龙

虾体重和水温等条件相对稳定的情况下，饲养小龙虾每天的摄食量也是比较稳定的。根据小龙虾体重确定投饵量，通常以投饵率表示。需要注意的是，水产养殖生产中制定的投饵率表是不能根据小龙虾的饱食量计算的，而是应该根据小龙虾能出现最高的饵料效率的投饵量计算的。因此，一般按小龙虾饱食量的 80.0%计算为宜。

对于每天的投饵率固定的小龙虾，将投喂药物的标准量采用在饲料中的添加率表示，也与按小龙虾体重计算的标准用药量具有相同的意义。譬如，磺胺类药物的标准用药量按小龙虾体重计算一般是每千克 100.0mg，如果是在饲料中按 0.5%的比例添加药物，再按 2.0%的投饵率投喂小龙虾，就正好合适，而如果将这种药饵的投饵率提高到 3.0%的话，按小龙虾体重计算就已经达到了每千克 150.0mg 的用药量。标准用药量、投饵率和添加率的关系，如表 8-1 所示。在水温变化不大的季节里，小龙虾的投饵率一般均比较稳定，按照表 8-1 的方式制定标准用药量、投饵率和药物添加率之间的关系表是可能的。

表 8-1　标准用药量、投饵率和添加率之间的关系

（根据小龙虾体重计算的标准用药量和投饵率
可以知道药物在饲料中的添加量）

投饵率			药物在饲料中的添加率（%）			
（%）	0.01	0.05	0.1	0.5	1	5
5	5*	25	50	250	500	2 500
4	4	20	40	200	400	2 000
3	3	15	30	150	300	1 500
2	2	10	20	100	250	1 000
1	1	5	10	50	100	500

* 按每千克小龙虾体重添加药物的毫克数（毫克/千克·鱼体重）

127. 如何将性质不同的药物添加在饲料中制作成小龙虾的药物饲料？

小龙虾的饲料大致可以分为人工配合饲料和鲜活鱼虾等动物性饵料，前者又可分为粉状和颗粒状两种，后者就可能是直接利用鲜活鱼或者用鲜鱼做成的鱼糜。拌药饵投喂法就是要将药物混合在饲料中投喂，为了避免药物的损失和让小龙虾能摄食药饵，使用者必须熟知药物的剂型和饲料、饵料的关系。

（1）脂溶性药物制剂

不溶于水的药物制剂虽然可以与任何种类的饲料和饵料混合使用，但是根据饲料和饵料种类的不同药饵的制作方法有所不同。在配合饲料中，如果是将药物拌在颗粒和微粒饲料中，可以首先采用相当饲料重量的5.0%~10.0%油（鱼油）与药物充分混合，然后将颗粒饲料加入其中混合，使油和药物的混合物吸附在饲料的表面，阴干20分钟后投喂，可以获得良好的治疗效果。对于粉状饲料和鱼糜可以将准备好的药物直接混合在其中即可。

（2）水溶性药物制剂

能溶于水的药物制剂可以直接用水稀释后，将颗粒饲料放在其中并稍加搅拌，随着水分被吸入饲料内，药物也被吸附在饲料上。需要注意的是，对于微粒饲料，由于颗粒比较小，遇水后颗粒很容易散开，为了避免这种现象的发生，可以将药物用水稀释后，首先加入一定量的淀粉搅拌成稀糊状后，再与微粒饲料混合。对于粉状饲料可以直接加入用水稀释后的药液中搅拌成糊状，作成块状药饵后投喂。由于鲜鱼和鱼糜中含有大量的水分，与药液混合后容易流失，一旦投入水中后其中的药物可能很快地

散失到水体中，很难被小龙虾摄入其体内。

因此，水溶性药物制剂添加在颗粒饲料中比较适宜，而不宜直接添加在鲜鱼和鱼糜中。在鲜鱼和鱼糜中添加时，需要采用粘附剂等措施，尽量防止药物流失。

（3）药物散剂

在药物中添加一定比例的乳糖、酵母粉等做成的制剂，成为药物散剂。在鱼类中的药饵中，当饲料的比例过大时，就会妨碍消化管对药物的吸收。因此，在制作小龙虾的药饵时，应该注意尽量提高药物在药饵中所占的比例。

磺胺类药物添加在不同饲料中的效果，如表 8-2 所示。

表 8-2　饲料的种类与磺胺类药物的添加方法

饲料的种类	磺胺药物的剂型	添加方法	效果
微粒饲料	纯粉	混合在油中	○
	盐化	用水溶解	×
	盐化	混合在油中	×
颗粒饲料	盐化	用水溶解	○
	纯粉	混合在油中	○
	盐化	混合在油中	×
鲜鱼饵料	纯粉		×
	盐化		×
湿颗粒饲料	纯粉		○
	盐化		×

128. 如何将药物混合在不同的饲料中?

为了提高药物对小龙虾疾病的治疗效果，将药物均匀地拌和在饲料中是非常重要的，这是保证小龙虾均匀摄食药物饲料的前提。

(1) 用颗粒饲料制作药饵

当采用颗粒饲料做药饵时，以水溶性药物最好，其次是脂溶性药物，而药物散剂最差。在制作药饵时，可以将水溶性药物用相当于饲料重量3.0%左右的水溶解后，将颗粒饲料加入其中，让水分被吸入饲料中即可。如果水分过多不仅不能短时间为饲料所吸收，而且还可能导致颗粒饲料的外层散落，结果是固形部分中不含有药物，药物只是吸附在散落的粉末中，投喂小龙虾后就不能获得期待中的治疗效果。微粒饲料由于其粒子较小，表面比较粗糙，很容易吸入水分而散开，因此不宜作为水溶性药物的吸附物。可以用相当饲料重量5.0%~10.0%的油与药物充分混合，然后与微粒饲料混合，使其吸附在微粒饲料的表面。这种方法当然也适用于颗粒饲料。在颗粒饲料中添加药物的方法与药饵入水后的溶出量的关系，见表8-3。

表8-3 在饲料中添加磺胺甲基嘧啶的方法与入水后的溶出量

添加药物后即投喂			添加药物后间隔一段时间后投喂**		
添加方法	添加率(%)	30秒后饲料中含药量*	30秒后饲料溶出量	30秒后饲料中含药量	5秒后饲料中含药量
纯粉→油→微粒饲料	0.25	99.7	2.9	72.9	85.4
盐化→油→微粒饲料	0.25	37.2	62.0	63.2	67.2
纯粉→油→颗粒饲料	0.5	80.3	3.6***	—	—
盐化→油→微粒饲料	0.5	34.4	75.6	—	—

（续表）

添加药物后即投喂		添加药物后间隔一段时间后投喂**			
添加方法	添加率（%）	30 秒后饲料中含药量*	30 秒后饲料溶出量	30 秒后饲料中含药量	5 秒后饲料中含药量
盐化→水→微粒饲料	0.5	63.0	15.7	73.4	94.0
盐化→水→微粒饲料→油	0.5	67.5	23.4	66.9	100.0

* 与入水前含量的比例（%）

** 放置时间：微粒饲料 4 天，颗粒饲料 1 天

*** 因为纯粉不溶于水，可以从颗粒饲料上脱落，故从水中检测的溶出量很少

将颗粒饲料与药物混合时也可以用搅拌机械进行，以减轻劳动强度。

（2）用粉状饲料做药饵

粉状饲料做成药饵的过程是比较简单的，无论是对于水溶性药物还是脂溶性药物均是适宜的。将水溶性药物用水溶解后与粉状饲料充分混合，作成块状后即可投喂。而对于脂溶性药物，可以首先将粉状饲料分成 3 等份，将药物添加在 1 份饲料中充分搅拌均匀，再加入第二份饲料继续搅拌均匀，最后加入第三份饲料混合，这样分成 3 个阶段混合，就可能使药物在饲料中分布的更为均匀。如果只是制作少量的药饵，还可以将饲料和药物放在塑料袋中，充入少量气体后，通过上下左右翻动塑料袋而使饲料和药物混合均匀后投喂鱼类。

（3）用鲜鱼和鱼糜做药饵

由于鲜鱼和鱼糜中含有大量的水分，药液与其混合后容易流失，一旦投入水中后其中的药物可能很快地散失到水体中，被小龙虾所摄入的药物量是非常少的。有人曾尝试将药物首先混合在黏合剂中再黏附在鲜鱼和鱼糜中投喂，据报道：称取得了较好的效果。

（4）用湿颗粒饲料做药饵

为了防治小龙虾的疾病，养殖业者通常是利用鲜鱼的鱼糜或者鱼粉与药物混合后制作成湿颗粒药饵喂小龙虾。结果发现，药饵中的粉状饲料添加量越大，对药物的黏附性能越好，投入水中后能有效地防止药物散失，从而有利于试验小龙虾摄入更多的药物。

129. 对小龙虾浸浴（药浴）给药要注意什么？

对患病小龙虾进行药液浸浴虽然有几种不同的方式，但是其主要过程都是将药物首先溶解在饲养水中或者用某种容器盛装的水中后，再将小龙虾放入药液中浸浴，以清除寄生在小龙虾体表的病原生物。与将药物拌在饵料中使小龙虾口服药物的给药方法相比，小龙虾口服的药物是经过消化道吸收而进入身体的各个部位的，而用于浸浴小龙虾的药液除了能直接清除寄生在体表的病原生物外，还能通过患病部位和鳃部被鱼体吸收。

（1）水量的测定

由于药物要稀释在水中制备成一定的浓度，因此首先要正确地测量拟用药的水体。如果在容器中浸浴鱼类，只需要准确计算加入容器中的水即可。当浸浴法用于饲养池中时，就必须丈量池水面积和水深，才能准确计算出池水体积。

（2）药物的浓度

根据药物的种类而决定药物的浓度，决定药物的使用浓度主

要是以对鱼类安全为前提。需要特别注意的是，水温与药物的毒性具有密切的关系，即水温越高药物对小龙虾的毒性越强，因此，在水温较高的条件下，应当适当地降低药物的用量。

130. 对小龙虾浸浴给药有哪些具体操作方法?

根据药液浸浴的浓度和时间的不同，可以将浸浴给药方法分为如下几种。

（1）瞬间浸浴法

将小龙虾放养在盛有药液的容器中，浸浴数 10 秒至 1 分钟时间的浸浴方法。如采用高浓度食盐水浸浴小龙虾，以清除小龙虾体表和鳃部寄生原虫。由于食盐水的浓度比较高，所以，一定要注意控制好浸浴时间。

（2）短时间浸浴法

短时间浸浴法一般是在流水饲养池中应用，首先是控制进水阀停止注水，并将定量的药物溶解后均匀泼洒到池水中，这是一种不需要捕捞小龙虾的施药方法，经常被用于治疗在小龙虾体表发生的疾病和小龙虾的细菌性鳃病。使用这种方法时，一定要注意泼洒药液要均匀，如果出现池水中缺氧时，还应当注意及时地向池水中充气补充池水中的溶氧量。从治疗小龙虾的疾病而言，该法不失为一种好方法，但是对于浸浴后的药液如何处理，则是一个尚待解决的问题。

（3）流水浸浴法

在药物处理的过程中不停止向饲养池中注水，在一定的时间内用高浓度的药液从注水口滴加，使药物均匀地分布在饲养池中，这种方法也可以看成是短时间浸浴法的另一种形式。该法常被用于对小龙虾虾苗孵化池中受精卵水霉病的防治。这种方法虽然有不伤害治疗对象的优点，但是也存在药物废液的难处理的问题。

(4) 长时间浸浴法

在静水饲养池中，全池均匀泼洒低浓度的药液，治疗小龙虾体表和鳃部的各种寄生虫。浸浴后的药物在池水中分解，一般不需要对药物废液进行处理。

(5) 恒流浸浴法

这是一种常在水族馆等封闭的循环水系统中使用的方法，将一定量的药物添加在水体中循环流动，预防各种寄生虫病。

131. 如何判定药物治疗小龙虾疾病的效果?

对患病小龙虾使用药物后的药物疗效通常可以从如下几个方面进行判定。

(1) 死亡数量

在投药后的 3~5 天，如果选用的药物适当，患病小龙虾每天的死亡数量会逐渐下降而显示出药物的治疗效果。若是用药 5 天后死亡率仍然未出现下降的趋势，即可判定用药无效。

(2) 游动状态

健康的小龙虾往往是游动频繁，而患病后的小龙虾大多是离群缓慢行动，或者是静卧在池底不动。采用拌药饵投喂的方式给药时，由于出现了这种症状的小龙虾大多已经失去了食欲，所以难以获得治疗效果而控制死亡现象的发生，采用药液浸浴的方式

就有可能治愈症状较轻的小龙虾。如果选用的药物有效的话，患病小龙虾的游动状态也会逐渐改善。

（3）摄食量

在患病后的小龙虾摄食量一般都会下降，用药后摄食量应该逐渐恢复到健康时的摄食水平。

（4）症状

不同的疾病具有各自不同的典型症状，如果用药后其症状得到改善或者消失，即可以判定药物治疗是有效的。

（5）病原菌保有率

在发病的前期和发展期，小龙虾群体中的病原菌保有率均很高，随着患病症状的逐渐改善，保菌率也会逐渐下降。药物治疗效果的判定不仅要依据死亡率的下降和临床症状的消失，还需要通过检查鱼类群体中的病原菌保有率的高低，从细菌学角度判定是否已经痊愈。

（6）病理组织图像

通过组织切片，比较正常与患病组织的差异，以判断药物治疗的效果。这种方法虽然是最有效的方法，但是由于这种方法的过程比较复杂，因此，一般都较少采用。

132. 药物治疗失败后应采取哪些对策?

（1）明确对病原体的鉴定是否正确

当对鉴定病原体出现错误时，就可能选用完全没有治疗作用的药物，结果必然是药物治疗失败。因此，对病原菌的正确分离和鉴定，是药物治疗疾病成功的基础。当出现药物治疗失败时，就应该对引起疾病的原因进行重新确认。

（2）认对病原菌的诊断是正确的而治疗失败

出现这种现象的可能原因如下。

① 由耐药性致病菌引起的疾病。从患病的鱼类中分离病原菌并进行药物敏感性试验，根据试验结果选用致病菌敏感的药物。特别是对于由于产生耐药因子而形成的多种药物耐性菌，要注意使用第二次选择药物。

② 致病菌的二重感染现象。最初致病菌对抗菌药物敏感的已经被消灭，但是对所用的抗菌药有耐药性的菌株则得以繁殖，引起更为严重的感染或菌群失调。这样的现象虽然不常发生，可是一旦发生后就不易治疗，预后严重。对于发生二重感染的小龙虾，需要再次选择新的病原菌敏感药物，作紧急治疗处理。

③ 投药量、投药期间不足。如果药物的使用者为了节约生产成本，随意减少用药量或者缩短用药期间，结果导致药物在小龙虾体内不能达到清除或者消灭致病菌的有效药物浓度，或者未能达到彻底清除病原体所需的维持有效药物浓度的时间，特别是对于只具有抑菌作用的抗菌药物就不能达到有效治疗疾病的目的。因此，为了获得理想的治疗效果，就必须根据药物使用说明书中规定的用药量与给药方案使用药物。

133. 在药物治疗小龙虾疾病过程中常见问题是什么？

（1）不重视对患病小龙虾的病原学诊断

由于大量渔用药物（其中，还包括各种新型抗生素类药物）

不断地投放市场，经验性治疗也能解决小龙虾一部分疾病的治疗问题，因此，使许多养殖者越来越不重视对患病小龙虾的病原学检测，这是当前应该在渔用药物使用之前特别重视的问题。因为，在使用渔用药物之前，对导致疾病发生的病原体不清楚，就可能因导致针对性不强而造成药品浪费，以致菌群失调，增加耐药菌流行，而且还可能使那些局部的难治性感染和特殊病原体的感染因为得不到及时的、恰当的治疗，最终导致疾病的大面积爆发。

准确地鉴定出疾病的病原体和对疾病作出正确地诊断，是正确选用渔用药物和获得良好药物疗效的基础。

（2）不了解病原菌耐药状况

耐药性是指细菌与药物接触后，对药物的敏感性下降直至消失，致使药物的疗效降低至无效。细菌产生耐药性，是对多数抗菌药物较长期使用后必然出现的现象。随着抗生素类药物在水产养殖中应用数量增多和时间的延长，小龙虾的致病菌对各种抗生素的耐药性也在不断变化。因此，对养殖水域中病原菌对各种抗菌药物的敏感性进行监测，及时了解致病菌耐药性的变化趋势，对于正确选用药物和确定各种药物的使用剂量，都是十分重要的。

（3）不重视提高小龙虾的免疫功能

药物对控制小龙虾疾病固然非常重要，往往对有效控制疾病起重要的作用，但是任何药物在疾病的治疗中都不是决定因素。决定因素是小龙虾的内因，是机体的免疫力和机体的抵抗力。毫无疑问，只有小龙虾的机体还存在一定的抵抗力和免疫力时，药物才能发挥其治疗作用。在小龙虾患病期间，可以采取以下措施增强其机体的抵抗力和免疫力。

① 减少人为干扰，避免对小龙虾的应激性刺激。在小龙虾患病时，应该尽量为其创造安静和舒适的生活环境，使患病后的小龙虾能获得充分静养的条件，一般不要进行捕捞和运输以及能对小龙虾造成应激性刺激的其他活动。

② 在饵料中增加营养。在其饵料中增加高糖、高蛋白类物质，使小龙虾能在摄食量下降的条件下，仍然能满足机体的营养和能量需求。

③ 适当应用免疫激活剂。如在饲料中添加β-葡聚糖等具有免疫激活功能的物质，以激活小龙虾自身的免疫机能。

（4）不能遵守休药期

当药物进入小龙虾体内之后，均会出现一个逐渐衰减的过程。因药物的种类、使用药物时的环境水温和小龙虾的种类不同，药物在小龙虾体内代谢过程所需的时间长短也有所不同。因此，为了保证水产品消费者的安全，避免小龙虾体内残留的药物对消费者健康的影响，每种渔用药物都有其相应的休药期。养殖业者对所饲养的小龙虾使用渔用药物后，不能将休药期尚未结束的小龙虾起捕上市。

134. 小龙虾有哪些应激原因及预防措施？

应激反应其直接危害是导致小龙虾体质变弱，间接可致死。

（1）加水应激

当我们加深虾塘水位时，伴随着生水的注入以及水位增加后池底压力增强，并且在进水口由于水将泥沙冲起容易造成水混的现象，进而影响整个水体的生态环境，所以在加水时非常容易引起小龙虾应激。预防措施为：一是加水时在入水口垫一层胶膜或

石棉瓦等物，避免进水直接冲击池底造成水混。二是尽量避免一次性加深过多的水位，在需要提升较高水位时分为几天进行可减少小龙虾应激。三是加水后使用有机酸、活性炭或者核酸类解毒物质，避免加入的新水中含有有毒物质对小龙虾造成更大的应激反应。

（2）起地笼应激

当我们起地笼卖虾时会有一些小虾也在地笼里，当我们捞出还未到出售规格的小虾时往往会放回塘里，这样会使小虾受伤和引起应激反应，这种状况可以选择网眼大的地笼，尽量减少捕捉到小虾，达到规避小虾应激的目的。

（3）进苗应激

进苗是最容易引起应激反应的行为，所以，我们在放苗时尽量采取以下措施：一是放苗前对池塘提前改底解毒，培菌培藻。二是使用如金水产鱼虾乐稀释液进行短时间泡苗，提高其抗应激能力。三是分散放苗，避免虾苗过于集中造成不必要的损伤和消耗。

（4）勒草应激

人工勒草会导致水体有非常大的变化，并且动静大，会使小龙虾受到一定的惊吓。其解决方案有：一是使用机械勒草，减少人工对水体的破坏。二是减少勒草次数，使用一定数量的控制水草生产方向的草肥（使其多长草根和使其草茎生长得更粗大，减缓其向上生长的速度）。三是当必须要使用人工勒草时在勒草后使用分解型底改和有机酸、菌种等调水改底，尽快恢复原有环境。四是需要定期勒草，保持水草在水面下 40~50cm（具体距离视水深和温度而定）。并且水草白天产氧，夜晚耗氧，所以，水草总体积最好不超过水体的50%。

(5) 天气变化应激

盛夏时节，天气变化无常，温度越来越高，池塘环境也越来越难把控，小龙虾养殖也出现了一个不容忽视的问题——应激反应。

天气变化应激。天气的变化，会使得水体的藻类结构改变、有机质增多、溶氧减少、有毒有害物质增多等，进而让小龙虾出现应激现象。可以从以下方面着手，实现水体稳定。

① 水位。水位加深，水体总量增多有助于其稳定性的提升，滩面水位以80cm为宜（有环沟并且目前未清塘的虾塘）。

② 藻类结构。由于硅藻和小型绿藻种类多并且在水体中分布相对均匀，是水产养殖中非常理想的藻类结构，所以可以通过培养小型绿藻及硅藻来稳定水质（茶褐色水、嫩黄色水以及嫩黄绿色水色）。

③微生物菌种。菌种在水体中起到分解有机质、调节藻相、提供碳源等作用，所以，定期在虾塘中投放有益菌种（乳酸菌、枯草芽孢杆菌、复合菌等），能很大程度上提高水体的稳定性。

第九章　小龙虾的食品加工

135. 主要的出口小龙虾冷冻加工工艺流程有哪几套?

目前，出口小龙虾冷冻加工产品主要有 3 种：“冻熟带黄小龙虾仁”“冻煮水洗小龙虾仁”和“冻熟汤（配）料整肢小龙虾”，其加工工艺流程如下。

（1）冻熟带黄小龙虾仁

原料验收→清洗→蒸煮→常温水冷却→冷却水冷却→去头、剥壳、抽肠、分级→配级→称重、装袋→真空封袋→整型→速冻→金属探测→成品冷藏。

（2）冻煮水洗小龙虾仁

原料验收→清洗→蒸煮→常温水冷却→冷却水冷却→去头、剥壳、抽肠、分级→配级→一次漂洗→二次漂洗→沥水→称重、装袋→真空封袋→整型→速冻→金属探测→成品冷藏。

（3）冻熟汤（配）料整肢小龙虾

原料验收→清洗→浸泡吐沙→蒸煮→臭氧水冲洗→循环水浸泡冷却→挑选、分级→摆盘→称重→装袋前检验→装袋

调味料验收→蒸煮→常温水冷却→冷却水冷却→输送贮存→加汤（配）料→真空封袋→速冻→金属探测→成品冷藏。

136. 如何进行小龙虾的整肢虾加工？

目前，小龙虾的整肢虾加工产品主要为“冻熟汤（配）料整肢小龙虾”，其加工工艺流程如下。

（1）冻熟汤（配）料整肢小龙虾

原料验收→清洗→浸泡吐沙→蒸煮→臭氧水冲洗→循环水浸泡冷却→挑选、分级→摆盘→称重→装袋前检验→装袋

调味料验收→蒸煮→常温水冷却→冷却水冷却→输送贮存→加汤（配）料→真空封袋→速冻→金属探测→成品冷藏。

（2）关键加工工艺过程描述

原料验收：从捕获者处接收后集中装入周转筐，然后标明场地运往加工地点。原料虾进厂后，验收人员应验明原料产地并查看供货证明书，然后由专人进行挑选，剔除死虾、小虾等不合格龙虾及杂质。凡是非备案捕捞水域的原料虾禁止收购。该步为关键控制点（CCP1）。

清洗：在清洗池中清洗2~3遍（至少2遍），洗去污垢和杂质。根据客户需要，有时清洗也可分为三道程序，即冲洗、漂洗和洗虾机清洗。首先将小龙虾冲洗，将虾体表的泥沙和杂物基本冲洗干净；其次将小龙虾漂洗，将虾体表进一步清洗干净；最后通过输送带将虾送入自动洗虾机中反复冲洗，将小龙虾彻底清洗干净。

浸泡吐沙：验收合格的龙虾经流水清洗后放置在一定比例氯化钠、柠檬酸、小苏打溶液中浸泡吐沙30分钟。

蒸煮：吐沙后的龙虾立即送入100℃沸水中蒸煮至少5分钟。蒸煮时控制蒸煮机的转速，一般为300转/分钟。蒸煮时不断搅

动以确保时间和温度达到要求。该步为关键控制点（CCP2）。

注：有效蒸煮时间及蒸煮机的转速控制。

大虾 7~7.5 分钟（变频器显示转速为 230~240 转/分钟）

中虾 6~6.5 分钟（变频器显示转速为 270~280 转/分钟）

小虾 5~5.5 分钟（变频器显示转速为 320~330 转/分钟）

蒸煮时间的实际长短应视不同季节、虾壳的不同厚度、虾体的大小等来决定。蒸煮时间过短，会造成杀菌不彻底；而蒸煮时间过长，会造成出品率降低，虾仁弹性及口感变差。

冷却：煮后的熟虾先经臭氧水冲洗后，再经循环冷却水浸泡冷却，使虾体中心温度降至 10℃以下。

加工：加工环境保持在 15℃以内，进行挑选、分级和摆盘。

加汤（配）料：验收合格的半成品经称重、装袋后加入预先熬制冷却好的调味汤料或配料，然后真空封口，送入-35℃以下的结冻库速冻。

称重、装袋：验收后合格的产品进行称重、装袋、封口、整形。

速冻：根据不同产品，选择用单冻机或急冻库进行速冻。单冻和急冻温度控制在-35℃以下。速冻或急冻后产品中心温度降至-15℃以下，进行包装。

金属探测：根据客户需要，包装后的产品可通过金属探测仪验证是否达到对金属碎片的控制要求。铁质碎片的直径不超过 1.5mm；非铁质金属碎片的直径不超过 2.5mm。对没通过金属探测仪的产品，隔离单独存放于次品容器中，等待评估处理。在使用过程中，校验频率每隔 2 小时进行校验，以确保其有效性。

成品冷藏：所有成品必须立即存入-18℃以下的冷库中储藏。

137. 如何进行小龙虾的虾仁加工？

目前，小龙虾的虾仁加工产品主要有两种，即“冻熟带黄小龙虾仁”和“冻煮水洗小龙虾仁”，其加工工艺流程如下。

（1）冻熟带黄小龙虾仁

原料验收→清洗→蒸煮→常温水冷却→冷却水冷却→去头、剥壳、抽肠、分级→配级→称重、装袋→真空封袋→整型→速冻→金属探测→成品冷藏。

（2）冻煮水洗小龙虾仁

原料验收→清洗→蒸煮→常温水冷却→冷却水冷却→去头、剥壳、抽肠、分级→配级→一次漂洗→二次漂洗→沥水→称重、装袋→真空封袋→整型→速冻→金属探测→成品冷藏。

（3）关键加工工艺过程描述

原料验收：从捕获者处接收后集中装入周转筐，然后标明场地运往加工地点。原料虾进厂后，验收人员应验明原料产地并查看供货证明书，然后由专人进行挑选，剔除死虾、小虾等不合格龙虾及杂质。凡是非备案捕捞水域的原料虾禁止收购。该步为关键控制点（CCP1）。

清洗：用滚筒清洗机清洗龙虾，洗去污垢和杂质。根据客户需要，有时清洗也可分为三道程序，即冲洗、漂洗和洗虾机清洗。首先将小龙虾冲洗，将虾体表的泥沙和杂物基本冲洗干净；其次将小龙虾漂洗，将虾体表进一步清洗干净；最后通过输送带将虾送入自动洗虾机中反复冲洗，将小龙虾彻底清洗干净。

蒸煮：验收合格的小龙虾经清洗后立即送入 100℃沸水中蒸

煮至少5分钟。蒸煮时控制蒸煮机的转速，一般为300转/分钟。蒸煮时不断搅动以确保时间和温度达到要求。该步为关键控制点（CCP2）。

注：有效蒸煮时间及蒸煮机的转速控制。

大虾7~7.5分钟（变频器显示转速为230~240转/分钟）

中虾6~6.5分钟（变频器显示转速为270~280转/分钟）

小虾5~5.5分钟（变频器显示转速为320~330转/分钟）

蒸煮时间的实际长短应视不同季节、虾壳的不同厚度、虾体的大小等来决定。蒸煮时间过短，会造成杀菌不彻底；而蒸煮时间过长，会造成出品率降低，虾仁弹性及口感变差。

冷却：煮后的熟虾先用常温水喷淋，使每批蒸煮的虾体中心（或小龙虾仁）温度降至40℃以下，再用2℃以下的冷却水冷却后使虾体中心（或小龙虾仁）温度降至10℃以下。

加工：加工环境保持在15℃以内，手工去头、剥壳、抽肠线、去黄（水洗龙虾仁）、分级，操作工人将有缺陷的产品挑出（如不完整虾仁、直体虾仁等）。

注：去头、剥壳、抽肠线。

轻轻去掉虾头，不要将虾头内的内容物挤出而污染虾肉；剥壳时注意留下尾肢肉（根据客户需要，如果对方要求加工成“凤尾虾”时，则可以保留整个虾体尾节部分的甲壳，包括尾扇），以保持虾仁的完整、美观；抽肠要用专用镊子划开虾的背部，划缝不要超过3节。

水洗、沥水（水洗龙虾仁适用）：验收后合格的产品进行漂洗、装袋前检验、再漂洗，然后沥水15分钟再称重、装袋、封口、整形。

速冻：根据不同产品，选择用单冻机或急冻库进行速冻。单冻和急冻温度控制在-35℃以下。速冻或急冻后产品中心温度降至-15℃以下，进行包装。

金属探测：根据客户需要，包装后的产品可通过金属探测仪验证是否达到对金属碎片的控制要求。铁质碎片的直径不超过1.5mm；非铁质金属碎片的直径不超过2.5mm。对没通过金属探测仪的产品，隔离单独存放于次品容器中，等待评估处理。在使用过程中，校验频率每隔2小时进行校验，以确保其有效性。

成品冷藏：所有成品必须立即存入-18℃以下的冷库中储藏。

138. 如何加工小龙虾的“虾春卷”？

目前，以小龙虾为原料加工商品化的“虾春卷”产品较少，但可以参考对虾“虾春卷”的制作工艺，其主要加工工艺流程如下。

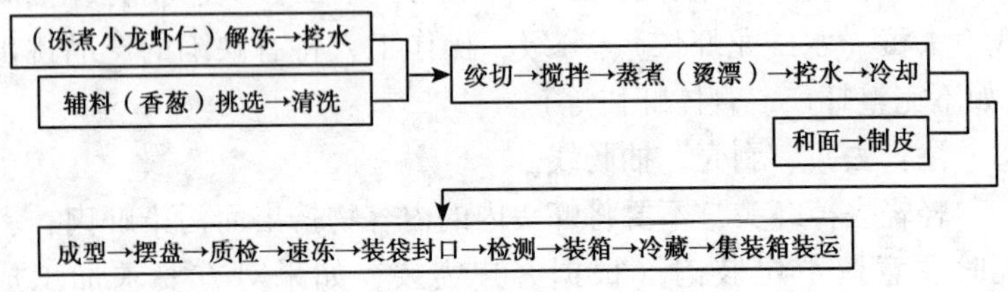

(1) 原料验收

①制作“虾春卷”使用的小龙虾仁原料，必须来自经CIQ备案的安全捕捞水域或经过无公害备案的养殖基地。最好选用鲜活小龙虾（也可采用本章前面提到的冻煮小龙虾虾仁），用机械或手工将虾头胸甲、附肢和尾部去掉，取出完整虾仁，随即把取出的小龙虾虾仁放入清水中洗净，待滴干水分后待用。

②使用的香葱和素馅蔬菜（圆白菜、胡萝卜、荠菜、红豆等）来自国家卫生部门认定的绿色蔬菜生产基地。定期派人到农

场检查用药情况，对收购的每一批香葱和蔬菜进行严格验收，定期检测药残、农残和重金属。

③收购的面粉来自得到了国际 ISO 9000 国际质量认证的企业，对收购的每一批面粉严格验收，并检测药残、农药残留和重金属。

注：对每批原料，原料验收监控员要查看供货证明；对每批辅料，原料验收监控员要查看辅料安全证明或声明。以下相关内容类似。

（2）原料运输

香葱和蔬菜以及面粉可以用卡车装运，面粉的外包装须密封。

（3）辅料验收

油、盐、味精和糖验收时，必须检查供应商的食品生产卫生，证明该产品适合人类食用或适用用于食品加工。

（4）辅料贮存

辅料验收后，置于设有干燥、消毒设施的专用储存库分类存放。

（5）包装物料验收

验收人员凭食品包装生产许可证，生产厂出厂合格证接收内包装材料，凭检验检疫局出具的包装性能检验合格单接受外包装材料，同时检查包装材料是否有污染的迹象。

（6）包装材料储存

内包装材料进厂后，分别存放于内外包装材料专用储存库。

(7) 包装材料消毒

内包装材料使用前，经臭氧消毒 1 小时以上。

(8) 解冻（冻煮小龙虾虾仁适用）

将小龙虾仁在解冻槽内用流动水解冻。

(9) 控水（冻煮小龙虾虾仁适用）

将解冻好的小龙虾虾仁及时捞出，放在沥水架上沥水 10~15 分钟。

(10) 挑选

运到厂的香葱和各种蔬菜、红豆在原料间剔除泥沙、杂物及老叶。

(11) 清洗

挑好的香葱、红豆和各种蔬菜分别放在清洗池内，先人工洗去表面泥沙，再用流动水冲洗 20~30 分钟后捞起适当控水。

(12) 铰切

①虾仁春卷。分别将香葱、虾仁放在铰切机内铰切至粉碎、均匀。

②素馅春卷。根据客户要求将各种蔬菜放在铰切机内铰切至粉碎、均匀。

(13) 搅拌

①根据客户要求是否进行搅拌。

②将上述铰切好的配料按比例投入到混合机内搅拌均匀。

（14）蒸煮（烫漂）

①小龙虾虾春卷。搅拌好的馅立即摆盘蒸煮，蒸煮时注意防止冷凝水流入。

②素馅春卷。将铰切好的蔬菜分别进行烫漂，注意掌握烫漂的时间。

③豆沙春卷。将洗净的红豆放在蒸煮锅内进行蒸煮，注意掌握蒸煮的时间和温度。

（15）控水

小龙虾虾仁春卷：蒸煮好的馅放在沥水架上控水 5 分钟，除去多余的汤汁。

（16）均质

豆沙春卷：将蒸煮好的红豆放进均质机中进行均质，成为均匀的豆沙。

（17）冷却

①小龙虾虾仁春卷。蒸煮好的馅立即放冷藏柜中冷却保鲜。

②素馅春卷。将烫漂好的蔬菜在低温水中进行冷却。

③豆沙春卷。将均质过的豆沙馅放进速冻库进行冷却。

（18）暂存

暂时不能加工的馅存放在冷库内。

（19）和面

将面粉和水、盐按一定的比例放入和面机内搅拌至一定的稠度。

（20）制皮

将混和好的面浆液加入制皮机漏斗中制成饺皮，重量控制在8~9g。

（21）成型

按规格要求包成各自形状的春卷系列，每只重量18g。

（22）摆盘

虾春卷摆盘时要求排列整齐，不能粘靠，也不能过松。

（23）质检

对成型后春卷进行外观检查。

（24）速冻

包好的春卷放在速冻机（-38℃以下）或速冻间内速冻，中心温度-18℃以下。

（25）装袋封口

按规定重量，包装封口。

（26）金属探测

虾春卷经金属探测仪探测后装箱。

（27）装箱

在-15℃温度以下迅速装箱。

（28）冷藏

装好箱的春卷储藏于-18℃以下的冷藏库内。

（29）集装箱装运

产品出厂，采用食品专用冷冻集装箱装运。集装箱须经检验检疫部门检验合格并出具集装箱检验合格证书。装货前，需对集装箱进行感官检查，并将集装箱箱内温度降至-18℃以下。

139. 小龙虾加工过程中如何制订 HACCP 计划表?

HACCP 体系已成为国际上共同认可和接受的“控制食品安全和风味品质的最好最有效的管理体系”。

（1）明确 HACCP 体系的概念及其发展过程

HACCP 是“Hazard Analysis Critical Control Point”的英文缩写，即危害分析和关键控制点。根据 GB/T 15091—1994《食品工业基本术语》定义：生产（加工）安全食品的一种控制手段；对原料、关键生产工序及影响产品安全的人为因素进行分析，确定加工过程中的关键环节，建立、完善监控程序和监控标准，采取规范的纠正措施。

美国 FDA 在 1995 年 12 月颁布了强制性水产品 HACCP 法规，宣布自 1997 年 12 月 18 日起，所有对美出口的水产品企业都必须建立 HACCP 体系，否则其产品不得进入美国市场。加拿大、澳大利亚、英国、日本等国也都在推广和采纳 HACCP 体系，并分别颁发了相应的法规。领域包括：饮用牛乳、发酵乳、乳酸菌饮料、鱼肉火腿、冻虾、牛肉食品、腊肠、动物饲料等。中国食品和水产界较早关注和引进 HACCP 体系；1991 年农业部渔业局派遣专家参加了美国 FDA、NOAA、NFI 组织的 HACCP 研讨会；1993 年国家水产品质检中心在国内成功举办了首次水产品 HACCP 培训班；2002 年 12 月中国认证机构国家认可委员会正式启动对 HACCP 体系认证机构的认可试点工作，开始受理 HACCP 认可试点申请。近年来，消费者对食品安全性的普遍关注和食品传染病的发生是 HACCP 体系得到广泛应用动力。

（2）明确 HACCP 体系建立需要注意的地方

HACCP 体系建立主要遵循七大原则：找出潜在的危害；确定关键控制点（CCP）；制定每个关键控制点的临界限制指标；建立每个关键控制点的监控制度；制定关键控制点失控的纠偏措施；制定验证的程序（随机抽样）；建立完整的记录及文件等。

HACCP 体系建立主要有 12 个主要步骤：成立 HACCP 实施小组（确定 HACCP 小组成员名单及职责）；描述产品特性、储存及流通方式；确认产品的消费对象、使用方法及用途；画出产品的生产加工流程图（确认与现场一致并进行描述）；生产卫生情况调查（卫生管制）；进行危害分析（建立危害分析工作表）；确立关键控制点（使用 CCP 判断树并进行验证）；制定控制的限定指标（即确立关键控制点的关键限值）；执行关键控制点的检测（监控）；建立纠偏措施（关键限值发生偏离时，必须采取有效的纠偏行动并确保恢复控制）；建立记录系统（监控记录及纠偏记录等）；建立 HACCP 计划表等。

注：危害分析和关键控制点（CCP）。

危害分析是 HACCP 最重要的一环。危害是指一切可能造成食品不安全消费，引起消费者疾病和伤害的生物的、化学的和物理特性的污染。根据对食品安全造成危害来源与性质，常划分为：生物性危害、化学性危害、物理性危害。生物类有毒有害物

质主要包括病原微生物、微生物毒素及其他生物毒素；化学有毒有害物质主要包括残留农药、过敏物质、其他有毒有害物质如二恶英等；物理性有毒有害物质主要包括沙石、毛发、铁器和放射性残留等。通常食品加工过程过重中，以前两类的有毒有害物质较为常见，危害性也较为显著。下面以“冻煮带黄小龙虾仁”制品为例进行危害分析并建工作表，其他类似（表 9-1）。

表 9-1　冻煮带黄小龙虾仁制品的危害分析工作

一、配料/加工	二、确定在本步中引入、控制或增加的潜在危害	三、潜在的食品安全危害显著吗	四、就第 3 步的判断提出依据	五、应用何种措施来防止这种危害	六、这步是关键控制点吗
原料验收	生物的：致病菌污染 寄生虫留存	是	生长环境污染	蒸煮	否
	化学的：农药残留 重金属残留	是	生长环境污染	查看供货证明书	是
	物理的：无				
清洗	生物的：致病菌繁殖	是	此工序适合致病菌繁殖	蒸煮	否
	化学的：无				
	物理的：无				
蒸煮	生物的：致病菌残留	是	蒸煮的时间和温度未控制好	严格按操限值执行	是
	化学的：无				
	物理的：无				
常温水冷却	生物的：致病菌污染	否	通过 SSOP 控制		否
	化学的：无				
	物理的：无				
冷却水冷却	生物的：致病菌污染	否	通过 SSOP 控制		否
	化学的：无				
	物理的：无				
去头、剥壳、抽肠、分级	生物的：致病菌污染	否	通过 SSOP 控制		否
	化学的：无				
	物理的：无				

（续表）

一、配料/加工	二、确定在本步中引入、控制或增加的潜在危害	三、潜在的食品安全危害显著吗	四、就第3步的判断提出依据	五、应用何种措施来防止这种危害	六、这步是关键控制点吗
配级	生物的：致病菌污染 化学的：无 物理的：无	否	通过SSOP控制		否
称重装袋	生物的：致病菌污染 化学的：无 物理的：无	否	通过SSOP控制		否
真空包装	生物的：致病菌污染 化学的：无 物理的：无	否	通过SSOP控制		否
整形	生物的：致病菌污染 化学的：无 物理的：无	否	通过SSOP控制		否
速冻	生物的：致病菌污染 化学的：无 物理的：无	否	通过SSOP控制		否
金属探测	生物的：致病菌污染 化学的：无 物理的：无	否	通过SSOP控制		否
成品冷藏	生物的：致病菌污染 化学的：无 物理的：无	否	通过SSOP控制		否

CCP是“Critical Control Point”的英文缩写，即关键控制点，是指决定可被控制，使食品安全危害可被防止，排除或减少到可接受水平的点、步骤和过程。CCP的数量取决于产品或生产工艺的复杂性、性质和研究的范围等，如可以设立多个CCP（CCP1、CCP2、CCP3……）。通常食品加工过程的CCP包括蒸煮、冷却、特殊卫生措施、产品配方控制、交叉污染防止、操作工人及环境卫生状况等。下面以3种小龙虾冷冻加工产品［“冻

熟带黄龙小虾仁”“冻煮水洗小龙虾仁”和“冻熟汤（配）料整肢小龙虾”］为例，进行危害分析并建工作表，其他类似（表9-2）。

表 9-2　小龙虾冷冻加工产品的危害分析工作

步骤	危害包括： 生物性危害： 化学性危害： 物理性危害： 危害描述	#1 对确定的危害是否有预防措施？ ◆如果否=不是 CCP 确定该危害如何及在哪步骤被控制 ◆如果是=进行下一个问题	#2 该步骤是否将可能发生的危害消除或减少至可接受水平？ ◆如果否=进行至下一问题 ◆如果是=CCP	#3 所确定的危害的污染是否能超过可接受水平或增加至不可接受水平？ ◆如要否=不是一个 CCP ◆如果是=进行至下一个问题	#4 随后的步骤是否将确定的危害消除或使可能发生的危害减少至可接受水平？ ◆如果否=CCP ◆如果是=不是一个 CCP	#CCP
原、辅料验收	化学性：农残、重金属 生物性：致病菌污染	是	是			是
蒸煮	生物性：致病菌残留	是	是			是
调味料蒸煮	生物性：致病菌残留	是	是			是

（3）建立以冻煮小龙虾仁制品为例的 HACCP 计划表

下面同样以 3 种小龙虾冷冻加工产品（“冻熟带黄龙小虾仁”“冻煮水洗小龙虾仁”和“冻熟汤（配）料整肢小龙虾”）为例，建立 HACCP 计划表，其他类似（表 9-3）。

表 9-3　小龙虾冷冻加工产品的 HACCP 计划

公司名称：##########公司　　公司地址：##########

产品名称：冻煮小龙虾制品（单冻/水洗）　　销售和贮存方式：-18℃以下冷藏

预期用途和消费者：解冻后烹调食用/一般大众

(1) 关键 控制点	(2) 显著危 害分析	(3) 预防措 施的关 键限值	监控				(8) 纠偏 措施	(9) 记录	(10) 验证
			(4) 对象	(5) 手段	(6) 频率	(7) 人员			
原料验收 CCP1	药物残留 重金属残留	来自经 CIQ 备案的安全捕捞水域	供货证明书	视察	每批产品	原料验收 监控员	拒收	1. 验收记录 2. 纠偏记录 3. 验证记录	1. 每日验证 2. 每周审核 3. 每月抽查
蒸煮 CCP2	致病菌残留	蒸煮时间： 5 分钟 蒸煮温度： 100℃	传送带转速 蒸煮温度 （蒸煮时间）	转速器 温度计 （计时器）	每 30 分钟 （每锅一次）	操作员	重煮或隔离 作安全评估	1. 蒸煮记录 2. 纠偏记录 3. 验证记录	1. 每日验证 2. 每周审核 3. 每月抽查
调味料 验收 CCP3	药物残留 重金属残留	供应商的安全证明或声明	安全证明书 或声明	视察	每批一次	辅料验收员	拒收	1. 验收记录 2. 纠偏记录 3. 验证记录	1. 每日验证 2. 每周审核 3. 每月抽查
调味料 蒸煮 CCP4	致病菌残留	蒸煮时间： 5 分钟 蒸煮温度： 100℃	蒸煮温度 蒸煮时间	温度计 计时器	每锅一次	操作员	重煮或隔离 作安全评估	1. 蒸煮记录 2. 纠偏记录 3. 验证记录	1. 每日验证 2. 每周审核 3. 每月抽查

140. 小龙虾加工品保鲜有哪些方法?

目前，虾类加工品保鲜主要采用冷却保鲜和冷冻保鲜等低温技术，这些技术已得到广泛的应用，但同时也存在一定的缺陷。随着现代技术的发展，已有研究出几种新的保鲜保藏方法（魏静等，2013）。

（1）低温贮运法

低温贮运法是水产品中应用最广泛、最简单的一种保活或保鲜方法。根据低温保鲜的目的和温度的不同，分为普通低温保鲜、超冷保鲜（即超级快速冷却技术，super quick chilling，简称SC）、冷藏保鲜、冷冻保鲜等。普通低温保鲜又分为冰藏保鲜（如撒冰法和水冰法，温度范围一般控制在0~1℃）、微冻保鲜（温度范围一般控制在-3~-2℃）等；冷冻保鲜又称冻结保鲜（通常有-18℃和-35~-25℃两种方式），而所谓冷藏保鲜是指零度以上（即冰点以上，温度范围一般控制在0~10℃）的低温保鲜等。研究表明，速冻处理虾肉的品质优于缓冻处理。因此，采用此法保鲜时，常常需要借助单冻机或急冻库等低温设备将虾体快速降温至合适温度，然后保持在一定温度下，即可较长时间地贮运。该保鲜方法既经济又有效。

（2）镀冰衣及真空包装技术

低温贮运法经常与镀冰衣及真空包装技术协同使用，因此，这里我们同时也简要介绍一下这2项技术。

① 镀冰衣（ice-coating）。镀冰衣是用涂抹、浸泡或喷洒水雾等方法使速冻食品表面形成一层薄冰，对速冻食品形成包裹，防止速冻食品水分散失；同时，冰膜也可阻止空气与食品的接

触，防止不良氧化反应的发生。镀冰衣技术常用于鱼虾类及其他肉类的冷冻保藏中。

② 真空包装（vacuum packaging）。真空包装也称减压包装，是将包装容器内的空气全部抽出密封，维持袋内处于高度减压状态，空气稀少相当于低氧效果，从而使微生物没有生存条件，以达到防止包装食品的霉腐及氧化变质，保持食品的色香味，并延长保质期的目的。目前生产上主要应用的有塑料袋（或盒）内真空包装、铝箔包装及其他复合材料包装等。研究表明，当包装袋内的氧气浓度≤1%时，微生物的生长和繁殖速度就急剧下降，氧气浓度≤0.5%时，大多数微生物将受到抑制而停止繁殖。但真空包装不能抑制厌氧菌的繁殖和酶反应引起的食品变质和变色，因此，还需与其他辅助方法结合，如腌制、冷藏、速冻、脱水、高温杀菌、辐照灭菌、微波杀菌等保鲜防腐技术。

（3）臭氧水杀菌法

臭氧（O_3）是氧气的同素异形体，由一个氧分子（O_2）携带一个氧原子（O）组成，其常态为气体，分子量为48，比重比空气大易于沉降扩散，有一种特别的气味，类似于腥臭味。研究表明，臭氧是一种具有半衰期的强氧化剂，它的形态非常不稳定，常温下在水中其半衰期通常只有20分钟，完成氧化杀菌后还原成氧（O_2），不存在任何残留污染物（即不会在产品中形成残留而影响产品的风味，也不会对环境造成污染）。臭氧具有广谱杀灭微生物作用，其杀菌速度较氯快300~600倍，是紫外线的3 000倍。臭氧杀菌机理的本质是利用其强氧化性，首先作用于细胞膜，在氧化损伤膜结构成分后，快速渗透到菌体细胞内，使蛋白质变性，将酶系统破坏，导致菌体新陈代谢出现障碍，并抑制其生长，从而最终将菌体杀死。臭氧在水中的溶解度极高，

是氧气的13倍左右。在出口小龙虾加工生产环节中，常采用浓度较高的臭氧水进行杀菌，一般达到4mg/L；但空气中的臭氧浓度超过一定值时，对人体会产生伤害，因此应控制小龙虾加工车间内的空气臭氧浓度<0.1mg/L。试验表明，臭氧水对虾仁的杀菌效果明显，菌落总数的杀灭率为94.1%（未检出大肠菌群和金黄色葡萄球菌等食源性致病菌），且色泽、口感明显好于用氯杀菌的虾仁。此外，臭氧还有助于降解氯霉素和农残（孙爱东和赵立群，2002）。

（4）酶制剂保鲜法

利用酶制剂的催化作用，防止或消除外界因素对虾的不良影响，从而保持其原有的优良品质。目前，应用较多的是葡萄糖氧化酶和溶菌酶保鲜技术。葡萄糖化酶可以利用其氧化葡萄糖产生的葡萄糖酸使制品表面pH值降低，从而抑制细菌的生长；也因为除去了氧，降低了脂肪氧化酶、多酚氧化酶的活力，从而达到对食品保鲜的效果。溶菌酶的抗菌谱较广，不仅对革兰阴性菌，对部分革兰阳性菌也有抑制效果，对好氧性孢子形成菌、枯草杆菌、地衣型芽孢杆菌等都有抗菌作用，而对没有细胞壁的人体细胞不会产生不利影响。因此，适合于各种食品的防腐。溶菌酶对人体完全无毒副作用，具有抗菌、抗病毒、抗肿瘤的功效，也是一种安全的天然防腐剂。

（5）生物保鲜法

生物保鲜剂是指从动植物、微生物中提取的天然的或利用生物工程技术改造而获得的对人体安全的保鲜剂。化学保鲜剂因具有残留严重、潜在危害大等缺点，使得具有无残留、可代谢、安全性高等优点的生物保鲜剂成为现代食品保鲜的研究热点。常见的生物保鲜剂中，茶多酚具有良好的抑菌性和抗氧化性，能特异性地凝固细菌蛋白、破坏细菌细胞膜结构、与细菌遗传物质结合等，从而改变细菌生理抑制其生长，同时，茶多酚含有的多酚类能提供还原氢，起到抗氧化作用。壳聚糖是一种安全、无毒、可食、易降解的天然保鲜剂，具有良好的成膜性和较强的抗菌性，在食品保鲜中应用广泛。ε-聚赖氨酸是一种具有高抑菌能力的保鲜剂，并且它能产生人体所必需的赖氨酸。研究表明，经复合生物保鲜剂（茶多酚、壳聚糖和 ε-聚赖氨酸）处理过的即食小龙虾在常温（25℃±1℃）下储藏时，可将产品货架期由对照组的 6 天延长至 15 天（于晓慧等，2017）。

除以上介绍的保鲜保藏方法外，玻璃化冻结、高压、气调、辐照、化学和超冷等保鲜技术在小龙虾保鲜中也得到初步应用，但这些技术往往需要进行复合应用，如气调也要与低温结合，保鲜效果才会更好。

141. 根据蜕壳周期来谈谈什么样的虾才叫“软壳虾”？

正常情况下，虾类要依靠蜕壳才能实现个体的生长，每蜕 1 次壳，虾体就会长大一点。根据小龙虾的活动及摄食情况，小龙虾的蜕壳周期一般可分为 4 个阶段，即蜕壳间期、蜕壳前期、蜕壳期和蜕壳后期。

蜕壳间期小龙虾摄食旺盛，甲壳逐渐变硬；蜕壳前期是从小龙虾停止摄食起至开始蜕壳止，这一阶段是小龙虾为蜕壳做准备，小龙虾停止摄食，甲壳里的钙向体内的钙石转移，使钙石变大，甲壳变薄、变软，而且与内皮质层分离；蜕壳期是从小龙虾侧卧蜕壳开始至甲壳完全蜕掉为止，这一阶段持续时间约几分钟至十几分钟不等，大多数是在 5~10 分钟内完成，时间过长则小龙虾易死亡；蜕壳后期是从小龙虾蜕壳后至开始摄食止，这个阶段是小龙虾甲壳的皮质层向甲壳演变的过程，水

分从皮质层进入体内，身体增重、增大，体内钙石的钙向皮质层转移，皮质层变硬、变厚，成为甲壳，体内钙石最后变得很小。

鉴于蜕壳周期发生的一系列变化，国外也有学者将蜕壳后期分为软壳期和薄壳期，即蜕壳周期分为蜕壳间期、蜕壳前期、蜕壳期、软壳期和薄壳期 5 个阶段。我们俗称的“软壳虾”就是处于软壳期的虾。

142. 食用软壳小龙虾有哪些优点及其对人体的营养作用?

食用软壳小龙虾具有以下优点：一是软壳虾可使小龙虾的可食部分提高到 90% 以上。小龙虾蜕掉的壳约占原体质量的 54.5%，但蜕壳的小龙虾并没有失质量的现象，因为，在蜕壳过程中小龙虾身体将大量吸水，最终失质量率仅为 0.08%，可以忽略不计；二是小龙虾在蜕壳时将整个身体的外壳彻底蜕掉，包括所有附肢、腮和胃，因此，软壳小龙虾较干净和卫生，外观也很美丽，加工更是简单，而且整个软壳虾都可以吃，营养更丰富和全面。虾头中的虾黄也可充分食用，味道更鲜美。

食用软壳小龙虾对人体的营养作用：一是食用软壳虾时不再是仅仅摄入虾肉或虾黄，而是全面利用了整虾的营养功能；二是软壳虾为了长出硬壳，虾肉中必须有积累足够的营养盐（钙、磷、铁）方能长出硬壳，由于软壳虾肉中的钙含量是一般硬壳虾的 2~3 倍，且软壳虾不用剥壳，因此，软壳虾可以作为小孩和老年人天然的补钙类产品。

143. 国内外软壳小龙虾食品的开发现状及其加工技术怎样?

(1) 软壳小龙虾的开发现状

小龙虾含肉率不高，全身可食部分不足25%，为增加小龙虾可食部分，提高其利用率，20世纪90年代初，欧美一些国家利用其生长过程中蜕壳现象，研究生产软壳小龙虾获得成功，并进行规模化生产。

美国是世界上生产软壳小龙虾最多的国家，仅路易斯安那州，年产软壳小龙虾就达4.5t以上（王为民，1999）。它在软壳小龙虾的生产技术方面较为领先，包括工厂化的软壳小龙虾生产措施和设备的设计与建造，运用生物技术的方法来控制小龙虾的蜕壳速度、利用小龙虾的生物学特性，并结合加工的技术手段来阻止和延缓软壳小龙虾的壳硬化，从而组织批量的软壳小龙虾鲜活上市。然而，目前我国在这方面的研究正处于起步阶段，国内市场较大，开发前景广阔！

主要开发手段包括：一是利用小龙虾蜕壳生长的自然规律，生产软壳小龙虾。虾蟹蜕壳周期一般分为5个阶段，即软壳期、蜕壳后期、蜕壳间期、蜕壳前期和蜕壳期。小龙虾蜕壳前也有前兆，如停食、好静、活动减少等，只要掌握了小龙虾的蜕壳规律，设计出它的生长和蜕壳生活环境，就可以进行软壳小龙虾的大规模人工生产；二是利用激素调控，加速小龙虾蜕壳，促进群体蜕壳的同步性。虾蟹的蜕壳受到体内X-器和Y-器分泌的多种激素共同调控完成。X-器分泌“蜕壳抑制激素”，而Y-器分泌“蜕壳促生长素”，因此，可以通过人工切除X-器和添加蜕壳促生长素，缩短小龙虾蜕壳周期，加速小龙虾蜕壳，促进小龙虾蜕

壳的同步性，从而获得大批量的软壳小龙虾。

（2）软壳小龙虾的加工技术

保存与保鲜方法：如果不采取措施，软壳小龙虾不久就会变硬，为了保持软壳小龙虾的风味，必须对其进行保鲜处理。主要方法有：一是速冻保存。最简单的方法是将软壳小龙虾放在-18℃以下的环境中速冻保存，这样可以较为方便地做到随时食用和随时取用。二是鲜活保存。将软壳小龙虾暂养在 10℃以下的水中，可保持软壳一周不硬化。

主要加工方法：小龙虾由于蜕壳前会停食几天，胃肠道趋于排空，因此整个身体较为洁净，不需要任何加工或只要稍微加工就可以食用。但为了安全起见，建议软壳小龙虾不要生吃，且食用时需注意将虾胃中的两块钙石吐出。主要加工方法有：一是红烧或油炸 1~2 分钟，然后拌上作料就可以食用。二是可以加工成面包虾，长期冷冻保存。

第十章　小龙虾的综合利用

144. 什么是甲壳素?

甲壳素（Chitin）又名甲壳质，几丁质、壳多糖，壳蛋白，是自然界第二大丰富的生物聚合物，仅次于植物纤维。最早是由法国科学家布拉克诺（Braconno）1811 年首先从真菌蘑菇中提取到一种类似于植物纤维的六碳糖聚合体，把它命名为 Fungine（蕈素）。1823 年，法国科学家欧吉尔（Odier）在甲壳动物外壳中也提取了这种物质，并命名为 chitoin（几丁质），chitoin 希腊语原意为“外壳”“信封”的意思。因此，甲壳素其实是甲壳动物（虾蟹类）外骨骼和真菌类（蘑菇等）细胞壁的重要构成成分，但在昆虫外壳、藻类细胞、贝类和软体动物（如乌贼、鱿鱼等）的外壳和软骨中也发现存在甲壳素。

145. 甲壳素的化学结构如何?

经化学结构分析，甲壳素是自然界中人类迄今为止发现的唯一带正电荷阳离子基团的一种天然高分子聚合物，也是糖类中唯一的碱性多糖，属于直链氨基多糖，其学名为［（1，4）-2-乙酰氨基-2-脱氧-β-D-葡萄糖］，分子式为（$C_8H_{13}NO_5$）n，单体之间以 β（1→4）糖苷键连接，分子量一般在 10^6 左右，理论含氮量 6.9%，被认为是自然界中唯一含氮量最高的天然资源。

其分子结构特点为：氧原子将每个碳原子的糖环连接到下一个糖环上，侧基团“挂”在这些环上。甲壳素分子化学结构与植物中广泛存在的纤维素非常相似，所不同的是，若把组成纤维素的单个分子——葡萄糖分子第二个碳原子上的羟基（OH）换成乙酰氨基（$NHCOH_3$），这样纤维素就变成了甲壳素，从这个意义上讲，甲壳素可以说是一种可食性的动物性纤维。甲壳素有α，β，γ 3 种晶型，其中，α-甲壳素的存在最丰富，也最稳定。由于大分子间强的氢键作用，导致甲壳素成为保护生物的一种结构物质，结晶构造坚固，一般不熔化，不溶于水，也不溶于一般的有机溶剂和酸碱，仅仅溶于浓盐酸/磷酸/硫酸/乙酸等，其化学性质非常稳定，应用有限。

146. 甲壳素有什么主要用途?

1986 年美国华盛顿大学科学家首先发现甲壳素是一种具有生理活性的物质，这一发现为今后研发甲壳素奠定了理论基础，并引起了全世界的关注。但甲壳素若不进行脱乙酰化，其应用将非常有限。甲壳素被浓酸或浓碱水解后生成α-氨基葡萄糖，可用于纺织品的防皱和防缩处理；直接染料或硫化染料的固色；涂料印花的固着；木材的胶合以及防雨篷布的上浆等，也可用作制人造纤维和塑料等的原料。

甲壳素若脱去分子中的乙酰氨基可以转化为可溶性甲壳素（chitosan）或称壳聚糖（壳聚胺、几丁聚糖），溶解性大为改善，且吸湿性较强，仅次于甘油，高于聚乙二醇、山梨醇。在吸湿过程中，分子中的羟基、氨基等极性基团与水分子作用而水合，分子链逐渐膨胀，随着 pH 值的变化，分子链从球状胶束变成线状。具有很好成膜性、透气性和生物相容性，无毒且可生物降解，因而其应用范围变得十分广阔，在工业、农业、医药、化妆品、环境保护、水处理等领域有极其广泛的用途。如在工业上可用做布料、衣物、染料、纸张和水处理等；在农业上可用做杀虫剂、植物抗病毒剂；在渔业上可做养鱼饲料；在化妆品上可用做美容剂、毛发保护、保湿剂等；在医疗用品上可用做隐形眼镜、人工皮肤、缝合线、人工透析膜和人工血管等。

由于甲壳素特殊的生理机能的不断被发现，引起全球科技界和产业界的重视。甲壳素也是日本政府唯一准许宣传疗效的机能性健康食品。1993 年日本厚生省受理了甲壳素作为癌细胞转移抑制剂静门注射药品的申请；1996 年甲壳素又通过了美国药品食品管理局（FDA）及欧共体（EC）检定，核准在美国欧洲销售。目前，甲壳素的研发及其商业产品已出现了全球竞争趋势，并将保持持续稳定的高速增长。

147. 怎样获得小龙虾的甲壳素?

自然界中的甲壳素大多总是和不溶于水的无机盐及蛋白质紧密结合在一起。人们为了获取甲壳素，往往将甲壳动物的外壳通过化学法或微生物法来制备。但在工业化生产中常采用化学法，外壳经过酸碱处理，脱去钙盐和蛋白质，然后用强碱在加热条件下脱去乙酰基就可得到应用十分广泛的可溶性甲壳素（壳聚糖），典型的甲壳素和壳聚糖制备工艺流程，见图 10-1。目前，国内外一些企业常从虾蟹加工废弃物中提取甲壳素，虾蟹壳中甲壳素含量为 20%~30%，无机物（碳酸钙为主）含量为 40%，其他有机物（主要是蛋白质）含量为（陆剑锋等，2006）30%左右。我国甲壳类年产量达上千万吨左右，按 40%废弃物计算可制得甲壳素数十万吨，资源潜力巨大。因此，我国可以称得上是甲壳素资源大国。

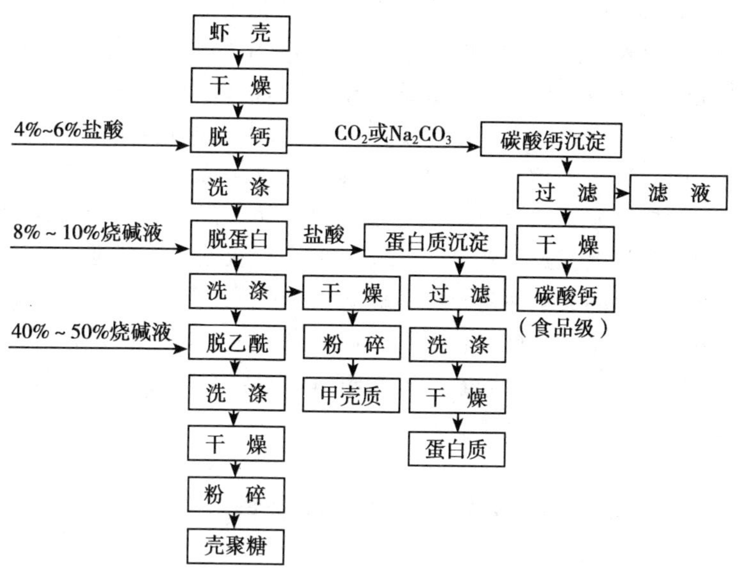

图 10-1　典型的甲壳素和壳聚糖制备工艺流程

148. 什么是"人体必需的第六生命元素"？

前面提到甲壳素也是一种动物纤维素，但是它却不易被动物机体消化吸收。然而，若甲壳素和蔬菜、植物性食品、牛奶和鸡蛋一起食用则就可以被吸收了。在植物和肠内细菌中含有壳糖胺酶、去乙酰酶，体内存在的溶菌酶以及牛奶、鸡蛋中含有的卵磷脂等共同作用下，可将甲壳素分解成低分子量的寡聚糖而被吸收。当甲壳素被分解到六分子葡萄糖胺时，其生理活性表现最强。甲壳素是一种从生物体活动的深层部分开始的特殊治疗，即由细胞层次来进行治疗。甲壳素使人体免疫机能活化，充分发挥人体自然治愈力，通过活化细胞，促进新陈代谢；活化淋巴细胞，增强免疫力等“内因”手段，提高整个人体防病治病的自然治愈力来对付各种疾病。一系列的研究结果证明甲壳素作为机能性健康食品，它的医疗保健作用更令人刮目相看，它完全不同于一般营养保健品，对人体具有强化免疫，抑制老化，预防疾病，促进疾病痊愈和调节生理机能等五大功能，也是功能最全面、效果最显著的第三代机能性健康食品。在1991年甲壳素国际学术会议上，经世界卫生组织（WHO）权威机构认证，美国、欧洲医学界的大学和营养食品研究机构的研究人员将甲壳素称为继蛋白质、脂肪、糖、维生素、矿物质之后的人体健康所必需的第六大生命要素。甲壳素也被WHO认为是21世纪人类不可缺少和无法替代的生命之源。

149. 甲壳素对维护人体健康有哪些功能?

(1) 强化免疫功能，对癌症有抑制作用

日本爱媛大学医学部奥田教授为证实甲壳素的抑制癌症作用，从C_3H/Hei白鼠的脾脏采取淋巴球，观察甲壳素的存在是否增加杀死YAC-1癌细胞的能力。实验用癌细胞预先注入放射性镉，癌细胞若受破坏，可由测定流出在细胞外的放射性的量而判定。结果确认甲壳素在64μg/mL的浓度就能增加淋巴球（NK）杀死癌细胞的作用。同时，还观察到甲壳素的降解产物葡萄糖胺使体液pH值发生变化，激活淋巴细胞攻击癌细胞。另外，这些降解产物还能与存在于血管壁表面的癌细胞转移载体结合，从而抑制了癌细胞的转移。我国科学家研究表明，甲壳素具有增强单核巨噬细胞和NK细胞活性功能，对细胞免疫和体液免疫功能均有增强作用，并有抑制癌细胞毒素的作用。增殖的癌细胞释放出毒素，破坏或降低血清中的铁质，造成贫血；兴奋满腹（或饱

食）中枢，失去食欲，同时促使体内脂肪分解，人体消瘦。而服用甲壳素则引起食欲，可能是甲壳素对癌细胞毒素有抑制作用，同时，也可调节肠胃功能。

（2）具有排除有毒、有害物质于体外的作用

有研究结果表明，甲壳素具有与植物纤维相似的结构与功能。如保水、膨润、扩散、吸附、难于消化吸收等，因而它具有促进消化道蠕动，增加排便容积，缩短肠内物质的通过时间，降低腹压及肠压，吸附有毒物质（如农药、化学色素、放射线等）和重金属离子并排出体外，从而减低食物中有害物质吸收的功能。同时能排除多余有害胆固醇，防止动脉硬化。胆汁酸是肝脏内由胆固醇所生成消化液中的一个重要成分，在胆囊中有一定贮量，甲壳素能很好地与胆汁酸结合，并将其排出体外，人体为了保持胆囊中有一定量的胆汁酸贮备，就必须在肝脏中将胆固醇转化或胆汁酸，这样血液中胆固醇含量就必然下降。同时，食物中的胆固醇进入体内后，需经酶的作用变成胆固醇脂才能在肠道被吸收，这一过程需要胆汁酸的参与。胆汁酸是表面活性物质，它对脂类有乳化作用。甲壳素很容易和胆汁酸结合并排出体外，导致这种酶不能正常地将胆固醇转变为胆固醇脂，从而妨碍胆固醇在体内吸收。

（3）具有降血糖，降血脂，降血压的作用

甲壳素溶于酸后，可形成一个强大的带正电荷的阳离子基团，对于改善酸性体质，维持体液正常 pH 值意义重大。我们知道由于胰岛素不足（绝对的或相对的）引起糖尿病，其患者体液呈酸性，若 pH 值降 0.1 则胰岛素敏感度下降 30%，患者糖利用降低，呈高血糖。甲壳素可把 pH 值调到弱碱性，提高胰岛素利用率，有利于糖尿病的防治；它还有调节内分泌系统的功能，使胰岛素分泌正常，抑制血糖上升。血管内脂肪滴是带负电荷的基团，它与带正电荷的甲壳素分解物结合，在脂滴周围形成屏障而妨碍吸收；同时，甲壳素在体内低浓度时，也能阻止脂肪消化酶的活化，使脂肪不能分解成甘油和脂肪酸，因此，在空肠不能吸收而以原形排出；此外，甲壳素还可以和胆汁酸结合影响脂类乳化使其吸收减少。近年来医学专家发现，血压升高和食盐中 Cl^-有关，与 Na^+无关。因 Cl^-能使血管紧张素转换酶（ACE）活化，把血管紧张素Ⅰ转变为血管紧张素Ⅱ，致使血压升高。而甲壳素是一种可溶性阳离子型食物纤维，在代谢过程中，其阳离子基团能和食盐中 Cl^-结合，随粪便排出体外，减少了人体对 Cl^-的吸收，因而服用甲壳素后能使血压下降。

（4）具有强化肝脏机能的作用

肝脏是人体最大的腺体，具有多样的代谢功能。目前，治疗病毒性肝炎没有特效药，大剂量干扰素治疗乙肝或丙肝有效率最高达50%。若将甲壳素与干扰素并用，可提高疗效，促进肝炎病毒抗体产生，可使乙肝病毒转阴。据日本鸟取大学平野教授研究证实，用高胆固醇饲料喂养兔子，由于胆固醇与中性脂肪在血中的浓度升高，不久后并发脂肪肝及肝炎，肝脏呈赤红色。但同时喂以甲壳素的兔子，胆固醇和脂肪明显降低，没有出现脂肪肝和肝炎，其肝脏呈正常暗褐色。过量喝酒，乙醇在乙醇脱氢酶作用下变成乙醛，乙醛的毒性很强，会引起头痛、恶心、肝损伤等。甲壳素可活化肝脏机能，增加醛脱氢酶的活力，可以解酒，防止酒精性肝损伤。

（5）具有活化细胞，抑制老化，恢复各个器官功能作用

有研究结果证实，甲壳素对植物神经系统及内分泌系统有调节作用。甲壳素可进入血脑屏障，修复营养脑细胞，治疗脑萎

缩。可进入血睾屏障，修复营养性腺细胞，改善酸性环境，促进男、女性激素的分泌，恢复提高性功能，增加活力，抑制老化。甲壳素可进入胎盘屏障，使胎儿健康、强壮、皮肤光滑等。甲壳素对人体细胞具有良好的亲和性，抗原性低，安全性高；在人体受伤部位能活化细胞，大量产生胶原纤维，胶原纤维可迅速形成细致的皮肤，不会留下疤痕，在治疗烧伤、烫伤、外伤、加速伤口愈合、止血、消炎方面疗效独特。此外，通过实验还发现甲壳素具有促进肠内有益菌的生长，维持肠道生态平衡的作用；具有很强的抗菌力，可治疗口腔溃疡、牙周病、口臭等；还具有提高钙代谢的功能和骨细胞摄取钙的能力，治疗骨质疏松症等作用。

（6）调节自律神经，促进末梢循环

中医所谓的“淤血”是指气、血、水不流畅的病态。淤血时末梢循环不良，身体表面温度降低，而成为怕冷症。由于末梢循环不良，对肌肉细胞的营养物质、氧气供应不足，代谢废物堆积，会引起腰酸背痛。甲壳素的体内降解物质能刺激迷走神经，经由自律神经中枢的兴奋，使细动脉扩张，促进末梢循环，使细胞肌肉的养分供应充足，从而改善了由淤血、体质虚弱、末梢循环不良、身体表面温度降低而引起的畏寒怕冷、腰酸背痛症状。

150. 甲壳素作为医用生物材料有哪些用途?

甲壳素来源于生物体结构物质，与人体细胞亲和性强，可被机体内的酶分解吸收且无毒性和副作用；它还具有良好的吸湿性、纺丝性和成膜性，被广泛地作为一种优良的生物医学、药学材料开发应用。

(1) 制备医用敷料

甲壳素具有良好的组织相容性，灭菌、促进伤口愈合和吸收伤口渗出物且不脱水收缩等性质，已广泛用于医用敷料，包括用于临床的人造皮肤等，其制备的方法是将甲壳素溶于含有 LiCl 的二甲基乙酰胺（DMAC）混合剂中，流涎成膜，乙醇固化，真空干燥得到无色透明的人工皮肤薄膜，再经消毒，打孔即得产品。此外，可以将甲壳素同抗菌药物氟哌酸及多孔性支撑创伤伤口材料制成烧伤用生物敷料，其生物相容性好，不过敏，抑菌效果优良，透湿透气性能较高。目前，已应用于无纺布、医用纤维、医用纸及粘胶带。

(2) 手术缝合线

利用高质量的甲壳素为原料制作的手术缝合线能加速伤口愈合，能被组织降解并吸收，可替代肠衣手术线，而性能在许多方面优于肠衣线。将高纯度的甲壳素粉末溶于适当的溶剂（如酰胺类溶剂），经湿法纺丝制得细丝，然后纺制成不同型号的缝合线。甲壳素缝合线的力学性质良好，能很好满足临床要求。例如 4-0 号缝线的直接强力为 2.25kg，润湿强力为 1.96kg，打结强力为 1.21kg，润湿打结强力为 1.25kg，此值优于羊肠线。

(3) 制作人造血管

美国 1996 年公开了一项世界专利，用甲壳素制作人造血管，内径<6mm，内壁光滑而不会凝集血球以保持管腔通畅。经国内外检测证实甲壳素既无毒，又与组织相容亲和，还抑制人成纤维细胞生长，很自然适合作人造血管。此外，国外为了防止心包黏连而在心包膜采用甲壳素膜取得较好的效果。美国路易斯安那州大学医学中心证明甲壳素可以预防眼内手术后黏连，对眼结膜上

皮无刺激，且促进血 T 细胞及 γ 干扰素与增强单核细胞及巨噬细胞功能。

（4）医用微胶囊

利用甲壳素制造微胶囊进行细胞培养和制造人工生物器官是其重要的应用方面。借助于甲壳素阳离子特性与羧甲基纤维带负电性的高分子反应可制备不同类型的微胶囊，使高浓度细胞培养成为可能。它不仅可以避免微生物污染，也容易进行产物的分离与回收。如果包封生物活细胞，如胰岛细胞、肝细胞等则构成人工生物器官。天津大学应用甲壳素代替聚赖氨酸进行人工细胞研究，用其包封血红细胞、肝细胞和胰岛细胞均取得满意效果。这种微胶囊半透膜可以阻止动物细胞抗体蛋白（IgG）进出，允许营养物质、代谢产物和细胞分泌的激素等生理活性物质出入，保证了细胞长期存活。

（5）药物缓释剂

天津大学已研制成由甲壳素为载体，由胃液酸碱度变化控制药物释放的“智能型”控释药物系统，以治疗胃溃疡，提高药效及减少副作用。最近的初步研究表明，甲壳素膜中性条件具有明显的 pH 值刺激响应性，若能在膜上结合葡萄糖氧化酶制备人工胰岛细胞，则将会随人体血糖变化来控制胰岛素的释放。甲壳素还可以制备消炎缓释颗粒，该颗粒具有良好缓释效果，且缓释能力随甲壳素比例增加而增大，血液浓度监测显示其有效血药浓度维持较长，无明显吸收峰。还有人将博来霉素加入甲壳素、Li_2O 和 DMAC 的混合物中，制成缓释颗粒以减轻博来霉素的毒副作用，减少了给药的次数。

（6）止血剂和伤口愈合剂

甲壳素具有良好的止血和促进伤口愈合的作用。如在手术时，血管内注射高黏度甲壳素，其所带的正电荷将与红细胞表面的静电负荷键合形成的交联物，使血液形成止血栓而使血管闭塞，达到止血目的。这种止血法较注射明胶海绵等常规止血法好，操作容易，感染少。用甲壳素治疗各种创伤，有消炎、止痛、促进肉芽生长和皮肤再生，对创面无毒、无刺激性，相容性好等特点。

（7）骨病治疗剂

骨折作为一种常见的多发病，由于伤后修复疗程较长，骨疤生长缓慢而给病人带来较长的痛苦。如何缩短疗程，加快骨折愈合就成为骨科领域急需解决的问题。在祖国医学和民间验方中，甲壳素被用作活血化瘀、消肿、止血、止痛药物。近年有人选用甲壳素为原料，经低分子衍生化制成骨病治疗剂。经临床应用表明，甲壳素可以直接作用在骨芽细胞上，促进其分化衍生和骨矿物质的合成，从而提高碱性磷酸酶的活性，加快骨基质的形成及修复作用，因而对骨孔症、风湿性关节炎、骨折、骨移植等有特殊效果。

（8）用作人工透析膜

膜透析技术现已广泛应用于临床，目前临床上应用的透析膜有铜氨纤维膜、聚丙烯腈膜等，这些膜都存在着抗凝血性能差、中分子量物质透过性差的缺点。用甲壳素制成的人工透析膜已分别于1983年、1984年申请欧洲专利和日本专利，这些透析膜的抗凝血性大大提高，且能经受高温消毒，具有较大的机械强度，并对溶质如NaCl、尿素、B_{12}等中分子量物质均有较好的通透性。

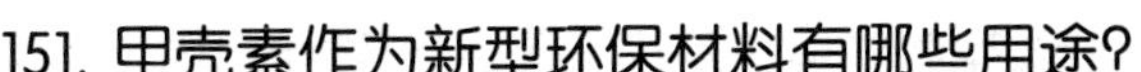

151. 甲壳素作为新型环保材料有哪些用途?

20 世纪 80 年代是塑料时代，塑料广泛应用于生产及生活的诸多领域，但是其很被难被自然降解，给环境带来了严重的“白色污染”。同时，随着社会的进步，各种污染物的处理也成为头痛的问题。科学家研究发现甲壳素是一种新型的环保材料，有望成为塑料的替代物。

(1) 理想的制膜材料

甲壳素是一种多分子聚合物，无毒、无味、耐晒、耐热、耐腐蚀且不怕虫蛀和碱的侵蚀，能溶于低浓度弱酸溶液中，所以是理想的制膜材料。目前，许多国家已经开发出强度大大超过纤维膜的甲壳素材料，不仅可应用于食品包装，可制成工业用的过滤膜和反渗透膜，还可制成保健服装、医用纱布和手套等。近年来，日本已开发出甲壳素塑料可降解地膜，并在空调器和电话器上也装上了甲壳素膜，以吸附毒素和电磁波。

(2) 废水处理吸附剂

利用甲壳素的络合作用可有效地吸附或捕集溶液中的重金属离子，如从工业废水中分离重金属。甲壳素还能有效处理染料废水，使废水脱色。甲壳素的吸附量是粒状活性炭的数倍且易处理回收，原料无毒，不存在二次污染，吸附成本低。1992 年，美国科学家发现，甲壳素可消除一些化工工艺中含有或产生的酚类污染，与现有蒸馏法去除废酚相比，具有成本低、效率高等优点。

(3) 污水处理絮凝剂

甲壳素可用于处理城市下水道、生活污水和食品厂、酿造厂排放的有机污水，有效沉淀污水中悬浮物。沉淀的污泥易脱水且毒性低，能被生物降解，是其他高分子絮凝剂不及的。焚烧脱水率较高的污泥可降低能耗，这种水处理剂市场占有率较高。

(4) 饮用水的净化剂

甲壳素与皂土结合使用，可沉淀饮用水中的微粒和有害物质，更快地澄清水质，使水质变得更加甘甜适口，而甲壳素的用量小，产生沉淀少和可生物降解，是目前净化饮用水中铝盐的理想替代物。发达国家已广泛使用甲壳素来净化水质。

152. 甲壳素作为食品工业材料有哪些用途?

甲壳素以其稳定性、保温性、成膜性、凝胶性、絮凝性、生物安全性和生物功能性等优良性状，而在食品工业中有着广泛的应用。

(1) 增调剂和絮凝剂

甲壳素经酸控制水解而得到微晶甲壳素，微晶甲壳素作为食品增稠剂和稳定剂性能优于微晶纤维素。将微晶甲壳素粉碎后悬浮水中进行高速剪切，使其均匀分散于水中成为悬胶体。此过程中，水中分散体物质的黏度不断增加，形成稳定的凝胶状触变分散体，可作为普通肉丸、午餐肉、花生酱、玉米糊罐头等食品制作的优质增稠剂，且食品的组织和风味基本上不变。在酸性介质中，甲壳素为阳聚电解层，与果汁中的蛋白质等阴电解质聚凝，形成絮凝物而沉淀，促使果汁澄清，对果汁处理效果极佳，透光率明显好于酶法，果汁中的营养成分损失也很小，目前已广泛应用于各种流体饮料。

(2) 保水剂和乳化剂

甲壳素吸湿性比纤维素优，吸水后甲壳素表面活性降低比纤维素小。105℃气干的甲壳素易被水润湿，吸水后在 -6℃可完全冷冻。利用甲壳素的亲水性，添加于食品中可有效控制水分，达到变稠、胶凝、稳定乳液等效果。在蛋白质强化面包的制作过程中，加入微晶甲壳素，面包中蛋白蛋的含量随甲壳素添加率的增加而增大。微晶甲壳素的乳化性和持水性能较好，能代替吐温-80 使乳化鱼肝油延长保质期，既可销往寒冷地方，也可销往炎热南方。

(3) 食品保鲜剂

由于世界性能源短缺，世界各国均在致力于开发新型天然无毒高效保鲜剂以延长食品在非冷藏条件下的货架期。由于甲壳素独特的分子结构和理化性质，能显著地抑制菌类的生长繁殖，非常适宜用于肉类和果蔬的保鲜。研究表明，甲壳素醋酸混合液对 30℃贮藏的鲜猪肉中各种腐败菌生长有抑制作用，可明显延长鲜肉货架期 80 小时。用甲壳素涂膜法保鲜果蔬效果优于 0℃冷藏保鲜法。不耐储存的猕猴桃经 3 个月的涂膜常温保藏，好果率为 100%。

(4) 不溶水可食薄膜

一般的可食薄膜都是水溶性的，不能包装含水分高的食品，而用甲壳素与淀粉共聚制成的薄膜经碱处理后，使之成为在水中不溶化的可食薄膜，这种薄膜即使在沸水中长时间浸泡也不会溶解，特别适用于包装含水分很多的食品。

(5) 功能性甜味剂

甲壳素的低聚糖具有非常爽口的甜味，在保温性、耐热性等方面优于砂糖，很难被体内消化液所降解，故几乎不产生热量。

其低热值特点可避免过分摄入甜食而来的病症，是糖尿病人、肥胖病人理想的功能性甜味剂。据研究，低聚糖还能促进双歧杆菌的增殖，在抗肿瘤、抗衰老、抑制多种肠道致病菌方面作用显著。

（6）功能食品的理想添加剂

甲壳素经过改性可成为水溶性甲壳素，作为功能元素的载体而广泛应用于功能食品加工，用于添加人体必需的矿物质和微量元素，如钙、锌、铁等。目前，市场上已推出活力多糖锌，集补锌与多糖的功能为一体，提高了食品档次，使之更具有市场竞争力。我国市场上已出现近 10 种甲壳素功能性保健食品。

153. 作为化学工业材料，甲壳素有哪些用途？

（1）在化妆品中的应用

甲壳素粉末比表面积大，孔隙率高，能吸收皮脂类油脂，是干洗发剂的理想的活性物质。甲壳素分子中的氨基带正电荷，头发表面带负电荷，两者有很强的亲和力，用作洗发香波、头发调理剂、定型发胶摩丝具有黏稠性、保水性和成膜性好，防潮、防尘，对头发无化学刺激等特点，可使头发柔顺，增添光泽，是目前理想的护发产品。甲壳素与染料合成着色剂，其精制成的微粒可以作为粉剂、唇膏、指甲油和眉笔等的底物，使它们更加易涂布和滑润，并且不易结块，毒性明显降低。甲壳素还可制成理想的护肤产品。利用甲壳素的保湿性、成膜性、抑菌性和活化细胞的功能制备高级护肤化妆品，可保持皮肤的湿润，增强表皮细胞的代谢，促进细胞的年轻化和再生能力，防止皮肤粗糙、生粉刺并减轻体臭，预防皮肤疾病的发生。目前，日本每年用于化妆品的甲壳素达 100t 左右。

（2）在纺织、印染、造纸方面的应用

在轻纺工业上，甲壳素可作为织物的上浆剂、整理剂，改善织物洗涤性能，减少皱缩率，增强可染性。甲壳素也可以制作无纺布生物衣，具有吸水性、扩散性、抗菌性等功能。日本的旭化成工业公司利用甲壳素纤维和其他纤维混纺出一种衣料，用这种衣料制成的防风运动衣和高尔夫球帽，既吸汗又防臭。甲壳素具有增色和固色的作用，可作为直接染料和硫化染料的固色剂，提高染料对织物的染色效果，改善色度，提高色牢度。在造纸工业中，可作为纸面施胶剂。若在纸浆中加入甲壳素，纸张的吸水性大大下降，纸张机械强度、耐水性和电绝缘性大幅度提高，可用于水质净化、发酵反应过程中的生物酶载体以及商标纸、货币纸等。

（3）化工催化剂

化学工业中一种选择性的氢化催化剂可由甲壳素制得，它对共轭双键和三键的氢化反应具有极高的活性，用它催化氢化环戊二烯产率可达98.2%。目前该催化剂已有试验产品出售。

（4）涂料添加剂

油漆中加入甲壳素可增加覆涂面积，降低油漆消耗，而原油漆光泽、耐腐蚀能力和耐划痕性能均没变。将甲壳素添加到乐器油漆中，使乐器音质更优美动听；还可制成木材防腐剂。

（5）色谱分离用吸附剂

甲壳素具有良好的机械强度，可用作离子交换吸附剂与亲和吸附剂，能够分离和纯化丝氨酸蛋白酶等。交联羧甲基甲壳素具有两性的离子交换能力，化学性质稳定，可以有效地用作分离糖-蛋白质、蛋白质-蛋白质、粗糖脱盐的柱填料，也能用作渗透材料和亲和色谱分离吸附剂。

(6) 稀有金属富集剂

利用甲壳素与各类金属离子生成各种有色络合物的功能搜集稀有贵重金属。如它的膦酸酯衍生物磷酸甲壳素可从海水中回收铀，吸附后用稀磷酸钠溶液解析即可较易地回收铀。

(7) 农业方面的应用

甲壳素在农业上的应用越来越广泛，成为绿色农业不可缺少的材料，除用作保湿剂、杀虫剂、饲料添加剂和土壤改良剂外，还用作植物生长调节剂。由于甲壳素可诱发甲壳素酶活性增加100倍，用它制作“植物生长调节剂”可促进植物生长发育，抑制许多植物致病菌如镰孢、腐生菌等的繁殖，使植物体产生抗体以提高自身免疫力，并使小麦大豆等农作物增产10%以上。美国科学家发现，用甲壳素等做水稻种子包衣可提高水稻的产量。波兰农科院添加甲壳素粗饲料投喂母猪和猪崽，结果表明可预防疾病，增速生长。

(8) 在烟草工业中的应用

香烟在燃烧过程中会产生很多对人体有害的成分，世界各国烟草工业都在致力于开发“健康无害烟”。科学家将甲壳素应用到烟草工业中去，使之成为香烟黏合剂和有害成分吸附剂，不仅大大降低了香烟中有害成分对人体的毒害，而且改善了香烟的品味，提高了香烟的档次，使“健康无害烟”成为可能。

154. 甲壳素的市场开发前景如何?

有人说：“从没有一种物质像甲壳素一样被如此广泛的研究

和应用。”；也有人说：“21 世纪多糖的研究最有希望的是甲壳素。”据不完全统计，全世界从事甲壳素产业化开发的企业已达数千家，年销售额超过 20 亿美元。一些发达国家争相投入大量资金对甲壳素进行深入研发，如日本政府拨出 60 亿日元启动经费委托全国 13 所大学对甲壳素进行系统研究开发。甲壳素的研发及其商业产品已出现了全球竞争趋势，并将保持持续稳定的高速增长。甲壳素是 21 世纪的新材料，它对人类社会的发展与进步有着巨大的作用。其重要理由如下。

① 甲壳素是地球上仅次于纤维素的第二大生物资源，年生物合成量高达 100 亿 t 以上，可以说是取之不尽、用之不竭的生物资源。这无疑给面临全球资源枯竭危机的人类带来了勃勃生机。

② 全球几乎所有的国家均在研究开发甲壳素，据统计数据表明，每年发表的论文报告上万篇，有的国家平均每 3 天就申报一项甲壳素应用专利（如日本），甲壳素已是一种内涵丰富、前景广阔的全球化和高新技术化的物质，已成为世人瞩目的前沿学科领域。

③ 甲壳素的商业产品已遍布全球，其应用领域已拓展到工业、农业（包括渔业）、环境保护、国防、人民生活等各方面，尤其是在生物医药及医疗用品领域，其产业渗透性之大，应用领域之广，获利之丰厚均超过其他资源产业，若干年后必将形成数百亿美元的市场。

④ 人类创造了现代文明，同时，也破坏了自然生态平衡，自然环境日益恶化。目前，我们面对的主要疾病不再是细菌、病毒和寄生虫，而是诸如肿瘤、心脑血管和糖尿病之类的慢性病。对这类疾病，细胞保护与食物调节比杀伤性药物更有应用前景。甲壳素被誉为人体健康所必需的第六生命要素，这对于解决困扰人类社会已久的“现代文明病”，保障人类健康，提高人类的生存发展质量具有重大意义。甲壳素也是一种环保纤维源，它具有无毒、无味、耐晒、耐热、耐腐蚀，而且不怕虫蛀和碱的侵蚀，

可生物降解，有望成为塑料的替代物，不仅可以解除人类所面临的“白色污染”，而且可以消除人体内外环境所面临的有毒有害物质对人体的威胁，实现经济社会的可持续发展。

总之，21 世纪是甲壳素的大研究、大开发、大应用时代，甲壳素的研发是 21 世纪高新科技争夺的制高点之一，甲壳素产业是 21 世纪最有希望的新兴产业，它的研发及其应用，将引发相关产业革命。人类社会离不开甲壳素，甲壳素是我们全人类共同的宝贵财富。

面对世界性的甲壳素研发热潮和即将到来的甲壳素时代，对中国来说是一次机遇和挑战，目前我国的甲壳素研发热潮也正在兴起。全国有数千家科研院所、大专院校和企业从事甲壳素的应用开发，近年全国甲壳素的产量已突破 4 000t 大关，先后多次召开各类甲壳素相关的全国性学术会议，发表甲壳素论文报告多达数百篇。但是我国的甲壳素生产技术和工艺水平不高，产品档次较低，应用开发力量分散，研究重复，产业化水平低，有待我们集聚政府、科技界、企业界的力量，确定中国甲壳素事业发展的最佳途径和目标，明确甲壳素产业发展重点和应采取的保障措施，以坚实的步伐迎接甲壳素时代的到来。

155. 除甲壳素外，小龙虾加工废弃物的综合利用途径还有哪些？

已有的研究数据表明，虾头中含粗蛋白 13. 13%，粗脂肪 4. 50%，无氮浸出物 8. 54%，并含有甲壳质 10%~15% 和壳聚糖 7. 5%，还有含 DHA 和 EPA 的虾油、虾青素、各种氨基酸、有益元素和维生素等营养素；鲜湿虾壳的成分大致为水 68. 1%，灰分 17. 0%，总类脂 0. 9%，蛋白质 8. 5%，甲壳素 5. 5%；而干虾壳中含粗蛋白量 29. 6%，粗脂肪 7. 02%，钙 13. 32%（罗梦良和钱名全，2003）。我们在本章前面部分已提到虾壳可制备甲壳素及壳聚糖等，但虾头经水解也可制备营养丰富、具有保健治疗功能的各种调味品，又可作为虾味食品的添加剂。为此，以下内容将进一步对头壳综合利用的工艺流程做些简要介绍。

（1）虾调味料（如虾油和虾粉）的制备（图 10-2）

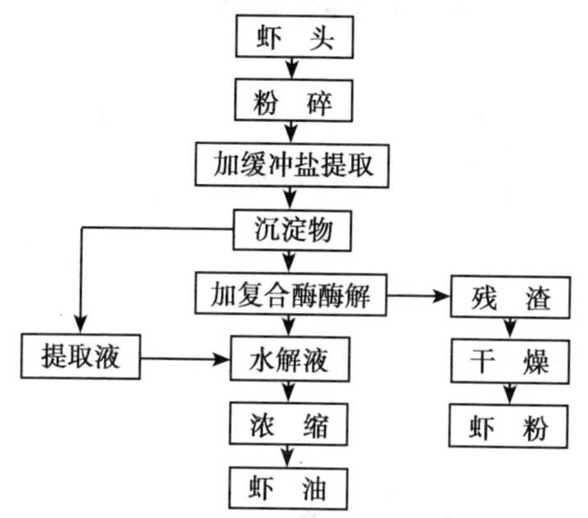

图 10-2　虾调味料酶解制备工艺流程

（2）氨基葡萄糖盐酸盐的制备（图 10-3）

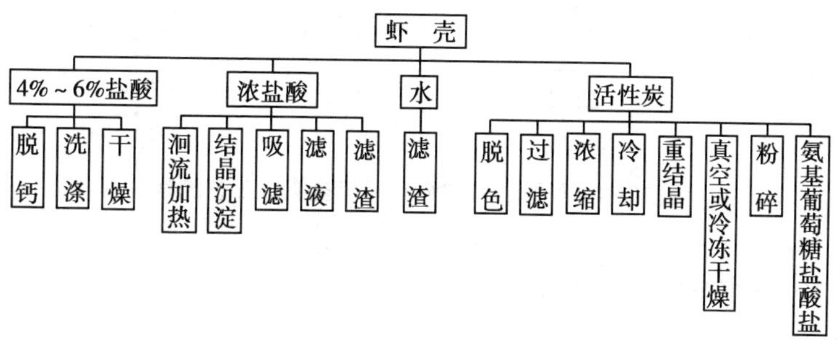

图 10-3　氨基葡萄糖盐酸盐制备工艺流程

（3）类脂、蛋白质和无机盐的制备

采用丙酮可以从湿虾壳中提取类脂，并在制取甲壳素过程中采用沉淀法回收蛋白质和无机盐，其工艺流程，见图 10-4。

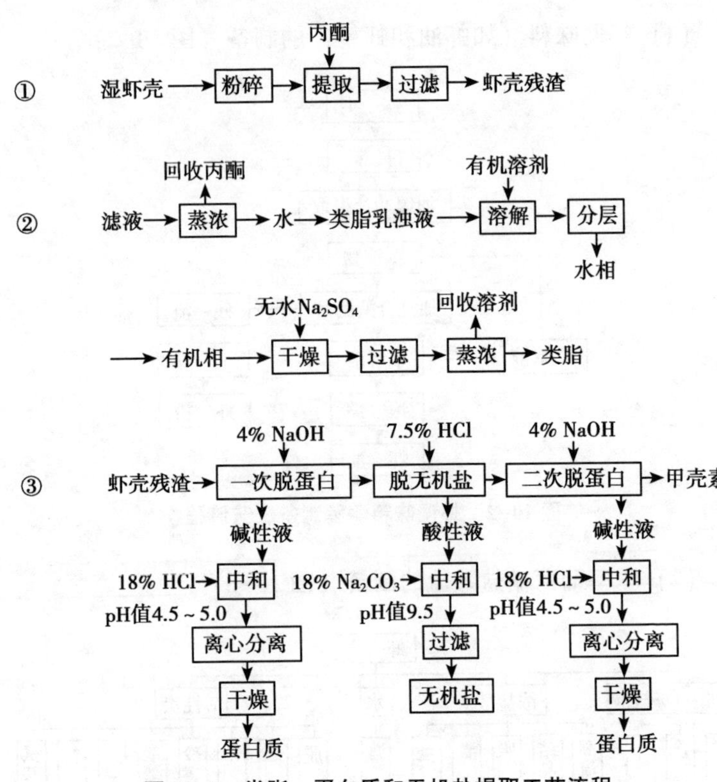

图 10-4　类脂、蛋白质和无机盐提取工艺流程

（4）虾青素的制备

从虾头废弃物中提取虾青素的方法有直接加热离心法、有机溶剂萃取法、发酵法以及酶解后豆油提取法等，下面列举一种酶

解法（图 10-5）。

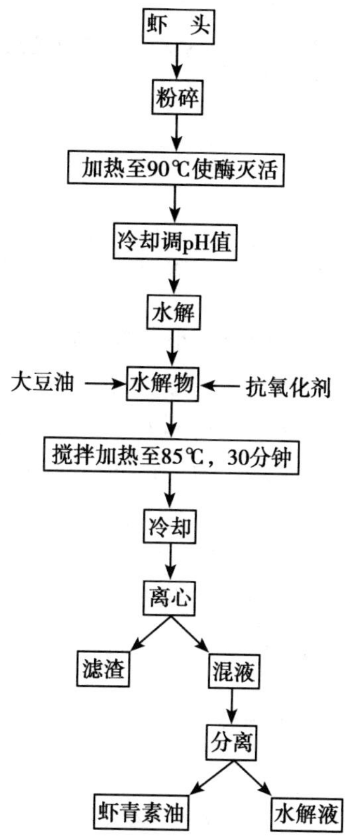

图 10-5 虾青素酶解制备工艺流程

第十一章　小龙虾的江湖传言与解析

156. 小龙虾是为消灭尸体，基因改造而引进的吗？

上海海洋大学陈舜胜指出，小龙虾原籍在美洲，美国路易斯安那州就盛产，1983 年还成为该州的代表动物，也是当地居民常见的美食。100 多年前小龙虾被引入亚洲，20 世纪 30 年代，再从日本引入中国，当时是作为牛蛙的饵料使用。而克氏原螯虾生性凶猛，繁殖快，作为外来物种入侵，迅速挤占了中国原有虾类生存空间，成为目前产量最高、最具食用价值的淡水龙虾品种。网上传闻“小龙虾是日军生化部队基因改造后，为处理尸体引进”的说法并无历史依据。

157. 小龙虾是喜欢污水专门吃垃圾的动物吗？

“小龙虾喜欢在污水中生活，吃腐烂的动植物尸体。”陈舜胜解释，事实上，无论是小龙虾还是螃蟹，它们都以小型水生昆虫、水草为食，也摄食腐烂的动物。正因为食性广泛，小龙虾对环境的适应能力很强，能够在污水中生存，但这并不意味着小龙虾天生就喜欢臭水沟。近日，南京大学生命科学学院黄成进行了“龙虾实验”，结果证实，小龙虾更倾向选择干净的水质，但因为干净纯水中生物较少，所以，轻微的无公害污水更适合小龙虾生存。而真的污染水质只会让小龙虾生存率降低，生长缓慢。虽

然小龙虾在天然和人工饵料不足够时被迫食用腐烂食物，但是其强大的胃受力能够迅速分解有机物的毒性，随粪便排出体外，并不会因食用垃圾而在体内囤积毒素。

158. 小龙虾重金属超标吗？

因为环境污染，很多海鲜都因“重金属超标”为人诟病。但陈舜胜表示，因为小龙虾以水草、藻类、水生昆虫为食，而这些食物中能够携带的重金属含量是非常有限的，且生长期通常为1年左右，因此，难以富集大量重金属。反倒是位于食物链最顶端的大型鱼类，往往是重金属污染的主要受害方。另外，一旦受到重金属污染，小龙虾会生长缓慢，外壳变异，直接影响外观及市售。因此，养殖者也会主动避免污染，采取水质清洁的淡水养殖。此外，小龙虾体内的重金属主要富集在虾线、头部、内脏及外壳，这些部位并非是人们喜食的部分，小龙虾生长过程中又不断脱壳，所以，重金属中毒的可能性不大。

159. 吃小龙虾会得肺吸虫病吗？

肺吸虫病，顾名思义，是一种喜好在人体肺部寄生的吸虫，一旦感染，就容易引发咳嗽、胸闷等症状。近年来，确实曾有因食用小龙虾后感染肺吸虫病的报道，让喜爱小龙虾的食客心有余悸。但陈舜胜指出，因吃小龙虾感染肺吸虫病只是偶然事件，淡水的虾、蟹均易感，小龙虾并非典型宿主。所以，为安全起见，小龙虾应该在高温100℃蒸煮至少10分钟，这样处理后，肺吸虫等寄生虫就可以被杀死。

160. 只有中国人才吃小龙虾，外国人不吃吗?

很多人以为小龙虾只是中国人的消夜美食，事实并非如此，外国人同样爱吃小龙虾。从小龙虾的出生地可以看出其国外历史更为悠久，在每年的3—6月，美国各地都会举办各具特色的小龙虾节。外国人对小龙虾的喜爱程度丝毫不亚于国人。陈舜胜表示，小龙虾易养殖，产量高，消费量大，在各国都受到欢迎。仅湖北一省，2015年出口小龙虾就超过3亿美元。小龙虾还出口欧洲、美洲各国，也出口日本（图11-1）。

图11-1 出口的冻煮小龙虾仁

161. 洗虾粉会导致横纹肌溶解症吗?

网传“洗虾粉会导致横纹肌溶解症”并没有确凿根据，因为洗虾粉的主要成分是草酸，并不具备肌溶解的功能。草酸是生物体的一种代谢产物，广泛分布于植物、动物和真菌体中，并在

不同的生命体中发挥不同的功能。研究发现百多种植物富含草酸，尤以菠菜、苋菜、甜菜、马齿苋、芋头、甘薯和大黄等植物中含量最高，由于草酸可降低矿质元素的生物利用率，在人体中容易与钙离子形成草酸钙导致肾结石，所以，草酸往往被认为是一种矿质元素吸收利用的拮抗物。

横纹肌溶解综合征是指一系列影响横纹肌细胞膜、膜通道及其能量供应的多种遗传性或获得性疾病导致的横纹肌损伤，细胞膜完整性改变，细胞内容物（如肌红蛋白、肌酸激酶、小分子物质等）漏出，多伴有急性肾衰竭及代谢紊乱。所以，洗虾粉里的草酸并不会造成横纹肌溶解症的，但它同样是有毒物品所以还是要避免肢体的直接接触和食用。

162. 小龙虾是虾还是虫子？

小龙虾不是虫，是和螃蟹同属爬行亚目的甲壳动物。说它是虫也有历史原因，古代把这些小东西都叫做虫，这一点从“虾”字的偏旁就能看出，一起被认为是虫的还有蛇，蝎，蟹，蜘蛛，蚯蚓一大帮小伙伴。所以在古代，如果你说它是虫也对，但现在所说的“虫”通常是指节肢动物门里面的昆虫纲的生物。小龙虾属于节肢动物门的甲壳纲，和昆虫们是平行关系。在动物分类学上小龙虾隶属于节肢动物门（Arthropoda）、甲壳纲（Crustacea）、软甲亚纲（Malacostraca）、十足目（Decapoda），多月尾亚目（Pleocyemata）、螯虾上科（Astacoidea）、螯虾科（Cambaridae），螯虾亚科（Cambarinae）、原螯虾属（*Procambarus*）、原螯虾亚属（*Scapulicambarus*）。

小龙虾具备虾类的特征：第一，螯肢。小龙虾是甲壳动物，一对附肢特化为螯不过是为了适应功能，后部体节简单分节，大量小附肢。第二，鳃。水中呼吸。第三，游泳肢。第四，尾扇。

尾部有4个附肢变扁了。就小龙虾做成菜这一点上区分，是不是虫没什么意义。

163. 哪些人不能吃虾和海鲜?

虾的营养价值很高，全身是宝。虾脑，含有人体必需的氨基酸、脑磷脂等营养成分；虾肉含有大量蛋白质、碳水化合物；虾皮含有虾红素、钙、磷、钾等多种人类所需的营养成分；虾是高蛋白、低脂肪的水产品。除此之外虾还含有丰富的胡萝卜素、维生素和人体必需的8种氨基酸。所以，吃虾有利于身体摄入充足的营养物质。

虾并非人人可食！某些过敏性疾病的患者，如支气管哮喘、反复发作的过敏性皮炎、过敏性腹泻等等，约有20%的病员可由食虾激起发作。因此，已明确对虾过敏的，在缓解期和发作期都不要进食。

① 哮喘患者。刺激喉及气管痉挛。

② 虾属于发性食物。子宫肌瘤患者不能吃虾、蟹等海鲜发物。

③ 甲状腺功能亢进者应少吃海鲜，因为含碘较多，可加重病情。

④ 平日吃冷凉食物容易腹泻和胃肠敏感的人应当少吃海鲜，以免发生腹痛、腹泻的状况。

⑤ 痛风患者患有痛风症、高尿酸血症和关节炎的人不宜吃海鲜，因海鲜嘌呤过高，易在关节内沉积尿酸结晶加重病情。

⑥ 虾是高蛋白食物，部分过敏体质者会对小龙虾产生过敏症状，如身上起红点、起疙瘩等等，最好不要食用小龙虾。

⑦ 孕妇和乳母应当少吃海鲜，因为目前我国海产品的污染状况十分严重，特别是含汞量普遍超标，而汞可以影响胎儿和婴

儿的大脑和神经发育。

164. 吃虾要注意哪几点？

清理小龙虾时，除了虾头和虾壳外，还要除去虾线（肠道）。最重要的是，要保证高温煮透，温度和时间达不到要求可能藏有病菌。

（1）莫吃虾头毒素多

小龙虾的虾头部分千万不能食用。小龙虾的头部是吸收并处理毒素最多的地方，也是最易积聚病原菌和寄生虫的部分。

一般说来，小龙虾的虾头、肠道、外壳等部位，往往容易聚集重金属，烹饪前应把虾线拉出来。虾背上的虾线，是虾未排泄完的废物，如果吃到口内有泥腥味，影响食欲，所以，应除掉。

（2）死虾和变质的虾不能吃

虾内含丰富的组胺酸，这是令其味鲜的主要成分。但虾一旦死亡，组胺酸即被细菌分解成为对人体有害的组胺物质。

另外，虾的肠胃中常含有致病菌和有毒物质，死后体内极易腐败变质。特别是随着虾死亡时间的延长，虾体内积累的毒素更多，吃了便会出现中毒现象。

（3）死虾鉴别

买小龙虾最怕遇到死虾，因为，小龙虾死后蛋白质腐坏得很快，会分解产生组胺等有毒物质，滋生有害病菌，食用后容易导致腹泻等肠胃道感染性疾病，危害身体健康。

烹调加工后的小龙虾端上来后，如果有浓烈腥味、虾体散开发直、肉体松软无弹性、颜色变深、壳身有较多黏性物质等现象，那么就极有可能是死虾制作的。

（4）虾不能和这些食物一起吃

虾不能与猪肉、狗肉、南瓜等同食。与葡萄、山楂、柿子之类的同食会导致头晕、恶心、腹泻等。龙虾还不可与鸡蛋等同食。吃龙虾就会很辣，很多人就喜欢在吃龙虾时喝点冷饮吃点冰的东西，这样也是不行的。

此外，吃虾时要注意安全卫生。虾可能带有耐低温的细菌、寄生虫，即使蘸醋、芥末也不能完全杀死它们，因此，建议熟透后食用。吃不完的虾要放进冰箱冷藏，再次食用前需加热。

第十二章　小龙虾养殖中推广的生物制品及使用方法

165. 为什么实施小龙虾生态种养要推广生物肥、饵及调水、调理、免疫制品?

一是满足小龙虾健康生长的需要。小龙虾的生理机能、生活习性决定了它对传统的化学农药、化学肥料及不良水质敏感，这就需要满足其生长需要的安全物质，经过多年科学研究和应用实践表明，投入微生物肥料、生物饵料及环境改良剂、生理调理剂、免疫增强剂是发展生态农业（渔业）最为有效的途径。

二是食品安全的需要。使用生物（包括微生物）肥饵及调水制品所产出的水稻等粮食、鱼虾等水产品相对安全、品质好。

三是环境保护的需要。生物制品无药残、无重金属污染，还可降解、分解多种有害物质、防控多种微生物引起的病害。

四是落实国家推广农业生物技术的相关政策的需要。

166. 为什么“稻田综合种养产业创新团队”要依托企业推广生物技术?

好的技术转化模式是产学研结合，而产则是企业，所以，当前各地在推广稻虾种养模式上不断创新，服务于企业。2016 年湖北省政府通过招标成立了“稻田综合种养产业创新团队”，集科研院所大专院校行业专家、稻田种养专业合作社、技术推广人员、生物制品企业于一体，研究推广稻虾种养模式。国家高新技术企业武汉合缘生物公司成为湖北省政府稻田综合种养产业创新团队唯一生物制品实施企业，是因为实施小龙虾生态种养要推广生物肥、饵及调水的生物技术及结合推广使用生物制品的需要。而该企业在这方面是省龙头企业，主要是进行微生物菌剂的研究开发以及利用微生物技术对农作物秸秆、畜禽粪便等废弃物进行处理，转化为无公害的生物肥料，广泛应用于水产养殖和农业种植中，包括生物有机肥、生物有机鱼肥、虾宝、虾力素、虾饲料等生物肥、饲料和植宝露、秸秆腐熟剂、水质改良剂等生物菌剂系列。获得 20 项专利、10 项科技成果。合缘建立了湖北省农业微生物领域首家“院士专家工作站”，陈文新院士、曹文宣院士、邓子新院士为驻站院士。公司在“稻田综合种养产业创新团队项目”中的任务是“推广稻虾应用生物制品 30 万亩”。

167. 生物肥饵虾宝有哪些特性?

虾宝是以微生物菌株、有机料、适量微量元素复配而成的小龙虾生物营养料。应用于虾、蟹等水产品养殖和稻田生态综合种养模式。

技术指标：总养分≥15%、有机质≥20%、蛋白质≥12%、有效活菌 ≥5 000万/g。

168. 合缘小龙虾饲料有哪些特性?

技术指标：（%，以干品计）

粗蛋白质≥	粗纤维≤	粗灰分≤	钙≧
28.0	15.0	25.0	0.8
总磷≥	赖氨酸	水分≤	氯化钠
0.6	0.8-1.5	13	0.4-2.0

主要饲料原料：鱼粉、豆粕、菜粕、高筋面粉、氯化钠、复合预混料、麸皮、氨基酸、诱食剂、黏结剂、骨源磷酸二氢钙、益生菌、矿物元素、豆油、鱼油等。

① 配方科学、营养全面；适口性好，饲料转化率高。根据小龙虾不同生长阶段的营养需求和生活习性，设计配方与工艺，更好地满足小龙虾不同生长阶段的生长需要，日增重快。

② 在饲料中添加了免疫增强剂与有益活体微生物菌种，可以强化龙虾自身的免疫系统，增强抗病能力，提高成活率。

③ 水中稳定性好，各种营养物质不易流失，提高了饲料的利用率，减少了水质的污染。

④ 诱食性强，可促进小龙虾快速摄食，加强了虾的发育生长。

⑤ 饲喂方便，省工省时。

169. 微生物水稻肥有哪些特性?

水稻肥是通过微生物发酵，以有机物料为载体，添加生物菌群，复合大中微量元素的一种生物肥料。

技术指标：总养分≥25%、有机质≥20%、有效活菌≥2 000万/g

功能特性：养分全面，肥效稳长，为农作物提供全面、充足的养分；改良土壤，培肥地力，改善作物根际环境，减少化肥的用量；抑制病害，提高作物的抗逆性，减少农药用量；有效降解土壤中和作物体内有毒、有害物质的残留，促进农产品优质、高产。

适用作物：本品广泛应用于水稻、玉米、油菜、棉花、小麦、瓜果、蔬菜、茶叶、药材等多种作物。

用法用量：亩（667m^2）用 40~80kg，撒施后掩土，同时，根据作物长势酌情配施。

注意事项。

① 该肥施用后需掩土，雨前或雨后施用效果更好，如长期干旱，应及时浇水，保持土壤湿润。

② 该肥不能与杀菌剂混用，若需对土壤杀菌，请在施肥前五天进行。

③ 该肥应存放在阴凉干燥处，避免阳光直射。未用完的要及时扎口，以免吸潮。

④ 储存过程中若有异味现象，是因为部分益生菌被激活发酵所致，属于正常现象，不影响肥效。

170. 秸秆腐熟剂有哪些特性?

合缘秸秆腐熟剂一种复合微生物菌剂，由芽孢杆菌、黑曲霉、白浅色链霉菌等多功能菌株构成，具有菌株组合新、结构稳、酶活强、菌数高等特点。主要应用于农业种植、稻虾种养的作物秸秆腐熟还田，将其转化为高效、安全、环保的生物有机肥。

秸秆腐熟剂能快速腐熟农作物秸秆，可在 7~10 天将田间秸秆完全腐熟，解决了农作物秸秆还田中存在腐熟慢、还田难的问题，提高了土壤有机质含量，起到“用地养地”的作用，破解了长期以来在秸秆还田问题上政府鼓励、农民懈怠的困局。同

时，还可改良土壤，提高肥料利用率，减肥增效，减少富余稻草的焚烧环境污染，综合效益显著。有效提高我国作物秸秆还田数量，减少污染源，降低农民生产成本，增加经济收入，有力地促进我国农业种植业的可持续发展。

171. 生物制剂有哪些水质改良特性？

合缘微生物制剂是针对当前规模化、集约化养殖模式下水体污染和养殖病害日趋严重之状况，采用最优功能性微生物菌株，按照特定工艺筛选复配而成的一种新型复合微生物菌剂。本产品菌群组合独特，活菌含量高，具有降解有害物质、平衡藻相、抑制蓝绿藻、净化水环境、提高水产动物机体免疫力，增强抗病能力，促进生长等作用，是保护水域生态环境和生产无公害水产品的菌剂。

主要成分：枯草芽孢杆菌、乳酸菌、硝化细菌、氨基酸、生物酶等

技术指标：有效活菌数≥50 亿/mL

产品用途：

① 净化水质，稳定藻相。本产品具有超强代谢能力，迅速净化水环境，降解氨氮、亚硝酸盐等有害物质，调节 pH 值，促进优良藻类繁殖，稳定藻相和菌相，对预防控制蓝绿藻爆发有特效。

② 提高免疫，促进生长。益生菌大量繁殖，有效抑制病原微生物的生长，增强水产动物免疫力，预防胃肠炎，烂鳃等疾病，减少用药量，促进鱼类健康生长。

③ 改善品质，提高产量。本产品具有合成多种活性酶能力，产生促生长因子和营养物质，拌饵投喂能维持和调节鱼类肠道微生态平衡，增强鱼类的吸收功能，降低饵料系数，改善品质，提

高生长速度15%~20%和提前上市。

④ 有益活菌，安全环保。本产品属纯生物有益活菌制剂，安全无毒，无抗药性，无残留，无副作用。

适用范围：本产品适于各种养殖水体，应用于鱼、虾、蟹、贝等水产品养殖及整个养殖周期的水质净化；也可用于农业废水、河道、景观水体等环境治理。

用法用量：

① 全池泼洒。用水稀释100~200倍，充分搅拌后于晴天中午均匀泼洒。首次使用400~500mL/亩·m，每间隔10天左右再补施200~250mL/亩·m，可保持良好水色直至捕捞。

② 搅拌投喂。每100kg饵料添加500mL稀释液，搅拌均匀后投喂。

172. 我国渔药龙头企业在小龙虾疾病综合防控上有哪些措施?

(1) 防治措施

北京渔经公司对淡水小龙虾的病害采取综合防治措施，以防为主，防重于治。

一是彻底清塘，改良好底质。清塘可选用生石灰（氧化钙）、含氯石灰、茶粕等。

生石灰清塘，水深0.3~1m，亩用100~150kg，对水500倍全池均匀泼洒。

含氯石灰清塘，水深0.3~0.5m，亩用含氯石灰10~20kg，对水500倍全池均匀泼洒。

茶籽饼清塘，水深0.3~0.5m，亩用茶籽饼10~15kg，浸泡10小时后对水500倍全池均匀泼洒。

二是放养密度要适中。池塘养殖一般可亩放养 3cm 的幼虾 8 000尾，少则 6 000尾，多则 1 万尾。稻田养殖，在 4—5 月亩放养 3cm 左右的幼虾 2 000~3 000尾，或亩放养规格较大的幼虾 20~25kg。

三是投喂的饲料要新鲜，不投腐败变质的饲料。在配合饲料中可添加渔经可乐、好水素等微生物制剂以及电解多维、虾蟹保肝宁等免疫剂同时投喂。

四是养虾先养水，好水养好虾，做好水环境的调节工作。勤施肥，勤改底，勤培水，建议每半个月施用 1 次渔经可乐或者养水专家等微生物制剂，中途交叉使用改底产品，保持水环境的优良。同时，按计划种植好水草，保护好移栽的水草，水草种植面积占养殖水面的 20%以上。

五是加强巡查管理。检查四周的防逃设施，如有破损应及时修补；在进、排水口应设置栅栏或网片，严防淡水小龙虾逃逸和敌害生物进入；人工设置好适宜淡水小龙虾栖息的环境条件，包括洞沟、埂、隐蔽遮阴物等。做到勤巡查、勤施肥、勤培水，发现异常情况及时予以解决。

（2）淡水小龙虾常见病害防治

① 黑鳃病。

病原：鳃丝受细菌感染而引起。

症状：鳃丝由肉色变为褐色或深褐色，直至完全变黑，引起鳃萎缩，阻塞鳃部的血液流通，妨碍呼吸，最后因呼吸困难而死亡。

处理方法：彻底改水，清除虾池中的残饵、污物等有毒有害物，保证虾池水质清新，溶氧充足。

A. 任选一种改水。

一是靓水 110，2. 5kg/（亩・m），全池均匀抛撒；

二是底净活水宝，2. 5kg/（亩 · m），对水 1 000倍，全池均匀泼洒；

三是水质保护解毒剂，500g/（亩 · m），全池均匀抛撒；

四是福底安，150g/（亩 · m），全池均匀抛撒。

B. 外用（任选一种）。

二氧化氯 200g+霉净 20g/（亩 · m），对水 1 000倍，全池均匀泼洒。霉净提前用水浸泡 3~5 小时后配合使用。

渔经水吾 250mL+愈血停 250g/（亩 · m），对水 1 000倍，全池均匀泼洒。

② 螯虾瘟疫病。

病原：由真菌引发。

病症：体表黄色或褐色斑块向内溃烂，是由真菌发展伸入体内，攻击中枢神经系统。

处理方法：此病的治疗方法不多，平时注意水环境的管理，保持饲养水体清新，维持正常的水色和透明度，是防治此病的有效方法。

一是每月用靓水 110 或渔经底好片改良水质 1~2 次。

二是发病后，用二氧化氯 250g+愈血停 250g/（亩 · m）分别化水混合泼洒，或用渔经水吾 250mL+愈血停 250g/（亩 · m），对水 1 000倍全池均匀泼洒，连续泼洒 2 次可控制。

③ 烂鳃病。

病原：细菌感染，由变质的水环境引起。

症状：鳃丝被破损而引发细菌感染，造成鳃组织溃烂，严重的鳃丝发黑，引起病虾死亡。

处理方法：彻底改水，清除虾池中的残饵、污物等有毒有害物，保证虾池水质清新，溶氧充足。

A. 任选一种改水。

一是靓水 110，2. 5kg/（亩 · m），全池均匀抛撒；

二是底好片，300g/（亩·m），全池均匀抛撒；

三是底净活水宝，2.5kg/（亩·m），对水1 000倍，全池均匀泼洒；

四是水质保护解毒剂，500g/（亩·m），全池均匀抛撒。

B. 外用（任选一种）。

一是二氧化氯250g+愈血停250g/（亩·m），分开化水后对水1 000倍，全池均匀泼洒；

二是渔经水吾250mL+愈血停250g/（亩·m），对水1 000倍，全池均匀泼洒；

三是渔经水本250mL/（亩·m），对水1000倍，全池均匀泼洒。

④ 甲壳溃烂病。淡水小龙虾的甲壳受到外伤，破坏了虾壳的角质层、表皮层和几丁质层而被细菌感染，形成了甲壳上的黑褐色斑块，随后斑点边缘溃烂，出现空洞。该病虽不严重，一般都能在再次蜕壳时蜕掉而自瘉，但严重时，也会致虾死亡。

处理方法：

A. 改良水质（任选一种）。

一是靓水110，2.5kg/（亩·m），全池均匀抛撒；

二是福底安，150g/（亩·m），全池均匀抛撒；

三是水质保护解毒剂，500g/（亩·m），全池均匀抛撒；

四是水质特别恶化，可亩用生石灰（氧化钙）7～10kg化水全池泼洒，第三天再使用水质保护解毒剂500g/（亩·m），全池抛撒1次。

B. 外用（任选一种）。

一是聚碘溶液，250～400g/（亩·m），对水1 000倍全池泼洒，可连用2次；

二是二氧化氯，250g/（亩·m），对水1 000倍，全池泼洒，可连用2次；

三是渔经水吾，250mL/（亩·m），对水1 000倍，全池泼洒，可连用2次。

C. 内服。

一是恩诺沙星100g+电解多维20g拌饲料10kg，每天1次，连续投喂5~7天。

二是维全康100g拌饲料20kg，每天1次，可长期投喂。

⑤ 肠炎病。

病因：水质底质不良、饲料变质，均可造成此病的发生。

症状：腹脐肠管有红色节点。

处理方法：

A. 彻底改良底质（任选一种）。

一是二氧化氯片，350g/（亩·m），全池抛撒；

二是底好片，300g/（亩·m），全池抛撒；

三是靓水110，2.5kg/（亩·m）全池均匀抛撒；

四是底净活水宝，2.5kg/（亩·m），对水1 000倍，全池均匀泼洒。

B. 不投喂变质词料。

C. 外用。渔经水吾250mL/（亩·m），对水1 000倍，全池泼洒，可连用2次；或二氧化氯250g/（亩·m），对水1 000倍，全池泼洒，可连用2次。

D. 内服（任选一种）。

一是恩诺沙星100g+电解多维20g拌饲料10kg，每天1次，连续投喂5~7天；

二是康血乐100g+虾蟹多维宝250g拌饲料20kg，连喂5~7天。

⑥ 纤毛虫病。

病原：由钟形虫、聚缩虫、单缩虫及累枝虫等引发。

症状：病虾鳃部变成黑色，附肢及体表呈灰黑色，绒毛状。病虾离群独游，摄食不振，蜕壳困难，容易引起细菌感染而发生大量死亡。

处理方法：

A. 用生石灰（氧化钙）或含氯石灰彻底清塘，杀灭池中的病原体，对该病有一定的预防作用。

B. 在养殖过程中，每 10 天交叉改底和培水 1 次，可有效预防纤毛虫病的发生。改底可亩水体用底净活水宝 2.5kg 对水 1 000倍泼洒，或者亩水体用水质保护解毒剂 500g 全池抛撒；培水可亩用渔经可乐 1kg+好水素 500g+密肽 250g 对水浸泡后全池均匀泼洒。

C. 发生纤毛虫病后，可用二氧化氯 200g/（亩・m），对水 1 000倍，全池均匀泼洒清水；第二天用纤车净 350g/（亩・m），对水 1 000倍，全池均匀泼洒。

⑦ 蜕壳不遂症。

病原：该病属一种生理性疾病，由于饲料中缺乏所需矿物质元素，在生态环境不适时宜发生。同时，在受到寄生虫侵袭或细菌感染亦可导致蜕壳困难。

症状：病虾不摄食，背甲上有明显的斑点，蜕出旧壳困难。

处理方法：

A. 根据淡水小龙虾蜕壳周期定期泼洒渔经可乐、养水专家或好水素，保持良好的水体环境。

B. 每月用生石灰（氧化钙）5kg 或含氯石灰 700g/（亩・m），对水 1 000倍全池泼洒 1 次，中和水质，增加虾塘中的钙含量。

C. 每月用虾蟹蜕壳促长散内服 5～7 天，用量为 10g 拌饲料 10kg。

D. 发病期间停止投喂饲料，保持水体稳定与环境安静。同时，用活力钙100g/（亩·m），对水1 000倍，全池均匀泼洒。

⑧ 藻类附着病。

病虾鳃部为黑色或褐色，呼吸困难，附肢似有棉絮状附着物，附着物是绿色或褐色，一般老口水的水体易诱发此病。

处理方法：

A. 在养殖过程中把水培活，坚持每10天交叉改底和培水1次，可有效控制该病的发生。改底可亩水体用底净活水宝2.5kg对水1 000倍全池均匀泼洒，或者亩水体用水质保护解毒剂500g全池抛撒；培水可亩用渔经可乐1kg+好水素500g+密肽250g对水浸泡后全池均匀泼洒。

B. 彻底改良水质，亩用24%溴氯海因粉50～80g，对水1 000倍全池泼洒，第二天用纤车净350g/（亩·m），对水2 000倍全池均匀泼洒。

⑨ 蓝藻。

蓝藻的形成是因养殖水体富营养化而产生。

表现形式：蓝藻在淡水小龙虾养殖水体中形成强势群体后，水色即为蓝、绿色，当蓝藻种群开始老化并发生大量死亡时，水面上浮起一层蓝绿色的薄膜。随着藻类死亡量的加大，薄膜越叠越厚，被阳光照射后，水面上呈现出黄绿色，伴有腥臭味，严重的还飘逸出硫黄味道。

杀灭方法：

A. 蓝藻发生的初级阶段，亩用活力菌素250～500g，化水全池泼洒可有效控制。

B. 蓝藻大量发生时，可用健水乐杀蓝藻，亩用量500g，效果非常明显。

C. 蓝藻大量发生时，用蓝藻净200g+食盐2kg/亩，化水全池泼洒。

注意事项：杀灭蓝藻时要注意天气变化，要求在晴天上午使

用，晚上巡塘注意缺氧。杀灭蓝藻的当天中午开增氧机增氧 2 小时，晚上亩撒颗粒氧 200g，第二天亩用水质保护解毒剂 500g 全池抛撒解毒调水，3 天后施用富藻素 2kg＋氨基酸肥水膏 1kg/（亩·m）培肥，5 天后泼洒好水素 500g+蜜肽 250g 或渔经可乐 1.5kg+蜜肽 250g 调水养水。

⑩ 青苔。

青苔是池塘中常见的丝状绿藻的总称，包括水绵、双星藻和转板藻，春季温暖时开始繁殖生长。瘦水、老口水极易发生青苔。

杀灭方法：

A. 健水乐，500g/（亩·m），对水 3 000倍全池泼洒，重点区域重泼。

B. 纤苔净，30～40mL/（亩·m），对水 1 000倍，全池泼洒，重点区域重泼。

注意事项：使用健水乐或纤苔净后应开动增氧机 2 小时，晚上抛洒颗粒氧 200g/亩，或在第二天清晨酌情加注清水，以防缺氧浮头。泼洒药物 2 天后用水质保护解毒剂 500g/（亩·m），全池抛洒解毒，3 天后施用富藻素 I 型 2～3kg+氨基酸肥水膏 1kg/（亩·m）培肥水质，5~6 天后施用渔经可乐或者好水素+蜜肽调水养水。

⑪ 敌害。

鸟类如鸬鹚、鸥类，是养虾池的大敌。为保护生态平衡，不可网捕、枪杀、毒杀，可用鞭炮轰响或扎稻草人进行驱赶。

鱼类如鲇、鳜、乌鳢等带攻击性的肉食性鱼类不宜投放，特别是在淡水小龙虾蜕壳时，更易受到侵害，应严格清除。

173. 生物制剂在小龙虾苗种繁育上的应用情况如何?

以湖北省鄂州市张金林的万亩湖小龙虾秒钟繁育基地为例进行展开说明。2015 年 9 月他开始接触小龙虾养殖上的生物肥水产品“合缘虾宝”，当年 10 月开始试用，一直至今，他对这几年的养殖情况总结如下（按照当年 7 月到翌年 6 月为 1 个周期，2014 年 7 月至 2015 年 6 月为传统养殖、2015 年 7 月至 2016 年 6 月为施用合缘虾宝、2016 年 7 月至 2017 年 6 月为施用合缘套餐）。

（1）养殖基本情况（表 12-1）

表 12-1　近三年养殖基本情况

养殖时间	亩种虾投放		肥料施用总量			投料	亩产量		总产值
	时间	数量	品种	数量	单价		虾苗	成虾	
2014 年 7 月至 2015 年 6 月	7 月底	5~7.5kg	尿素	2t	2 000 元/t	养殖以繁育虾苗为主，不投用商品饲料，一般投用小麦、玉米粉等亩投约 90kg，计投料成本 160 元/亩	75kg	12.5kg	34.03 万元
			磷肥	1t	800 元/t				
2015 年 7 月至 2016 年 6 月	7 月底	5~7.5kg	虾宝 3kg/次亩	2t	4 000 元/t		95kg	15kg	43.48 万元
			虾宝 3kg/次亩	2t	4 000 元/t				
2016 年 7 月至 2017 年 6 月	7 月底	5~7.5kg	合缘有机肥	5t	1 300 元/t		115kg	20kg	54.75 万元
			合缘秸秆腐熟剂	0.1t	8 000 元/t				

① 虾稻面积及种养模式。张金林种养基地面积为 125 亩，采用“虾稻共生”种养模式。小龙虾主要繁殖虾苗，水稻种植亩产 650kg 左右。

② 虾宝施用方法。第一次施肥时间在当年 10 月 20 日左右，正常情况下每 10 天 1 次，下雨、阴天顺延。冬季 11 月底或 12 月初进入低温后当年施肥结束；翌年 2 月底或 3 月初开始施用，在 4 月中旬虾宝施肥结束。

③ 秸秆腐熟剂施用。张老板 2016 年水稻收割后第一次尝试使用合缘秸秆腐熟剂，施用面积为 50 亩，每亩施用合缘秸秆腐熟剂 2kg，配少量泥土均匀撒施，用来防止因水稻秸秆还田自然腐烂引起的黑水、臭水问题。

④ 有机肥的施用。2016 年 12 月尝试施用合缘有机肥，每亩 40kg 一次性撒施，配合虾宝以确保低温肥水效果。

（2）成本核算分析（表 12-2）

表 12-2　成本核算分析

养殖	成本投入						较上年增加	
	种虾投入	肥料投入	投料成本	水稻种植		亩成本		
传统种养	25 000 元	4 800 元	20 000 元	种子 药肥	12 500 12 500	598.4 元	—	
合缘虾宝	25 000 元	8 000 元	20 000 元	种子 药肥	12 500 12 500	624 元	金额 25.6 元	比例 4.28%
合缘套餐	25 000 元	15 300 元	20 000 元	种子 药肥	12 500 12 500	682.4 元	金额 58.4 元	比例 9.36%

由表 12-2 可以看出，养殖中施用合缘虾宝较传统种养成本 598.4 元每亩增加 25.6 元，增幅为 4.28%；施用合缘套餐较施用合缘虾宝成本每亩增加 58.4 元，增幅为 9.36%，较传统种养种养成本增加 84 元，增幅为 14.04%。

(3) 效益分析及产投比（表 12-3）

表 12-3　效益分析及产投比

养殖	亩成本	亩产量	亩产值	亩利润	总利润	较上年增加						产投比
传统种养	598.4 元	175 斤	2 722.4 元	2 124 元	26.55 万元	—						4.55∶1
合缘虾宝	624 元	220 斤	3478.4 元	2 854.4 元	35.68 万元	亩产量		亩产值		亩利润		5.57∶1
						45	25.71%	756	27.77%	730.4	34.39%	
合缘套餐	682.4 元	270 斤	4 380.0 元	3 697.6 元	46.22 万元	亩产量		亩产值		亩利润		6.42∶1
						50	22.73%	901.6	25.92%	843.2	29.54%	

由表 12-3 可以看出，养殖中施用合缘虾宝较传统种养产量 175 斤每亩增加 22.5kg，增幅 25.71%，产值 2 722.4元每亩增加 756 元，增幅 27.77%，利润 2 854.4元每亩增加 730.4 元，增幅 34.39%；施用合缘套餐较合缘虾宝产量、产值、利润分别增加 25kg、901.6 元、843.2 元，增幅分别为 22.73%、25.92%、29.54%；施用合缘套餐较传统种养产量、产值、利润分别增加 47.5kg、1 657.6 元、1 573.6 元，增幅分别为 54.29%、60.89%、74.09%。

(4) 结语

经过连续几年施用合缘生物产品，张金林总结如下。

① 施用合缘虾宝有效地解决了肥水和水质难控之间的矛盾，水体中浮游生物量增加明显，开口饵料充足，虾苗上市提前。

② 合缘腐熟剂的施用有效地解决了水稻收获以后还田秸秆自然腐熟所带来的黑水、臭水问题，减少因水质恶化所导致的病虾、死虾，减少了其他调水产品施用。

③ 合缘有机肥配合虾宝施用有效地解决了低温肥水难的问

题，避免了因低温肥水效果欠佳引起青苔暴发的问题。

④ 养殖中，选用合缘套餐模式较施用单一产品效果更好，产投比达 6.42∶1，希望合缘公司能够尽快将这些技术和产品推广到鄂州各个角落，让更多的养殖户受益，并邀请合缘公司 2017 年 9 月底到鄂州万亩湖召开小龙虾苗种生态繁育技术交流会，让更多的养殖户提升养殖技术水平！

174. 使用生物制剂与传统养殖小龙虾模式效果比较情况如何?

以湖北石首虾稻种养实用案例进行比较。

（1）基本情况

① 地点、面积。石首市横沟镇炮船口村四组，该农户稻田综合种养面积 80 亩。其中，10 亩使用合缘虾宝，70 亩传统养殖。

② 农户姓名、电话。邹科贵。

③ 虾苗投放。该种养基地 2016 年 6 月初稻田改造完毕，包括环沟开挖、进排水设备、防逃设施、板房建设等，并用生石灰环沟消毒。2016 年 6 月中旬投苗，平均亩投苗 33kg，共 2 640kg，投入 32 000元。

④ 水质管理。6 月中旬投放虾苗后至 2017 年 1 月 24 日，肥水、调水使用 EM 菌、肥水膏。为验证合缘虾宝功效，2017 年 1 月 25 日开始，按稻田自然格局，10 亩使用合缘虾宝（以下简称虾宝田），70 亩仍采用传统养殖模式（以下简称传统田）。

虾宝田：每次于晴天上午每亩施用 3kg 左右，截至 2017 年 6 月初施用 7 次，10 亩共施用 10 包 200kg，虾宝投入 800 元，亩平 80 元。

传统田：全程采用 EM 菌、肥水膏肥水、调水。截至 2017 年 6 月初，70 亩投入 4 620元，亩平 66 元。

⑤ 饵料管理。虾宝田与传统田饵料管理一致，采用扶龙饲料与黄豆间投喂养模式。到 2017 年 6 月初，共投扶龙 配合料 1 600kg，投入 8 000元；黄豆 4 000kg，投入 16 000元。饵料投入合计 24 000元，亩平 300 元。

⑥ 销售情况。2017 年 3 月开始销售虾苗，到 2017 年 6 月初销售结束。

虾宝田：10 亩虾宝田实现销售收入 44 960元，亩平 4 496 元，平均销售价格 32 元/kg。销售过程中，虾宝田产小龙虾比传统养殖小龙虾价格高 6 元/kg，把传统养殖的小龙虾混在虾宝田小龙虾中，虾贩子都能区分出来。

传统田：70 亩传统养殖模式实现销售收入 202 930元，亩平 2 899元，平均销售价格 26 元/kg。

（2）效益分析

① 投入比较。因稻田改造费用、土地流转费相同，在比较投入时没有考虑，仅比较小龙虾养殖投入品。从表 12-4 中可以看出，虾宝田平均亩投入 780 元，比传统田多投入 14 元，投入增 1.83%（表 12-4）。

表 12-4　两种养殖模式投入产出比较

投入（元/亩）				产出（kg、元/kg、元/亩）		
虾宝田		传统田		项目	虾宝田	传统田
虾苗	400	虾苗	400	销售量	140.5	111.5
虾宝	80	EM 菌 肥水膏	66	销售单价	32	26
饵料	300	饵料	300	销售收入	4 496	2 899
小计	780	小计	766	毛利润	3 716	2 133

② 产出比较。表 12-4 告诉我们，到 2017 年 6 月初，虾宝田已实现销售 140.5kg/亩，比传统田多销售 29kg/亩，增 26.01%；销售单价 32 元/kg，比传统田高 6 元/kg，高 18.75%；实现销售收入 4 500元/亩，比传统田增收 1 597元/亩，增 55.09%；毛利润 3 716元/亩，比传统田增 1 583元/亩，增 74.21%。增收原因两条：一是产量增，亩销售量增 29kg，增收 928 元；二是销售单价涨，每千克销售价格平均贵 6 元，增收 669 元。

③ 产投比比较。虾宝田产投比 5.76∶1，传统田产投比 3.78∶1。每投入 1 元产生的毛利润虾宝田为 4.76 元，而传统田为 2.78 元，虾宝田比传统田多产生利润 1.98 元。

（3）小结

通过对比养殖，邹科贵认为：

① 虾宝养殖小龙虾，水质好，小龙虾不易得病。使用虾宝养殖小龙虾，肥水调水效果好，水体中浮游生物量明显增加，是传统养殖模式不能达到的。养殖过程中，小龙虾没有发病、死虾现象。

② 虾宝养殖小龙虾，虾体健康，售价高。使用虾宝养殖小龙虾，商品虾虾体光滑润泽，颜色青中带红，市场销售价格有明显优势，虾贩子抢收。

③ 虾宝养殖小龙虾，效益高。使用虾宝养殖小龙虾，虽然养殖成本略有增加，但收益更高，效益更好。

附录一　渔业水质标准

序号	项　目	标　准
1	色、臭、味	不得使鱼、虾、贝、藻类带有异色、异臭、异味
2	漂浮物质	水面不得出现明显油膜或浮沫
3	悬浮物质	人为增加的量不得超过 10mg/L，而且悬浮物质沉积于底部后
		不得对对鱼、虾、贝类产生有害的影响
4	pH 值	淡水 6.5~8.5，海水 7.0~8.5
5	溶解氧	连续 24 小时中，16 小时以上必须大于 5mg/L，其余任何时候不得低于 3mg/L；对于鲑科鱼类栖息水域冰封期，其余任何时候不得低于 4mg/L
6	生化需氧量（5 天、20℃）	不超过 500g/L，冰封期不超过 3mg/L
7	总大肠菌群	不超过 5 000 年/L（贝类养殖水质不超过 500 个/L）
8	汞	≤0.0005mg/L
9	镉	≤0.005mg/L
10	铅	≤0.05mg/L
11	铬	≤0.1mg/L
12	铜	≤0.01mg/L
13	锌	≤0.1mg/L
14	镍	≤0.05mg/L
15	砷	≤0.05mg/L
16	氰化物	≤0.005mg/L

（续表）

序号	项　目	标　准
17	硫化物	≤0.2mg/L
18	氟化物（以F—计）	≤1mg/L
19	非离子氨	≤0.02mg/L
20	凯氏氮	≤0.05mg/L
21	挥发性酚	≤0.005mg/L
22	黄磷	≤0.001mg/L
23	石油类	≤0.05mg/L
24	丙烯腈	≤0.5mg/L
25	丙烯醛	≤0.02mg/L
26	六六六（丙体）	≤0.002mg/L
27	滴滴涕	≤0.001mg/L
28	马拉硫磷	≤0.005mg/L
29	五氯酚钠	≤0.01mg/L
30	乐果	≤0.1mg/L
31	甲胺磷	≤01mg/L
32	甲基对硫磷	≤0.0005mg/L
33	呋喃丹	≤0.01mg/L

附录二　无公害食品　淡水养殖用水标准

序号	项　目	标准值
1	色、臭、味	不得命名养殖水体带有异色、异臭、异味
2	总大肠菌群	≤5 000 年/L
3	汞	≤0.0005mg/L
4	镉	≤0.005mg/L
5	铅	≤0.05mg/L
6	铬	≤0.1mg/L
7	铜	≤0.01mg/L
8	锌	≤0.1mg/L
9	砷	≤0.05mg/L
10	氟化物	≤1mg/L
11	石油类	≤0.05mg/L
12	挥发性酚	≤0.005mg/L
13	甲基对硫磷	≤0.0005mg/L
14	马拉硫磷	≤0.005mg/L
15	乐果	≤0.1mg/L
16	六六六（丙体）	≤0.002mg/L
17	DDT	≤0.001mg/L

附录三 底质有害有毒物质最高限量

项目	指标［mg/kg（湿重）］
总汞	≤0.2
镉	≤0.5
铜	≤30
锌	≤150
铅	≤50
铬	≤50
砷	≤20
滴滴滴	≤0.02
六六六	≤0.5

附录四　渔用药物使用方法

渔药名称	用途	休药与用量	休药期/天	注意事项
氧化钙（生石灰）	用于改善池塘环境，清除敌害生物及预防部分细菌性鱼病	带水清塘：200~250kg/L（虾类：350~400mg/L） 全池泼洒：20mg/L（虾类：15~30mg/L）		不能与漂白粉、有机氯、重金属盐、有机络合物混用
漂白粉	用于清塘、改善池塘环境及细菌性皮肤病、烂鳃病、出血病	带水清塘：20mg/L 全池泼洒：1.0~1.5mg/L	≥5	（1）勿用金属容器盛装 （2）勿与酸、铵盐、生石灰混用
	用于清塘及防治细菌性皮肤溃疡病、烂鳃病、出血病	全池泼洒：0.3~0.6mg/L	≥10	勿用金属容器盛装
三氯异氰尿酸	用于清塘及防治细菌性皮肤溃疡病、烂鳃病、出血病	全池泼洒：0.2~0.5mg/L	≥10	（1）勿用金属容器盛装 （2）针对不同的鱼类和水体的 pH 值，使用量应适当增减
二氧化氯	用于防治细菌性皮肤病、烂鳃病、出血病	浸浴：20~40mg/L，5~10 分钟 全池泼洒：0.1~0.2mg/L，严重时 0.3~0.6mg/L	≥10	（1）勿用金属容器盛装 （2）勿与其他消毒剂混用
二溴海因	用于防治细菌性和病毒性疾病	全池泼洒：0.2~0.3mg/L		

（续表）

渔药名称	用途	休药与用量	休药期/天	注意事项
氯化钠（食盐）	用于防治细菌、真菌寄生虫疾病	浸浴：1%～3%，5~20分钟		
硫酸铜（蓝矾、胆矾、石胆）	用于治疗纤毛虫、鞭毛虫等寄生性虫病	浸浴:8mg/L（海水鱼类：8~10mg/L），15~30分钟 全池泼洒：0.5～0.7mg/L（海水鱼类：0.7~1.0mg/L）		（1）常与硫酸亚铁合用 （2）广东鲂慎用 （3）勿用金属容器盛装 （4）使用后注意池塘增氧 （5）不宜用于治疗小瓜虫病
硫酸亚铁（硫酸低铁、绿矾、青矾）	用于治疗纤毛虫、鞭毛虫等寄生性虫病	全池泼洒： 0.2mg/L（与硫酸铜合用）		（1）治疗寄生性原虫时需与硫酸铜合用 （2）乌鳢慎用
高猛酸钾（猛酸低铁、绿矾、青矾）	用于杀灭锚头鳋	浸浴：10~20mg/L，15~30分钟 全池泼洒：4~7mg/L		（1）水中有机物含量高时药效降低 （2）不宜在强烈阳光下使用
四烷基季铵盐络合（季铵盐含量这50%）	对病毒、细菌、纤毛虫、藻类有杀灭作用	全池泼洒： 0.3mg/L（虾类相同）		（1）勿与碱性物质同时使用 （2）勿与阴性离子表面活性昆用 （3）使用后注意池塘增氧 （4）勿用金属容器盛装

（续表）

渔药名称	用途	休药与用量	休药期/天	注意事项
大蒜	用于防治细菌性肠炎	拌饵投喂，每千克体重10~30g，连用4~6天（海水鱼类相同）		
大蒜素粉	用于防治细菌性肠炎	每千克体重0.2g，连用4~6天（海水鱼类相同）		
大黄	用于防治细菌性肠炎、烂鳃	全池泼：2.5~4.0mg/L（海水鱼类相同） 拌饵投喂：每千克体重5~10g，连用4~6天（海水鱼类相同）		投喂时常与黄芩、工内柏合用（三者比例为5：2：3）
黄芩	用于防治细菌性肠炎、烂鳃、赤皮、出血病	拌饵投喂：每千克体重2~4g，连用4~6天（海水鱼类相同）		投喂时需与大黄、黄柏合用（三者比例为2：5：3）
黄柏	用于防治细菌性肠炎、出血	拌饵投喂：每千克体重3~6g，连用4~6天（海水鱼类相）		投喂时需与大黄、黄柏合用（三者比例为3：5：2）
五倍子	用于防治细菌性烂鳃、赤皮、白皮、疖疮	全池泼洒：2~4mg/L（海水鱼类相同）		
穿心莲	用于防治细菌性肠炎、烂鳃、赤皮	全池泼洒：15~20mg/L 拌饵投喂：每千克体重10~20g，连用4~6天		
苦参	用于防治细菌性肠炎、竖鳞	全池泼洒：1.0~1.5mg/L 提起饵投喂：每千克体重1~2g，连用4~6天		

（续表）

渔药名称	用途	休药与用量	休药期/天	注意事项
土霉素	用于治疗肠炎病、弧菌病	拌饵投喂：每千克体重 50 ~ 80mg，连用 4 ~ 6 天（海水鱼类相同，虾类：每千克体重 50 ~ 80mg，连用 5 ~ 10 天）	≥30（鳗鲡）≥21（鲶鱼）	勿与铝、镁离子及卤素、碳酸氢钠、凝胶合用
噁喹酸	用于治疗细菌肠炎病、赤鳍病、香鱼、对虾弧菌病、鲈鱼结节病、鲱鱼疖疮病	拌饵投喂：每千克体重 10 ~ 30mg，连用 5 ~ 7 天（海水鱼类：每千克体重 1 ~ 20mg；对虾：每千克体重 6 ~ 60mg，连用 5 天）	≥25（鳗鲡）≥21（鲤鱼、鲶鱼）≥16（其他鱼类）	用药量视不同的疾病有所增减
磺胺嘧啶（磺胺哒嗪）	用于治疗鲤科鱼类的赤皮病、肠炎病，海水鱼链球菌病	拌饵投喂：每千克体重 100mg，连用 5 天（海水鱼类相同）		（1）与甲氧苄氨嘧啶（TMP）同用，可产生增效作用 （2）第一天药量加倍
磺胺甲噁唑（新诺明、新明磺）	用于治疗鲤科鱼类的肠炎	拌饵投喂：每千克体重 100mg，连用 5 ~ 7 天	≥30	（1）不能与酸性药物同用 （2）与甲氧苄氨嘧啶（TMP）同用，可产生增效作用 （3）第一天药量加倍

（续表）

渔药名称	用途	休药与用量	休药期/天	注意事项
磺胺间甲氧嘧啶（制菌磺、磺胺-6-甲氧嘧啶）	用于治疗鲤科鱼类的竖鳞病、赤皮病及弧菌病	拌饵投喂：每千克体重 50～100mg，连用4～6天	≥37（鳗鲡）	（1）与甲氧苄氨嘧啶（TMP）同用，可产生增效作用（2）第一天药量加倍
氟苯尼考	用于治疗鳗丽爱德华氏病、赤鳍病	拌饵投喂：每千克体重 10.0mg，连用4～6天	≥7（鳗鲡）	
聚维酮碘（聚乙烯吡咯烷酮碘、皮维碘、PVP-1、伏碘）（有效碘1.0%）	用于防治细菌性烂鳃病、弧菌病、鳗鲡红头病，并可用于预防病毒病：如草鱼出血病、传染性胰腺坏死病、传染性造血组织坏死病、病毒性出血败血症	全池泼洒：海、淡水幼鱼，幼虾：0.2～0.5mg/L 海、淡水成鱼，成虾：1～2mg/L 鳗鲡；2～4mg 几浸浴草鱼种：30mg/L，15～20分钟鱼卵：30～50nB/L（海水鱼卵：25～30mg/L），5～15分钟		（1）勿与金属物品接触；（2）勿与季铵盐类消毒剂直接混合使用

注：用法与用量栏末标明海水鱼类与虾类的均适用于淡水鱼类；休药期为强制性

附录五　禁用渔药

药物名称	化学名称（组成）	别名
地虫硫磷 fonofos	O-2 基-S 苯基二硫代磷酸乙酯	大风雷
六六六 BHC（HCH）benzem，bexachloriddge	1，2，3，4，5，6，-六氯环乙烷	
林丹 lindance，gamma - BHC，8amma-HCH	γ-1，2，3，4，5，6-六氯环乙烷	丙体六六六
毒杀芬 camphfchlor（ISO）	八氯莰烯	氯化莰烯
滴滴涕 DDT	2，2-双（对氯苯基）-1，1，1-三氯乙烷	
甘汞 calomel	二氯化汞	
硝酸亚汞 metrcurous nitrate	硝酸亚汞	
醋酸汞 mercuric aceteate	醋酸汞	
呋喃丹 carbouran	2，3-氢-2，2-二甲基-7-苯并呋喃-甲基氨基甲酸酯	克百威、大扶农
杀虫脒 chlordimeform	N-（2-甲基-4-氯苯基）N′，N′-二甲基甲脒盐酸盐	
双甲脒 anitraz	1，5-双-（2，4-二甲基苯基）-3-甲基 1，3，5-三氮戊二烯-1，4	克死螨
氟氯氰菊酯 flucythrinate	（R，S）-α 氰基-3-苯氧苄基-（R，S）-2-4-二氯甲氧基）-3-甲基丁酸酯	保好江乌，氟氰菊酯
五氯芬苋 PCP-Na	五氯芬钠	
孔雀石绿 malachite green	$C_{23}H_{25}ClN_2$	碱性绿。盐氟块氯，孔雀绿

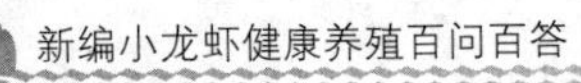

（续表）

药物名称	化学名称（组成）	别名
锥虫胂胺 tryparsamide		
酒石酸锑钾 anitmonyl potassium tartrate	酒石酸锑钾	
磺胺噻唑 sulfathiazolum ST，norsultazo	2-（对氨基苯磺酰胺）-噻唑	消治龙
磺胺脒 furacillinum，niturpirinol	N_1-脒基磺胺	磺胺胍
呋喃西林 furacillium，niturpirinol	5-硝基呋喃醛缩氯基脲	呋喃新
呋喃唑酮 furanace，nitrofurazone	3-（5-硝基糠叉胺基）-2-噁唑烷酮	痢特灵
呋喃那斯 Furanace，nitrofurazone	6-羟甲基-2-（-5-硝基-2-呋喃烷酮）	p-7138（实验名）
氯霉素（包括其盐、酯及制剂）chloramphennicol	由委内瑞拉链霉素生产或合成法制成	
红霉素 erythromycin	属微生物合成，是红霉素链球菌 Streptomyces erythreus 产生的抗生素	
杆菌肽锌 zinc bacitracin premin	由枯草杆菌 Bacillussubtilis 或 B. 1eicheni formis 所产生的抗生素，为一含有噻唑环的多肽化合物	枯草菌肽
泰乐菌素 tylosin	S. fradiae 所生产的抗生素	
环丙沙星 ciprofloxacin	为合成的第三代喹诺酮类抗菌药，常用盐酸盐水合物	环丙氟哌酸
阿伏帕星 avoparcin		阿伏霉素
喹乙醇 olaquindox	喹乙醇	喹酰胺醇羟乙喹氧
速达肥 fenbendazole	5-苯硫基-2-苯并咪唑	苯硫哒唑氨甲基甲酯

（续表）

药物名称	化学名称（组成）	别名
己烯雌酚（包括雌二醇等其他类似合成等雌性激素）diethylstilbestrol，stilbestrol	人工合成的非自甾体雌激素	己烯雌酚，人造求偶素
甲基睾丸酮（包括丙酸睾丸酮、去氢甲睾丸酮以及同化物等雄性激素）methyltestoserone，metandren	睾丸素 C_{17} 的甲基衍生物	

附录六　水产品中渔药残留限量

药物类别		中文药物名称	英文药物名称	指标（MRL）/ μg/kg
抗生素类	四环素类	金霉素	chlortetracycline	100
		土霉素	Oxytetracline	100
		四环素	tetracycline	100
	氰霉素类	氯霉素	Chloramphenicol	不得检出
磺胺类及增效剂		磺胺嘧啶	Sulfadiazine	100（以总量计）
		磺胺甲基嘧啶	Sulfamerazine	
		磺胺二甲基嘧啶	Sulfamerazine	
		磺胺甲噁唑	Sulfamethoxazole	
		甲氧苄啶	Trimethoprim	50
喹诺酮类		噁喹酸	Oxilinic acid	300
硝基呋喃类		呋喃唑酮	Furazolidone	不得检出
其他		已烯雌酚	Diethylstilbestrol	不得检出
		喹乙醇	Olaquindox	不得检出

附录七　水产动物饲料安全卫生要求

序号	卫生指标项目	产品名称	指标	试验方法
1	砷（以总砷计，mg/kg）	石粉	≤2.0	GB/T 13079
		硫酸亚铁、硫酸镁		
		磷酸盐	≤20.0	
		沸石粉、膨润土、麦饭石	≤10.0	
		硫酸铜、硫酸锰、硫酸锌、布什化钾、碘酸钙、氧化钴	≤5.0	
		氧化锌	≤10.0	
		鱼粉、肉粉、肉骨粉	≤10.0	
2	铅（以 Pb 计），mg/kg	骨粉、肉骨粉、鱼粉、石粉	≤10	GB/T 13080
		磷酸盐	≤30	
3		鱼粉	≤500	GB/T 13083
		石粉	≤2 000	
		磷酸盐	≤1 800	GB/T 13092
		骨粉、肉骨粉	≤1 800	
4	霉菌，霉菌总数 ×10^3 个/g	玉米	<40	
		小麦麸、米糠		
		豆饼（粕）、棉籽饼（粕）、菜籽饼（粕）	<50	
		鱼粉、肉骨粉	<20	
5		玉米、花生饼（粕）、棉籽饼（粕）、菜籽饼（粕）	≤50	B/T 17480 GB/T 8381
		豆粕	≤30	

（续表）

序号	卫生指标项目	产品名称	指标	试验方法
6	铬（以 Cr 计），mg/kg	皮革蛋白粉	≤200	GB/T1 3088
7	汞（以 Hg 计），mg/kg	鱼粉	≤0.5	GB/T 13081
		石粉	≤0.1	
8	镉（以 Cd 计），mg/kg	米糠	≤1.0	GB/T 13082
		鱼粉	≤2.0	
		石粉	≤0.75	
9	氢化物（以 HCN 计），mg/kg	木薯干	≤100	GB/T 13084
		胡麻饼（粕）	≤350	
10	亚硝酸盐（以 $NaNO_2$ 计），mg/kg	鱼粉	≤60	GB/T 13085
11	游离棉酚，mg/kg	棉籽饼（粕）	≤1 200	GB/T 13086
12	异硫氰酸酯（以丙烯异硫氰酸酯计），mg/kg	菜籽饼（粕）	≤4 000	GB/T 13087
13	六六六，mg/kg	米糠、小麦麸，大豆饼、粕，鱼粉	≤0.05	GB/T/ 13090
14	滴滴滋，mg/kg	米糠、小麦麸，大豆饼、粕，鱼粉	≤0.02	GB/T 13090
15	沙门氏杆菌	饲料	不得检出	GB/T 13091
16	细菌总数，细菌总数 $\times 10^6$ 个/g	鱼粉	<2	GB/T 13093

附录八　渔用配合饲料安全限量

项　目	限　量	适　用　范　围
铅（以 Pb 计），mg/kg	≤5.0	各类渔用配合饲料
汞（以 Hg 计），mg/kg	≤0.5	各类渔用配合饲料
无机砷（以 As 计），mg/kg	≤3.0	各类渔用配合饲料
镉（以 Cd 计），mg/kg	≤3.0	海水鱼类、虾类配合饲料
	≤0.5	其他渔用配合饲料
铬（以 Cr 计），mg/kg	≤10	各类渔用配合饲料
氟（以 F 计），mg/kg	≤350	各类渔用配合饲料
喹乙醇，mg/kg	不得检出	各类渔用配合饲料
游离棉酚，mg/kg	≤300	温水杂文化娱乐活动性鱼类、虾类配合饲料
	≤150	冷水性鱼类、海水鱼类配合饲料
氰化物，mg/kg	≤50	各类渔用配合饲料
多氯联苯，mg/kg	≤0.3	各类渔用配合饲料
异硫氰酸酯，mg/kg	≤500	各类渔用配合饲料
噁唑烷硫酮，mg/kg	≤500	各类渔用配合饲料
油脂酸价（POH），mg/kg	≤2	各类渔用配合饲料
	≤66	鳗鲡育成配合饲料
	≤3	各类渔用配合饲料
黄曲霉毒素 B_1，mg/kg	≤0.01	各类渔用配合饲料
六六六，mg/kg	≤0.3	各类渔用配合饲料
滴滴滋，mg/kg	≤0.2	各类渔用配合饲料
沙门氏菌，mg/kg	不得检出	各类渔用配合饲料
霉菌（不含酵母菌）cfu/g	$\leq 3\times10^4$	各类渔用配合饲料

参考文献

陈昌福，陈萱 . 2010. 小龙虾健康养殖百问百答［M］. 北京：中国农业出版社.

陈昌福，贺中华，孟小亮，等 . 2008. 湖北省小龙虾养殖现状与产业发展中的技术问题［J］. 养殖与饲料，11，14-19.

陈昌福，刘远高，何广文，等 . 2009. 小龙虾暴发病细菌性病原的初步研究［J］. 华中农业大学学报，28（2）：167-169.

陈昌福，杨军，刘远高，等 . 2008. 小龙虾暴发性疾病病原及其传播途径的初步研究［J］. 华中农业大学学报，27（6）：763-767.

陈昌福 . 2008. 人工养殖小龙虾中出现的问题与对策［J］. 渔业致富指南，17，16-19.

费忠智，周日东，缪晓燕 . 2009. 淡水小龙虾健康养殖技术问答［M］. 北京：化学工业出版社.

高光明，袁建明，周汝珍 . 2016. 稻田生态综合种养理论与实践［M］. 北京：中国农业出版社.

高光明 . 2014. 小龙虾“虾稻共生”养殖技术［J］. 水产前沿，（10）86-87.

黄玉玲 . 2003. 我国虾类淡水养殖概述［J］. 水利渔业，23（1）：1-3.

蒋火金，林建国 . 2017. 淡水小龙虾养殖技术［M］. 北京：

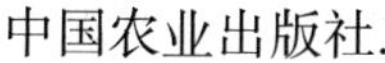

中国农业出版社.

陆剑锋，赖年悦，成永旭 . 2006. 淡水小龙虾资源的综合利用及其开发价值 [J]. 农产品加工（学刊），10（79）：47-52.

罗梦良，钱名全 . 2003. 虾仁加工废弃的头、壳的综合利用 [J]. 淡水渔业，33（6）：59-60.

慕峰，吴旭干，成永旭，陆剑锋 . 2007. 克氏原螯虾胚胎发育的形态学变化 [J]. 水产学报，31（S1）：6-11.

舒新亚，龚珞军 . 2006. 小龙虾健康养殖实用技术 [M]. 北京：中国农业出版社.

孙爱东 赵立群 . 2002. 臭氧在出口小龙虾生产中降解氯霉素、农残及杂菌应用的研究 [J]. 食品科技，10：25-27.

陶忠虎，邹叶茂 . 2014. 高效养小龙虾 [M]. 北京：机械工业出版社.

王为民 . 1999. 软壳克氏原螯虾在我国开发利用的前景 [J]. 水生生物学报，23（4）：375-381.

魏静，崔峰，张永进，等 . 2013. 基于虾类食品的保鲜保藏技术研究进展 [J]. 渔业现代化，40（4）：55-60，66.

魏静，陆承平，黄倢，等 . 1998. 用对虾的致病病毒人工感染克氏原螯虾 [J]. 南京农业大学学报，21（4）：78-82.

夏士朋 . 2003. 克氏原螯虾虾壳中类脂和蛋白质的提取方法 [J]. 水产科技情报，30（6）：270-271.

谢慧明，边会喜，杨毅，等 . 2010. 克氏原螯虾麻醉保活技术研究 [J]. 食品科学，31（12）：247-250.

徐广友，凌武海，羊茜，等 . 2008. 小龙虾高产高效养殖新技术 [M]. 北京：中国农业大学出版社.

薛长湖，李彬，徐天梅，等 . 1993. 从虾头中提取虾青素的工艺探讨 [J]. 中国海洋药物，4：39-42.

于晓慧，林琳，姜绍通，等 . 2017. 即食小龙虾复合生物保鲜剂的优选及保鲜效果研究［J］. 肉类工业，3：24-32.

袁庆云，高光明，徐维烈 . 2013. 酵素菌肥在鱼、虾、稻生态种养中的应用技术，［J］. 湖北农业科学，（7）Vol 52，No14，3 271-3 273.

朱永和，罗守进，吕友保 . 2005. 怎样办好一个龙虾养殖场［M］. 北京：中国农业出版社.

ALDERMAN D J，FEIST S W，POLGLASE J L. 1986. Possible nocardiosis of crayfish，*Austropotomobius pallipes*［J］. Journal of Fish Diseases，9：345-347.

ALDERMAN D J，POLGLASE J L. 1986. *Aphanomyces astaci*：isolation and culture［J］. Journal of Fish Diseases，9（5）：367-379

ALDERMAN D J，SAMSON R A，VLAK J M，*et al*. 1986. Fungi as pathogens of non insect invertebrates［J］. Fundamental and Applied Aspects of Invertebrate Pathology，4：354-355.

ALDERMAN D J. 1982. Crayfish plague［J］. Bulletin of the European Association of Fish Pathologists，2（3）：49-50.

ALDERMAN D J. 1993. Crayfish plague in Britain，the first twelve years［J］. Freshwater Crayfish，9：266-272.

ALDERMAN D J. 1996. Geographical spread of bacterial and fungal diseases of crustaceans［J］. Revue Scientifique Et Technique Office International Des Epizooties，15（2）：603-632.

AMBORSKI R L，GLORIOSO J C，AMBORSKI G F. 1975. Common potential bacterial pathogens on crayfish，frogs and fish［J］. Freshwater Crayfish，2：317-330.

BARAN I, SOYLU E. 1989. Crayfish plague in Turkey [J]. Journal of Fish Diseases, 12 (2): 193-197.

CAFFEY R R, ROMAIRE R, AVAULT J W Jr. 1996. Crawfish farming: an example of sustainable aquaculture [J]. World Aquaculture, 27 (2): 18-23.

EAVES L E, KETTERER P J. 1994. Mortalities in red claw crayfish *Cherax quadricarinatus* associated with systemic *Vibrio mimicus* infection [J]. Diseases of Aquatic Organisms, 19 (3): 233-237.

EDGERTON B F, PAASONEN P, HENTTONEN P, *et al*. 1996. Description of a bacilliform virus from the freshwater crayfish, *Astacus astacus* [J]. Journal of Invertebrate Pathology, 68 (2): 187-190.

EDGERTON B F, OWENS L, GLASSON B, *et al*. 1994. Description of a small dsRNA virus from freshwater crayfish *Cherax quadricarinatus* [J]. Diseases of Aquatic Organisms, 18 (1): 63-69.

EDGERTON B F, OWENS L, HARRIS L, *et al*. 1995. A health survey of farmed redclaw crayfish *Cherax quadricarinatus* (von Martens), in tropical Australia [J]. Freshwater Crayfish, 10: 322-338.

EDGERTON B F, OWENS L, HARRIS L, *et al*. 1995. A health survey of farmed redclaw crayfish *Cherax quadricarinatus* (von Martens), in tropical Australia [J]. Freshwater Crayfish, 10: 322-338.

EDGERTON B F, PRIOR H C. 1999. Description of a hepatopancreatic rickettsia-like organism in the redclaw crayfish, *Cherax quadricarinatus* [J]. Diseases of Aquatic Organisms,

36 (1): 77-80.

EDGERTON B F, WEBB R, WINGFIELD M. 1997. A systemic parvo-like virus in the freshwater crayfish *Cherax destructor* [J]. Diseases of Aquatic Organisms, 29 (1): 73-78.

EDGERTON B F, WEBB R, ANDERSON I G, *et al*. 2000. Description of a presumptive hepatopancreatic reovirus, and a putative gill parvovirus, in the freshwater crayfish *Cherax quadricarinatus* [J]. Diseases of Aquatic Organisms, 41 (2): 83-90.

EDGERTON B F. 1996. A new bacilliform virus in Australian *Cherax destructor* (Decapoda: Parastacidae) with notes on *Cherax quadricarinatus* bacilliform virus (= *Cherax baculovirus*) [J]. Diseases of Aquatic Organisms, 27 (1): 43-52.

EDGERTON B F. 1999. A review of freshwater crayfish viruses [J]. Freshwater Crayfish, 12: 261-278.

GETCHELL R G. 1989. Bacterial shell disease in crustaceans: A review [J]. Journal of Shellfish Research, 8: 1-6.

GROFF J M, McDOWELL T, FRIDMAN C S, *et al*. 1993. Detection of a nonoccluded baculovirus in the freshwater crayfish *Cherax quadricarinatus* in North America [J]. Journal of Aquatic Animal Health, 5 (4): 275-279.

HALDER M A W. 1998. Freshwater crayfish *Astacus astacus* - a vector for infectious pancreatic necrosis virus (IPNV) [J]. Diseases of Aquatic Organisms, 4: 205-209.

HEDRICK R P, McDOWELL T S, FRIDMAN C S. 1995. Baculoviruses found in two species of crayfish from California [J]. Aquaculture, Abstracts.

HUNER J V. 1994. Cultivation of freshwater crayfishes in North

America [M]. Section I. Freshwater Crayfish Culture. Pages 5-89. In J. V. HUNER J V, editor. Freshwater Crayfish Aquaculture in North America, Europe, and Australia. Families Astacidae, Cambaridae, and Parastacidae. Haworth Press. Binghamton, New York.

JOHNSON P T. 1983. Diseases caused by viruses, rickettsial, bacteria, and fungi [M]. In: PROVENZANO A J (ed), The Biology of Crustacea. Vol 6. Academic Press, New York, p 1-78.

LINDQCIST O V, MIKKOLA H, LAURENT P J. 1979. On the etiology of the muscle wasting disease in *Procambarus clarkii* in Kenya [J]. Freshwater Crayfish, 4: 363-372.

MADETOJA M, JUSSILA J. 1996. Gram negative bacteria in the hemolymph of noble crayfish *Astacus astacus*, in an intensive crayfish culture system [J]. Nordic Journal Freshwater Research, 72: 88-90.

OWENS L, EVENS L. 1989. Common diseases of freshwater prawns (Macrobrachium) and crayfish (marron and yabbies) relevant to Australia [M]. In: Refresher course for veterinarians. Proceedings No 117 - Invertebrates in aquaculture. University of Queensland, p 227-240.

OWENS L, McELNEA C. 2000. Natural infection of the redclaw crayfish *Cherax quadricarinatus* with presumptive spawner-isolated mortality virus [J]. Diseases of Aquatic Organisms, 40 (3): 219-223.

RICHMAN L K, MONTALI R J, NICHOLS D K, *et al*. 1997. A newly recognized fatal baculovirus infection in freshwater crayfish. Proceedings of the American [J]. Association of Zoo

Veterinarians, 27 (6), Abstracts. P 3.

RUTHERFORD T J, MARSHALL D L, Andrews L S, Coggins P C, Schilling M W, Gerard P. 2007. Combined effect of packaging atmosphere and storage temperature on growth of *Listeria monocytogenes* on ready - to - eat shrimp [J]. Food Microbiology, 24 (7-8): 703-710.

SCOTT J R, THUNE R L. 1986. Bacterial flora of hemolymph from red swamp crawfish, *Procambarus clarkii* (Girard), from commercial ponds [J]. Aquaculture, 58: 161-165.

SHAHIDI F, ARACHCHI J K V, JEON Y J. 1999. Food applications of chitin and chitosans [J]. Trends in Food Science & Technology, 10 (2): 37-51.

TAN C K, OWENS L. 2000. Infectivity, transmission and 16S rRNA sequencing of a rickettsia, *Coxiella cheraxi* sp. nov., from the freshwater crayfish *Cherax quadricarinatus* [J]. Diseases of Aquatic Organisms, 40 (3): 115-122.

TUBIASHI H S, SIZEMORE R K, COLWELL R R. 1975. Bacterial flora of the hemolymph of the blue crab, *Calinectes sapidus*: most probable numbers [J]. Applied Microbiology, 29: 388-392.

WANG Q, WHITE B L, REDMAN R M, *et al*. 1999. Peros challenge of *Litopenaeus vannamei* postlarvae and *Farfantepenaeus duorarum* juveniles with six geographic isolates of white spot syndrome virus [J]. Aquaculture, 170 (3-4): 179-194.

WEN WANG, WEI GU, ZHENG-FENG DING *et al*. 2005. A novel Spiroplasma pathogen causing systemic infection in the crayfish *Procambarus clarkii* (Crustacea: Decapod), in China [J]. FEMS Microbiology Letters, 249: 131-137.